Dictionnaire amoureux du Vin

葡萄酒私人词典

[法] 贝尔纳·皮沃 著
李竞言 译

华东师范大学出版社

华东师范大学出版社六点分社 策划

六点私人词典系列

缘 起

倪为国

1

一个人就是一部词典。

至少，至少会有两个人阅读，父亲和母亲。

每个人都拥有一部属于自己的词典。

至少，至少会写两个字，生与死。

在每个人的词典里，有些词是必须的，永恒的，比如童年，比如爱情，再比如生老病死。每个人的成长和经历不同，词典里的词汇不同，词性不一。有些人喜欢“动”词，比如领袖；有些人喜好“名”词，比如精英；有些人则喜欢“形容”词，比如艺人。

在每个人的词典里，都有属于自己的“关键词”，甚至用一生书写：比如伟人马克思的词典里的“资本”一词；专家袁隆平的词典里的“水稻”一词；牛人乔布斯的词典里除了“创新”，还是“创新”一词。正是这些“关键词”构成了一个人的记忆、经历、经验和梦想，也构成了一个人的身份和履历。

每个人的一生都在书写和积累自己的词汇，直至他/她的墓志铭。

2

所谓私人词典，是主人把一生的时间和空间打破，以ABCD字母顺序排列，沉浸在惬意组合之中，把自己一生最重要的、最切深、最独到的心得或洞察，行动或梦想，以最自由、最简约、最细致的文本，公开呈现给读者，使读者从中收获自己的理解、想象、知识和不经意间的一丝感动。

可以说，私人词典就是回忆录的另类表达，是对自己一生的行动和梦想作一次在“字母顺序”排列的舞台上的重新排练、表演和谢幕。

如果说回忆录是主人坐在历史长椅上，向我们讲述一个故事、披露一个内幕、揭示一种真相；私人词典则像主人拉着我们的手，游逛“迪斯尼”式主题乐园，且读，且小憩。

在这个世界上，有的人的词典，就是让人阅读的，哪怕他/她早已死去，仍然有人去翻阅。有的人的词典，是自己珍藏的。绝大多数人的私人词典的词汇是临摹、复制，甚至是抄袭的，错字别字一堆，我也不例外。

伟人和名人书写的词典的区别在于：前者是用来被人引用的，后者是用来被人摹仿的。君子的词典是自己珍藏的，小人的词典是自娱自乐的。

3

我们移译这套“私人词典”的旨趣有二：

一是倡导私人词典写作，因为这种文体不仅仅是让人了解知识，更重要的是知识裹藏着的情感，是一种与情感相关联的知识，是在阅读一个人，阅读一段历史，阅读我们曾丢失的时间和遗忘的空间，阅读这个世界。

二则鼓励中国的学人尝试书写自己的词典，尝试把自己的经历和情感、知识和趣味、理想与价值、博学与美文融为一体，书写出中国式的私人词典样式。这样的词典是一种镜中之镜，既梳妆自己，又养眼他人。

每个人都有权利从自己的词典挑选词汇，让读者分享你的私家心得，但这毕竟是一件“思想的事情”，可以公开让人阅读或值得阅读的私人词典永远是少数。我们期待与这样的“少数”相遇。

我们期待这套私人词典丛书，读者从中不仅仅收获知识，同时也可以爱上一个人，爱上一部电影，爱上一座城市、爱上一座博物馆，甚至爱上一片树叶；还可以爱上一种趣味，一种颜色，一种旋律，一种美食，甚至是一种生活方式。

4

末了，我想顺便一说，当一个人把自己的记忆、经历转化为文字时往往会失重（张志扬语），私人词典作为一种书写样式则可以为这种“失重”提供正当的庇护。因为私人词典不是百科全书，而是在自己的田地上打一口深井。

自网络的黑洞被发现，终于让每个人可以穿上“自媒体”的新衣，于是乎，许许多多人可以肆意公开自己词典的私人词汇，满足大众的好奇和彼此窥探的心理，有不计后果，一发不可收之势。殊不知，这个世界上绝大多数私人词典的词汇只能用来私人珍藏，只有上帝知道。我常想象这样的画面：一个人，在蒙昧时，会闭上眼睛，幻想自己的世界和未来；但一个人，被启蒙后，睁开了眼睛，同时那双启蒙的手，会给自己戴上一副有色眼镜，最终遮蔽了自己睁开的双眼。这个画面可称之：“自媒体”如是说。

写下这些关于私人词典的絮絮语语，聊补自己私人词汇的干瘪，且提醒自己：有些人的词典很薄，但分量很重，让人终身受用。有些人的词典很厚，但却很轻。

是为序。

致：

懂得这一切的阿涅斯

敬誉琼酿

我之所以有资格撰写这本《葡萄酒私人字典》，无非是因为对红酒的热爱和在葡萄庄园中所度过的大半自在的童年时光。此外，还有那些机缘巧合，让红酒为我的生命历程增添了些许幸福的笔墨。相较于那些有着专业知识和职业经验的资深人士——无论是葡萄酒农、葡萄酒工艺学家、酒商、酒窖管理师、侍酒师、记者、贴着专家标签的酒标专家、或是巧言令色的试酒高手——我的这些经历都不足挂齿。然而又有多少在葡萄园出生，或是在优良产区成长的作家会沉迷其中"酿制"佳作，用他们熟悉的品鉴之词来歌颂那些百写不厌的佳酿呢？

最终，我下定决心写下此书，不是因为双重的苦恼，而是出于可以得到先品后写的双重快乐。我不是最有资格做这件事的人，也不想总是在喝空几瓶酒后洋洋洒洒写上几大篇文字。况且这本书并非一本品酒手册，亦不是品鉴指南。出版社和报章杂志社里有不少资深的同行们能给广大消费者提供这类建议。

这本词典不是关于葡萄园、葡萄品种、葡萄产区及其分级、加工和酿造工艺的百科全书；不是关于葡萄树和葡萄酒的通史；不是文学艺术选集;也不是关于政治、法律、医药和宗教这些敏感主题的专论。如果是的话,需要写上几大卷才够啊?

但是,这本解渴之书确实或多或少的涉及了上述内容的点滴。尽管我年事已高,也对着这些橡木桶做了应有的祷告,我还是不敢断言这本书能否经得起时间的考验。书中只会提及我所了解的、喜欢的,或是燃起我热情的东西。其中会有自传、引文,有关于酿造、酒窖、餐桌、小酒馆的记忆,还有葡萄酒业者们的剪影,以及葡萄园、酒庄、酒瓶、开瓶器、试酒碟、品酒、香气——这一系列的物件、感受和辞藻都伴随着卡萨诺瓦①的美酒征程,恒无止境。

然而,从本质上来说:酒,文化是也。既是葡萄农作的文化,也是精神文化。在这个能把葡萄酒与玉米或马铃薯酒相提并论的时代,这本书试图强调的,也正是这种大众消费品的文化维度。在人类传说和饮食的记忆中,没有什么能够超过面包和葡萄酒。二者在人类的劳动与休憩、奋斗与享受中相结合,出现在基督教神迹里造物者的餐桌上。而在古希腊罗马神话寓言里,在史诗中(《伊利亚特》与《奥德赛》),在圣书上(《圣经》),葡萄酒的地位甚至超过了面包——它既是一种奖赏,也是一种禁忌。

从荷马到科莱特,我们要如何一一列举出那些曾歌颂过美酒,或曾把美酒奉为人间喜剧中一角的作家们呢?他们笔下的葡萄酒或许不及鲜血和金钱那般重要,但却往往与二者相连,而它和爱与成就之间的关系更是密不可分。葡萄酒就这样流淌在戏剧、歌剧、电影、绘画和歌曲中。无论是好是坏,葡萄酒从蒙昧时期开始到世界末日,都与人类的冒险、文明,以及“为何”与“如何”的奥秘密息息相关。

总而言之,葡萄酒绝非等闲之物。

---

① 贾科莫·卡萨诺瓦(Giacomo Girolamo Casanova,1725—1798),意大利冒险家、作家,18世纪享誉欧洲的大情圣。——译注

葡萄酒农们是创造者，是手艺人，更是艺术家。最优秀的酒农会在自己的作品上留下名字。法国的葡萄酒种类之多令人咋舌，它们有着全世界最繁多的色彩和最丰富的味道。我不是全部了解，有些比较常喝，有些相对少一些。这是因为我的出生地、住处、旅行、度假、朋友、家人和各种机缘所致。然而，于我而言，它们各有各的风情。那些在这本没有酒窖的“窖藏精选”、忽北忽南的“产地速览”中没提到的酒，就算是我的自留区吧。总要留一些作家、一些酒等着人们去发现。

人们也许会惊讶，我常会用佻巧戏谑的口吻聊起方才提到的浸润人们嘴与灵魂的葡萄酒。其实，这正是我认真对待葡萄酒的方式。我的酒中满是欢愉，为什么要用尖酸粗粝又沉重的笔触来描写它呢？

有句话恰如其分的写出了葡萄酒在我们法国的社会地位：敬誉琼酿。我们会要求水、威士忌、茴香酒、克伦堡啤酒（Kronenbourg）或是血腥玛丽也同样充满敬意吗？这本《葡萄酒私人词典》想要呈献给大家的，就是一杯溢满欢愉的敬誉琼酿。

贝尔纳·皮沃（Bernard Pivot）

2006年7月9日

感谢居伊·朗瓦塞（Guy Renvoisé），严格亲切地审阅手稿。

感谢安娜-玛丽·布尔农（Anne-Marie Bourgnon）忍耐了我的酒气和我文字散发的味道。

目　录

A

B

C

D

E

F

G

H

I

J

K

L

M

N

O

P

Q

R

S

祝福你！祝福大家！祝福您！(À la tienne! la nôtre! la vôtre!)

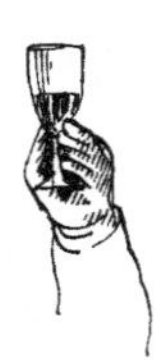

我们常会一起举一杯香槟或红酒向别人致敬。接在“敬”字后面都是与祝福、要求、渴望相关的事。“敬大家!”是最简洁明了的说法。大家愉快地聚在一起小酌,都会带着一点私心,先想着自己,所以举杯祝愿我们自己幸福美好是大家不成文的约定。“祝福大家!”的意思大同小异,不过这句特指健康,只是没有确切表达出来。有时候我们会更明确地说:“祝福大家身体健康!”。诚然,有时也会省去“祝福”二字,直接对所有人道一句:“健康,幸福!”

我们也会为特定的某个人举杯,以示庆祝:“祝福您!”,“祝您安好!”,“祝您身体健康!”,“祝福你!”。“祝你健康平安,艾提安(Étienne)”①这种表达方式因为韵脚压得巧妙而广为流传。12 月 26 日是所有“艾提安”②的节日,经过 24、25 号两天的放纵后还能在这一天为他们开酒庆祝的人,一定真的很爱他们。

无论是祝福一个人还是一群人,我们在祝酒词中首当其冲提到的都是健康,这是因为耐贮的酒精常被视为精力的来源。因此,也多亏了那些推杯换盏、把酒言欢的醉酒之人所提出的美好愿望,我们也借着他们愿望,愿自己能够神清气朗地再次相聚,不醉不归。

---

① 原文“À la tienne, Étienne!”,Étienne 与 tienne 有部分音节相同。——译注

② 在法国每天都有一个法语名字与日期相对应。12 月 26 日对应的名字为 Étienne。——译注

“亲-亲!”是个有趣的感叹词,源自广式英语“请-请(tsing-tsing)”,是打招呼时的用语。它可在日常生活的普通情境下使用,比如请朋友喝瓶啤酒、矿泉水或是可口可乐,随便什么都可以。但在纪念日、节日或是庆功场合,一个随意的“亲”字就显得不够稳重了。

我们也会为缺席人员的健康碰杯,尤其在这个人因病无法与我们同聚的时候。婴儿降生和受洗也常被拿来当做畅饮的借口,一些家庭会在新生儿的嘴唇上润一点香槟,让孩子也参与其中。1867 年的 4 月 3 日,为了迎接新降生的小儿子乔治,作家维克多·雨果简单地写下了这样一句话:“我们为新生儿的健康举杯”。至于举杯喝了什么?我们也很想知道。

我父亲已经不记得是否也有人在我受洗当天用醮了香槟的手指涂抹我的嘴唇,但是可以确定,在场宾客们喝的是酩悦香槟(Moët et Chandon)。机缘巧合,我订婚典礼上也选了同样的香槟。25 年后,我大女儿在酩悦香槟的公关服务部门工作。这就是我们所谓的品牌忠诚吧。

我不太喜欢俄罗斯和中国的酒桌文化。人们席间的谈话常被些陈词滥调的言论所打断,有时甚至还掺杂了些虚情假意,喝得都是高度数的高粱酒,却不一定次次都能和餐食搭配得上。小酒杯中倒满了烈酒,一杯接一杯无法拒绝,这无异于聚众蓄意杀人。相反,若是主菜佐以波尔多名酒或勃艮第佳酿,我肯定会第一个举起半满的酒杯,请大家稍安片刻,让某位宾客——也有可能是我自己——提词祝酒。这是一种对葡萄酒表达敬意的方式,也可以将大家的注意力集中到酒上,把酒和快乐,有时还有大家共同的愿景联系在一起。享用甜点的时候,佐一瓶晚摘甜酒(vendange tardive),幸福感也会油然而生。

从前在报刊编辑部时,我们喝的酒至少跟写的文章一样多。一切都能成为畅饮的借口,尤其是和校对员、印刷工们在一起的时候。节日和生日都被记得清清楚楚。抢到独家、国外采访归来、升职、出书,甚至去度假都是值得酩酊的理由。我们会喝茴香酒、威士忌和葡萄酒。至关重要的“安啦”(ala)①会出现在各编辑部和工作室的门上。“安啦”是《祝同事身体安康》这首歌的开头。每次小酒会上我们都会合唱：

安啦！安啦！安啦！
祝同事身体安康，
今天他招待我们美食浓汤。
这不是河水，
更不是井水。
不是水！不是水！不是水！

1974 年 6 月 19 日，为了欢送我离开《费加罗报》(*Le Figaro*)，香榭丽舍大街圆形广场周围所有建筑的门上都贴了一个小告示：“博若莱酒涓涓不断——本周三 6 月 19 日下午 5 点半到 7 点半，文学厅，欢送贝尔纳·皮沃。”

告示最下方还印有一行小字，上面写着：“君将行之，弗畏路艰，忧始终矣。——孔子，《论语》节选”②

孔子一定是个审慎少酒的人，所以才会写出这样的句子吧。

① 原文“ala”，音同法语 à la，意为“祝”。——译注
② 没有在《论语》中查到相关原文。——译注

咕噜咕噜

这幅画题为《拿着酒杯的双人肖像》(*Double portrait au verre de vin*)。但夏加尔[①]应该更喜欢《安康，我的朋友们！》这个名字吧。画中夏加尔骑在妻子贝拉(Bella)的肩上，贝拉身着白色长裙，二人悬浮在那条横穿了这位俄国画家故乡维特布斯克(Vitebsk)的德维纳河(Dvina)上。画家把自己描绘成了一个古灵精怪、滑稽又有趣的小淘气。他身穿一件红色的外衣，左手举着一杯红酒，好像在对我们说：我正在庆祝我们的结婚纪念日呢，看，我们是多么开心幸福啊，我为你们的健康举杯，朋友们，干了这杯，祝大家安康……每当我去到蓬皮杜当代艺术博物馆，都不忘去跟夏加尔碰一杯。

● 香槟，干杯，小酒馆

阿布·努瓦斯(Abû Nuwâs)[②]

这位阿布·努瓦斯是怪人一个。我们姑且把这个生于伊朗，用阿拉伯语写作，热爱酒馆良辰和青楼春宵胜过去麦加朝圣的家伙归为放荡纵酒的诗人，再加上他讽刺作家的身份，这样人们就不会对他曾进过监狱这个事实表示震惊了吧。

他和伟大的诗人欧玛尔·海亚姆[③]一样，更热衷于及时享乐、放荡形骸，而不是寄希望于另个世界中如幻影般的幸福。如此看

---

① 马克·夏加尔(Marc chagall，1887—1985)，白俄罗斯裔法国画家、版画家和设计师。——译注

② 阿布·努瓦斯(Abû Nuwas，756—814)，阿拉伯诗人，思想豁朗，性格豪放，主张充分享受现实人生的欢乐，反对宗教禁欲和苦行。——译注

③ 欧玛尔·海亚姆(Omar Khayyam，1048—1122)，波斯诗人、天文学家、数学家。海亚姆意为“天幕制造者”。——译注

来,他的作品在很多阿拉伯国家被禁也不足为奇。其作品的法语译者是博学的奥马尔·梅尔祖瓦(Omar Merzoua)。奥马尔在《庆酒放荡诗选》(*Poèmes bachiques et libertins*)的前言中曾写道:“这份对酒的偏爱,对禁忌之爱的迷恋,对赌场和酒肆的追捧,不正是诗人自身命运与绝望和堕落相联结的象征吗?”

试想在今日的伊斯兰国度,有哪位诗人胆敢写下这样的诗句:

以爱欲之名,
尽享生命中的惬意欢愉
这样的态度,比不容异己、执行石刑的人
更富勇气,值得尊敬!

阿布·努瓦斯的诗歌几乎每篇都在赞颂葡萄酒:《巴比伦佳酿》《凯尔赫佳酿》。他知道先知是明令禁止饮酒的,但他为了喝上一杯,甘愿承受八十大鞭的惩罚。喝酒让他快乐,亦能抚平他的忧伤;能让他微醺,亦能使他迷醉。

纯炙烈酒,是自由的浪,
它流穿过筋骨,而后绽放!
若将它品尝,就像在苍穹划桨,
是它,让我们不顾理智,举止放荡。

阿布·努瓦斯无法想象一个女人和一个俊美男子之间的情爱或性事,可以没有美酒相伴。鉴于当时的习俗,他通常都会在酒中兑上些水。但无论加水与否,酒之于他,都是自由的象征。

努瓦斯(名字意为“环形鬈发”)本名是哈桑·伊布·哈尼·阿尔-哈卡米(Hassan ibn Hanî al-Hakamî)。他在伊斯兰教历纪元2世纪的后半叶——即基督教纪元的8世纪末期——生活着,爱着,放纵肉欲,醉生梦死。

● 伊斯兰教与葡萄酒

阿尔萨斯(Alsace)

没什么能比雷司令(riesling)、腌酸菜和紫李子挞更能证明法兰西开战是为了守住阿尔萨斯的了！为表公正,我们还可以加上斯特拉斯堡大教堂、伊森海姆祭坛画(retable d'Issenheim)、塞莱斯塔人文博物馆(bibliothèque humaniste de Sélestat)和那上百座15、16世纪光彩夺目的酒农小屋——是它们成就了科尔马(Colmar)、里克威尔(Riquewihr)、里博维莱(Ribeauvillé)、埃吉桑(Eguisheim)、奥贝尔奈(Obernai)等葡萄酒之路上的其他小村庄。说句题外话,我们同样好奇的是阿尔萨斯这座数百年来的兵家必争之地,究竟是多么为神明所眷顾,让它几乎完好无损的保留了历史原貌。17世纪初,里克威尔有2000多居民,三十年战争后剩下不到74人。难道当时的士兵能够预知四个世纪后这里会成为旅游胜地,所以认为比起焚烧房屋,杀人屠城反而对阿尔萨斯的损失更小么?

文艺复兴时期,塞莱斯塔有一位学者——在那个时代我们将其称为人文主义者——名叫比亚图斯·雷纳努斯①,他的名气大到伊拉斯谟本人都数次前来登门拜访——这位鹿特丹的哲学大师在其作品《塞莱斯塔颂》(*Éloge de Sélestat*)中写出了他的惊讶:就是在这样一座阿尔萨斯小城,竟能孕育出“拥有如此精神品质的杰出之人”。书中,他还赞颂了“肥沃的平原”和“种满葡萄树的山坡”。在那个时代,葡萄酒的确是阿尔萨斯地区繁荣昌盛的保障,而后这样的景象就消失了,直到20世纪后半叶这里才重整旗鼓。

---

① 比亚图斯·雷纳努斯(Beatus Rhenanus,1485—1574),法国诗人、作家。——译注

跟媚人的小白脸一样，阿尔萨斯也是靠白葡萄酒生活。白葡萄酒就是阿尔萨斯的语言、文法和文化。这里所有的葡萄酒都以葡萄品种命名，没什么比这更直白的了。学习葡萄酒工艺都该从阿尔萨斯开始。如此一来，至少我们不会混淆葡萄品种，不用做太细的区分，也不会搞乱，我们明确知道自己在跟什么打交道。除了雷司令之外（这个莱茵小王子所酿的馥郁清香的特级干白最受欢迎），我们还有西万尼（sylvaner）、托卡（tokay）即我们现在说的灰皮诺葡萄、白皮诺（pinot blanc）、阿尔萨斯麝香葡萄（muscat d'Alsace）、莎斯拉（chasselas）和琼瑶浆（gewürztraminer），都是甜蜜柔美的果实。若是葡萄采收的时期足够长，阳光又充足，那么用阿尔萨斯常见的雷司令和琼瑶浆就能酿出"晚摘甜酒"，甚至是柔美难拒的"贵腐葡萄酒"了。最近品尝到的"雷司令晚摘甜酒"是我的最爱。与其他酒不同，雷司令酿的晚摘甜酒保留了些许葡萄中干燥矿物质的味道和轻盈花香，更有贵腐霉菌[①]（多漂亮的逆喻！）相助，为其增添了甜美饱满的丰盈口感。一边是原本的雷司令葡萄，一边是贵腐霉菌作用后的雷司令，二者在口中的碰撞激起了多么大的火花啊！

最后要提的一种阿尔萨斯葡萄，是黑皮诺（pinot noir）。它是这里唯一用于酿造红葡萄酒或粉红葡萄酒的品种。我对大多数的粉红葡萄酒都兴趣不浓，对阿尔萨斯的粉红葡萄酒也不例外，恕不赘述。而这里的红葡萄酒则是解渴之酒[②]（vin de soif）。其酒体像是退了色般通透，不甚浓稠，却常散发出一种樱桃果味……说真的，特别清新……

有一次，我们在艾柏林（Haeberlin）的"伊尔酒家"（L'Auberge

---

① 贵腐霉菌，又称灰霉菌。是一种天然的腐性寄生物，经常滋生于水果皮上。——译注

② 直译为解渴之酒，多指清爽低度数新酒。（参照：http://www.cavesa.ch/definition/vin-de-soif.html）——译注

de l'Ill)吃晚餐。在享用完一瓶令人神魂颠倒的1998年的格斯堡特级园(grand cru Geisberg)葡萄酒后(那是一瓶里博维莱的雷司令葡萄酒),塞尔日·杜博思(Serge Dubs)(1989年度世界最佳侍酒师)问我们接下来需要什么红葡萄酒。勃艮第红酒?波尔多红酒?我回答说还是选一瓶阿尔萨斯当地的红酒吧。他稍顿了一下,然后马上回过神来说到:“交给我吧!”。我们当然相信他。事实证明相信他没有错。

他给我们拿来了一瓶1990年的黑皮诺(这是酿造勃艮第红酒的葡萄品种,还需要再提一遍么?):“雨果家族”(Hugel)在里克威尔灌装的内沃特酿(Les neveux)。这是一瓶能与夜丘(la Côte de Nuits)产区最上乘的佳酿相媲美的红葡萄酒。它酒体暗红,口感厚重,酒精含量高达14.5%,气味非常独到,与那些阿尔萨斯常见的轻盈黑皮诺截然不同。

下面我们就来讲一讲这个故事。“雨果家族”在里克威尔地区的酿酒史可以追溯到17世纪中期。家族中有汉斯·乌尔立茨(Hans Ulrich)、佛莱德·埃米尔(Frédéric Émile),有几个名叫让(Jean)、乔治(Georges)和安德烈(André)的,还有叫做让-菲利浦(Jean-Philippe)、马克(Marc)和艾提安的(Étienne)。其中让·雨果(Jean Hugel)就是一位谨慎专业的葡萄酒人,他曾和其他专家一起以其他酒区为范本,制定了1983年和1992年阿尔萨斯地区葡萄酒的分级标准。有一天,让·雨果的侄子们对他说,本地黑皮诺葡萄酒的质量明显次于白葡萄酒的,而这是能够得到改善的。让·雨果便让他们去尝试。1990年,斯瓦拉斯拉杰节①的木碟和炫目的火花让那一年的太阳格外耀眼。一片古老的黑皮诺葡萄田

① 斯瓦拉斯拉杰(Schiwalaschlaje/Schieweschlawe),是阿尔萨斯地区春分时庆祝的异教太阳节。届时人们会把木头切成圆形碟片,点燃抛向空中。——译注

曝晒在阳光之下，在那里，让·雨果的侄子们把每公顷产量限定为3000升，他们一丝不苟地酿造着每一桶葡萄酒，把它们灌入橡木桶陈化，如此才得到了一瓶瓶与众不同的年份酒。让·雨果惊于酒的质量，遂将这些酒命名为“内沃”①(les neveux，意为“侄子”)，并如法炮制，于是在很多年份都取得了同样的成功。

一些其他阿尔萨斯葡萄酒农也用黑皮诺酿制出佳品。鲁法克(Rouffach)雷内·穆勒酒庄(René Muré)1999年的圣朗瑟兰葡萄园(Saint-lancelin)年份酒就是个好例子。我曾在科尔马的“狩猎之约”餐厅(Rendez-vous de chasse)品尝过这瓶酒。还有鸿布列什酒庄(Zind-humbrecht)。然而，出于利润的考虑，这些酒注定只是特选品种。不过阿尔萨斯终究还是白葡萄酒的天下。

咕噜咕噜

亨利·马蒂斯(Henri Matisse)与他最好的朋友——作家、插画家安德烈·鲁韦尔(André Rouveyre)——一直保持亲密的通信联系。其中一封信里有一幅画，是用羽毛笔和墨水勾勒的高脚杯，里面斟满了用水彩着色的红酒。随画文字如是：“借这杯阿尔萨斯清冽香溢的酒，我祝你日日安康。你为何不在这里呢?”寄信日期是1945年5月6日，就是德国投降的前两天。但马蒂斯并非因为爱国热忱而在阿尔萨斯独酌。只是出于爱好，享受乐趣罢了。

爱情与酒(Amour et le vin [l'])

——懂酒的人懂爱，懂爱的人亦懂酒(谚语)

有两个村庄有幸得名“圣爱”(Saint-Amour)。

---

① 法语原文les neveux，意为“侄子”，音译内沃。——译注

一个位于汝拉省，即葡萄酒产区汝拉丘(côtes-du-jura)。莱昂·维尔特(Léon Werth)曾在此地生活过，他是圣·埃克苏佩里的好朋友，《小王子》一书的题献就是写给他的。

另外一个圣爱是博若莱十大特级村庄酒之一，它位于该区最北部，毗邻马孔(Mâconnais)地区。与其近邻风磨坊(moulin-à-vent)、茱丽娜(juliénas)和谢纳(chénas)的酒相比，圣爱的葡萄酒层次没有那么分明，也不算丰润厚重，而是大体上保有清淡柔和的口感。这里的酒就要挑年轻的喝。人们还将其称为"风韵酒"，但这只是因为受了它神奇名字的影响。这应该不是哪个市场部经理的功劳，而是因为一个古罗马军团士兵曾爱上了一名女子，并为了她抛下了凯撒大帝。

情人节当天，有大量的圣爱酒被含情脉脉的爱侣们消费。在双人晚餐的酒单中选择圣爱，已然是一种爱的宣示。在瑞士也是一样，人们会在2月14号选一瓶纳沙泰尔(Neuchâtel)的瓦伦丁(valentin)，葡萄品种也有霞多丽(chardonnay)、黑皮诺和莎斯拉多种选择。

想要更有创意一些，花销也会更大，如果想要通过侍酒师来施展个人魅力，那就跟他点一瓶香波-慕西尼(Chambolle-Musigny)一级葡萄园(premier cru)的"爱侣园"(Les amoureuses)吧。

但是，毋庸置疑，往往还是香槟常伴爱情絮语和行动的左右。

我们有时会听到人家说这瓶红酒"恋爱了"。这种表达不适用于那些硬朗粗犷的酒，而是多用于形容那些细腻柔和、女性化的酒。沃尔奈(volnay)的酒就是这样多情的酒。实际上，当我们深深迷恋上一个人并与其把酒言欢的时候，会将自己的情绪投射到酒中。而在那一刻，比起醉人、清沁、甘甜芬芳等形容酒的词，我们会说这酒"恋爱"了。或者说不定已经"亲热"上了呢。

这本书的(法文版)封面翻印了纳捷(Nattier)作品细部《爱情与葡萄酒的结合》(*L'Alliance de l'amour et du vin*)。画中头戴翎羽的青年忧郁地看向年轻的少妇，少妇则酥胸半敞。他们左手相扣，而这位少妇则比一旁的青年少了一分焦躁，递过空杯示意其将杯子斟满。酒的产区无从知晓。这定是一款爱意浓厚、温柔和美的酒。纳捷在画这幅风流大作的时候是不是喝的就是这种酒呢？

心与酒在此刻交融一体。但片刻过后，性与酒的结合会变得怎样？

再过些时候，当冷漠与暴戾在爱情之后接踵而来，又将会如何呢？缺乏爱情并不会让人变得节制，而是恰恰相反。没人爱或不再爱，都可以让人喝到酩酊。一个因爱而欢愉的爱酒者和一个不幸忧郁的爱酒人之间的区别，就在于后者没有什么快乐与他人分享，也根本不在乎乏味地独酌。对他们来说只要有足够的酒精可以麻痹喝醉就好。这些独自喝闷酒的人——鳏夫、没人安慰或是被人抛弃的人——是喝不出葡萄酒的精彩真谛的。

● 香槟，性与酒

远古时代(Antiquité)

纵观葡萄酒的历史，从新石器时代的近东（即葡萄酒的发源地）到公元 2、3 世纪的高卢，再加上希腊和古罗马，我们会惊讶的发现，葡萄耕种者和葡萄酒酒农们几乎发明了一切。

他们发明了葡萄种植学。

他们发明了特级庄园酒（grands crus）和地区餐酒①（vins de pays）。

他们发明了最佳产区的陈酿。

---

① vin de pays，意为"地区餐酒"，2009 年后被"地理标志保护葡萄酒"（Indication géographique protégée）取代。——译注

他们发明了年份酒。

他们发明了富人酒和穷人酒。

他们发明了有质量、有依据的葡萄酒分级标准。

他们发明了战士们上战场前畅饮的葡萄酒。

他们发明了葡萄庆收的节日。

他们发明了葡萄压榨机、酿酒槽和葡萄酒库。

他们发明了酿酒冷却装置。

他们发明了在酿酒时添加糖的做法。

他们发明了酒塞。

他们发明了酒桶。

他们发明了酿酒业。

他们发明了高脚杯和其他酒杯。

他们发明了形同双耳尖底瓮上印章的酒标。

他们发明了假的葡萄酒。

他们发明了葡萄酒生产过剩。

他们发明了葡萄酒危机和葡萄园的大清理。

他们发明了葡萄酒运输船。

他们发明了储酒仓库。

他们发明了葡萄酒交易。

他们发明了面包和葡萄酒的结合。

他们发明了侍酒师。

他们发明了无酒不欢的菜肴和有酒相伴的盛宴。

若是诺亚和狄奥尼索斯没有先他们一步喝醉，他们本还可以发明酒醉。

他们发明了葡萄酒的神圣化。

他们发明了一种视葡萄酒为血的超验性、仪式性的隐喻。

他们发明了葡萄酒的科学与对葡萄酒的爱。

● 酒神巴克斯，众神与酒，高卢人，年份，酒桶

香气(Arômes)

“现在我们感受到的是一系列多元又繁复的花香调，其中可以分辨出的有椴树花、茉莉、旱金莲、欧白芷、合欢花、洋甘菊、草木犀、一些干牡丹的味道，甚至还有崖柏花香的陪衬。品到第二层和第三层香气时，我们应该清楚地注意到，这瓶年纪尚轻的酒还无法将如此丰富的多样性一一展开，但这些香气已然存在其中。得益于花岗岩在南东南(sud-sud-est)日光下的充分曝晒，阵阵天然去雕饰的荔枝、芒果、无花果、葡萄柚的味道扑鼻而来，再加上收获时节充足的日照，使得香气中还裹着焦糖苹果、陈皮梅子酱和些许桂皮、肉豆蔻的味道。”

这还哪里是酒，分明是馥颂(Fauchon)的门店嘛！

有些酿酒师和侍酒师说话不着边际。对于一个鼻子和味觉异于常人的人来说，那些感觉都是真的，要知道他们都是非常能言善辩的人。在这些人品出的繁复香气面前，资质平庸的品酒师往往会绝望地嗅着自己的酒，最多说出一两种味道，而后深深为此感到羞愧。曾有一位侍酒师惹恼了我，他巧舌如簧地介绍着我们正在品尝的一瓶酒，似乎提到的蔬果、香辛料和鲜花都是他妻子当天早晨采购单上列出的东西。于是，呷了第一口后，我对他说：“亲爱的先生，我感觉您似乎忘了提青椒啊。”

且让我们先把这些专家过分的追捧和过度诠释放在一边，好的葡萄酒确实是会散发出丰富的味道，这是由于葡萄品种、地域、气候、酿造，对于一些酒来说，还有勾兑工艺、熟成、陈放等一系列因素所致。(值得一提的是，法语单词“arôme”香气一词的“o”上有一个长音符“^”，这个合理的存在代表的就是从酒桶、细颈瓶或玻璃杯的圆孔中飘散出来香气。)

从上世纪50年代起，化学家们将上千种芳香分子分成了6

大类——嗬，为什么香气“arôme”的形容词“aromatique”就没有长音符了呢？——有花香、果香、香辛料香、矿物香、动物香等等。他们运用一种名为“色谱法”的高明手段将这些香型一一捕获并进行鉴别。这些人的功绩不容小觑，因为有些分子真的难觅一踪。

存在于葡萄酒世界中的香氛如此丰富多样，我们或许应该相信，这些气味就是天地万物浓缩而成的精华，是大自然富足又多相的奇妙聚宝盆。所有的好酒都是或繁或简的谜题。这也就是为什么品酒——这项从鼻腔嗅觉黏膜传感到脑部嗅觉记忆的活动——对于专业人士来说是一种科学，对于普通爱好者来说又是一种生动有趣的身份探寻。

如果说我们能轻易品出佳美（gamay）葡萄酒中的红浆果味、托卡酒中的香辛料味、莫利（maury）酒中的巧克力味、教皇新堡（châteauneuf-du-pape）酒中的胡椒味、琼瑶浆中的异国水果味、武弗雷（vouvray）酒中的木瓜味等等，那么大部分酒并不会轻易的被品出一二。这需要嗅觉、味觉、注意力、洞察力、记忆力、经验和认知。辨识香气是件既美味又富刑侦气息的事，它是感观和精神的双重活动。

香气的种类之多让人啧啧称奇：从醋栗到烟草，从蓝莓到松露，从香蕉到烤面包，从火石到猫尿（这味道令人厌恶），从新割的草坪到英国糖果……有些人会闻到令人讶异的味道，我觉得与其说他们词穷倒不如说这也是一种幽默：比如有带皮煮的土豆、兰花、柴火（它的味道的确与干树杈或树木不尽相同）、红丝绒，还有——我的天！——防晒油和湿鞋带的味道。葡萄酒就像是一个万能宝袋，里面装满了诗情画意。我又多希望能在某个5月的傍晚，坐在被晨雨浸润了整个上午的巴葛蒂尔公园里，啜一口香气独特的葡萄酒——那是恋爱中少女的香颈所散发出的味道吧，而后，任凭夕阳洒满全身。

咕噜咕噜

“那些葡萄酒专家们卖弄酒经让我很不耐烦。”(哈德良大帝,《哈德良回忆录》[*Mémoires d'Hadrien*],玛格丽特·尤瑟纳尔)

- 复杂性,葡萄酒工艺学家,侍酒师

欧颂[1]酒庄(Ausone [château])

欧颂。不能因为人称“欧颂”的作家马格努斯·奥索尼乌斯[2](Decimus Magnus Ausonius)用拉丁语写作,就不把他算作波尔多的大作家。人们图省事,会把波尔多作家简写为三个 M:蒙恬(Montaigne),孟德斯鸠(Montesquieu)和莫里亚克(Mauriac)。然而不论从字母排序还是编年顺序来说,在布尔迪加拉(Burdigala,波尔多省)出生、离世的公元 4 世纪诗人欧颂,都够资格排在第一位。

更何况圣埃米利翁产区(Siant-Émilion)的一个酒庄还用了他的名字,而且这个酒庄来头不小,它与白马酒庄(château cheval blanc)齐名,并被列为 A 类一等特级酒庄(Premier grand cru)(其余 11 个酒庄都归为 B 类)。

可以说 A 就是欧颂(Ausone)的 A。箍桶师让·康特纳(Jean Cantenat)很是精明,他在 1781 年就在马德莱娜(Madeleine)坡地上建了这座以拉丁诗人名字命名的酒庄。人们在酒庄选址的一角发现了疑似曾属于诗人欧颂的别墅(罗马帝国时期的乡间地产),这个名称的合理性也因此被肯定。然而,提出这一观点的考古学

---

① 按诗人译名译,应取奥索。但跟葡萄酒相关的文章中 Ausone château 常被称为欧颂酒庄,故选译为欧颂。——译注

② 马格努斯·奥索尼乌斯(Decimus Magnus Ausonius,310—395),古罗马诗人。——译注

家们跟其他那些认为别墅遗址在另外七八处的同行一样，并没有切实证据，不能确定，有人认为遗址可能在吉伦特省，或是西南部地区，特别是布尔格和多尔多涅河的右岸。与当今诗人境况相反，欧颂非常富有，坐拥多处房产，如果他不曾在这么多大方授予他的居所中逗留过，那就真是太让人火大了。

不过无论如何，欧颂应该都不会对“他的”酒庄有什么怨言吧，毕竟这是被人人颂为极品的酒庄。酒庄在圣埃米利翁酒区评选问鼎的过程中经历了一番漫长的攀爬：1850 年排名十一；1868 年排名第四；1886 年位列第二名；1898 年非官方并列第一；1955 年正式并列第一名。既然我们说到了数字：该酒庄拥有 7 公顷多的葡萄园地；其中有 50％的梅洛(merlot)葡萄，50％的品丽珠(cabernet franc)。至于酒的价格嘛，欧颂的葡萄园是波尔多地区一等特级酒庄中最小的，其价值却与已故拉丁语诗人的财富相匹配。

所以我们挑选欧颂葡萄酒时，就和挑选白马、拉菲(lafite)、玛歌(margaux)、柏图斯(pétrus)，或是罗曼尼·康帝(romanée-conti)、尚蓓坦(Chambertin)一样，专家都会告诉我们这些高端的年份酒需要至少陈放 20 年再喝，通常都是 30 年以上，而在这么一个颇具讽刺性的限期面前，就算我们可以轻松谋生计，也很难在 40 岁以前给自己购入一箱刚上市的特优年份酒(上帝啊，看看 2005 年的价格!)。而且，谁又能保证在这酒到了最佳饮用期的时候，我们自己不是在人生的低谷呢？或是甚至跟这些酒一样，已经躺在箱中了呢？

啊！老人们悲恸的目光扫向这些余下的特级佳酿和古董年份酒们，这些酒一喝完，不也就等于提前走向人生终点了吗？乐观主义者给自己时间；悲观主义者给自己快乐。

蓦地，老人听到一瓶老酒对他说：

……时光稍纵即逝

快些来吧，享乐吧！

人无停歇的港，时光无停滞的岸；

它流动，而我们穿行！

（这首不是欧颂的诗，是拉马丁的。）

在寂静的酒窖中，谁又能说服对方是时候相互委身了呢？

圣埃米利翁。波尔多省最秀美别致的村庄。品酒之前，让我们先花上些时间徜徉在石子修葺的小路上，参观一下本笃会修士们凿刻的巨石教堂（église monolithe）、科德利埃修道院回廊（cloître des Cordeliers）、城墙遗迹，再站在高高的平台上，欣赏眼下这没有一根电视天线的屋顶所堆砌成的一片粉红。

圣埃米利翁的葡萄园比梅多克（Médoc）的要朴实得多。这里地质不均一，所以风土条件对当地梅洛（当地主要的葡萄品种）及品丽珠和赤霞珠（cabernet sauvignon）的混合勾兑影响显著。从金钟酒庄（château angélus）——最近名次得到晋升，有可能成为第三个A级酒庄？——到老托特酒庄（château trottevieille），从嘉芙丽酒庄（château gaffelière）到飞卓酒庄（château figeac）（仅有30%的梅洛葡萄），从卡农酒庄（château canon）（55%梅洛葡萄）到贝莱尔酒庄（château bel-air）（没有赤霞珠葡萄）——所有这些被分级为B类的一级特等酒庄在混合勾兑工艺上都大有不同，酒的味道也有很大差别。而圣埃米利翁的酒则会让同时身为语法学家的欧颂感到不悦：这里葡萄酒的“句法”是灵活的。挑选圣埃米利翁的葡萄酒是一道语法题加美食题，尤其是对于那些非一等、非A级也非B级的“特级葡萄园”（grands crus）来说更是如此，因他们数量繁多。而圣艾米利翁产区的普通葡萄酒，就更多了。

● 波尔多产区，弗朗索瓦·莫里亚克，孟德斯鸠

酒神巴克斯(Bacchus)

希腊神话中的狄奥尼索斯和罗马神话中的酒神巴克斯其实是同一个神。如果说前者年代更为古老,抢占了神话造物的先机,那么后者作为前者在拉丁世界的复制品,则世世代代受到西方世界诸多艺术家和诗人的宠爱。

今天,巴斯克被视为葡萄之神,葡萄酒之神,亦是酩醉之神。人类的认知将他的能力局限于此,然而在远古,他是整个农业的保护神。他不光用葡萄酒解人之渴,更是人类的养育之神。起初,他年少英俊,慷慨大方,魅力四射。然而后来,他喝了太多的酒——至少人们让他喝了很多——于是就发了福,变得大腹便便,屁股也胖了起来,像被衣服箍住似的满脸泛红。但他总是很快乐,在两次酒醉的间隙,他头顶葡萄藤环,手里摆弄着酒杯,不是骑在橡木桶上,就是坐在女祭司中间。也许未来某天,巴克斯这一形象将被禁用,因为他饮酒无度,还给大家树立了一个令人头疼的坏形象:豪不在乎警察酒测器的臃肿的享乐酒鬼。而我们这些可怜的平凡人被逮到的话,就不得不对着酒测器吹气了。

狄奥尼索斯是一个比巴克斯要复杂得多的神。他有着绝世美貌,当人们举止草率,心生疑虑或有反叛之意,不愿臣服于其神威时,他就会冷酷无情地大发雷霆,会先让人们变得疯癫,再将他们毁灭。人们因为他的地位尊重他,向他祈福,并将其尊为富饶之神、繁育之神、极乐之神。他最值得一提的专长与葡萄树有关。他创造了葡萄树,并将葡萄树的种植法传遍希腊、近东、意大利和西班牙。对于人类而言,狄奥尼索斯既是一个胜利者,一个暴君,也是福祉的创造者。

他动荡的降生过程解释了为何这位天神如此强烈地需要认同

感,因为他有两个母亲[1]:一个妈妈,一个爸爸。他是宙斯和美貌的凡间女子塞墨勒私通的爱情结晶,生母塞墨勒在怀他时,因凝视了万神之神宙斯的万丈光芒而丢了性命,于是宙斯将还是胎儿的他取出,缝在了自己的大腿上,使他能够继续成长,逃开其妻赫拉致命的嫉妒。多亏了西勒努斯[2](他的导师,也是个才华横溢的嗜酒之人)、宁芙[3]、迈那得斯[4]和萨提尔[5]们的庇护,赫拉从未抓到过这个孩子。为了躲避继母手下的追杀,也为了向世人证明受他流淌在血液中那继承自父亲的超凡神力,狄奥尼索斯从未停止过游历的脚步。没有谁比他更会处理公共关系了。他给人类的礼物还会有比葡萄树和葡萄酒更为珍贵的么?我们可以合理的推测出,那些认为酒神太过骄傲自大又自命不凡的怀疑论者和那些因亵渎了狄奥尼索斯而搭上性命的人们,一定不是葡萄酒爱好者。

在基督教文明对奥林匹斯山众神进行无情的大清洗时,只有巴克斯和维纳斯二神得以幸免。(为了把其他的神赶远,人们把那些神的名字给了各个行星。)这两位因所辖控的领域深受人们喜爱——酒与爱——而被人类从遗忘的深海中拯救了出来。两位天神在希腊语名字狄奥尼索斯和阿佛洛狄忒[6]的身份下,共饮了来

---

① 此处意指狄奥尼索斯出生两次的传说。——译注

② 古希腊神话职司森林的神祇之一。为酒神狄奥尼索斯的伴侣和导师。常以秃顶和厚嘴唇之老人形象出现,往往与酒神狄奥尼索斯相伴随。其形象亦出现于艺术及相关的文学作品之中。——译注

③ 宁芙,是希腊神话中次要的女神,有时也被翻译成精灵和仙女,也会被视为妖精的一员,出没于山林、原野、泉水、大海等地。——译注

④ 酒神的狂女迈那得斯,希腊神话中酒神狄俄倪索斯的女追随者。在罗马神话中,她被称为巴克坎忒斯或梯伊阿得斯。——译注

⑤ 又译萨特、萨提洛斯或萨提里,一般被视为是希腊神话里的潘与狄俄倪索斯的复合体的精灵。萨堤尔拥有人类的身体,同时亦有部分山羊的特征,例如山羊的尾巴、耳朵和阴茎。——译注

⑥ 阿佛洛狄忒是希腊神话中是代表爱情、美丽与性欲的女神。拉丁语族的“金星”和“星期五”等字符都来源于她的罗马名字:在罗马神话中与阿佛洛狄忒相对应是维纳斯。——译注

自希俄斯岛(île de Chio)的上等佳酿,而后便结合在一起,诞下了普里阿普斯①——法老时代好色之徒的象征(在希腊罗马神话中一切都是被允许的,哪怕时光错乱也没关系。话说回来,狄奥尼索斯也确实是把葡萄树传到了埃及)。

维纳斯则欠了文艺复兴时期的画家们一个大人情。他们用尽可能不(太)冒犯到教廷的笔触勾勒着维纳斯的裸体,极尽所能地颂扬着她性感的美。入浴、照镜子、诞生、梳妆等等,说到底,他们画的无非就是一个漂亮又放荡的女异教徒!

巴克斯肖像画的数量几乎和那些同他有过一夜情的女神清单一样惊人。

乔瓦尼·贝利尼(Bellini)笔下浑圆的孩童可爱至极。

米开朗基罗的巴克斯铜像年轻貌美,让人眩晕。那时的酒神还没开始喝酒。

头戴葡萄藤环,左手举着半满的红葡萄酒杯,卡拉瓦乔笔下的巴克斯才过青少年时期。他开始喝酒,表情严肃。

委拉斯开兹②画的巴克斯尚青春年少,赤裸着上半身,举止放纵。画中他正为跪在自己面前的一个酒徒戴上藤圈,其他几个酒鬼则在这出闹剧前或自娱自乐,或等待着酒神赐给自己同样的殊荣。

列奥纳多·达·芬奇的巴克斯则古怪得像是施洗约翰一般,讶异自己走上了从水到酒的这条路。

鲁本斯酷爱庞大的躯体。他笔下的巴克斯肥胖臃肿,像个堕落的不倒翁,让人看罢如同坠入梦魇。

---

① 普里阿普斯是希腊神话中的生殖之神,他是酒神狄俄尼索斯和阿佛洛狄忒之子,是家畜、园艺、果树、蜜蜂的保护神。他以拥有一个巨大、永久勃起的菲勒斯而闻名。——译注

② 委拉斯开兹(Vélasquez,1559—1660),文艺复兴后期西班牙画家,对后来的画家影响很大,戈雅认为他是自己的"伟大教师之一"。——译注

最后,保罗.勒贝洛尔[1]的那幅《走出阴郁的巴克斯》(*Bacchus sortant de l'ombre*,1997)更让人咋舌。整幅画用了大面积黑色做堆积,分外凄凉,画中悬挂着他可怜的性器和干瘪的睾丸。巴克斯用瘦骨嶙峋的左手拿着的一只硕大的白葡萄酒瓶摩擦着下体,前景呈现的则是一小瓶红葡萄酒,一只半满的酒杯,一些葡萄和一些洋葱。此时的酒神不过是个败坏道德,纵欲过度的悲凉凡人。

在民间艺术这个领域,巴克斯打败了维纳斯。瓷器、彩釉、石膏像、木雕、巧克力,酒神在这些材料中无处不在。更让人叫绝的是,他成功地将自己的名字和自在放荡的习气凝合成了一种享乐主义哲学——这种哲学学派的代表人物前有尼采,今有米歇尔·翁弗雷[2];汇成了一首关于葡萄酒、关于酩醉、关于破格之美和离经叛道的诗歌;同时还创造了一套诠释自由和无序的语法,并向世人展示了巴克斯是如何通过自己名字的衍生词而深入人心的:比如"酒神节"(热闹又浓烈的狂欢节),"酒神的"(我们常说"祝酒歌""葡萄酒行会""庆酒节"等等)。

巴克斯,亲爱的老酒伴,所有准备喝一杯的人都会向你致敬!

● 众神与酒

博若莱 1——奇迹,标签和餐具

(Beaujolais 1 — Miracle, étiquette et couvert)

奇迹。我会去专攻文学类新闻算是一个奇迹,因为在这个领域我的知识匮乏,无论从哪个方面来讲,都该被拒之门外。所以我要把这份命运的眷顾归功于博若莱——是的,我知道这让人难以

---

① 保罗·勒贝洛尔(Paul Rebeyrolle,1926—2005),法国表现主义画家。——译注

② 米歇尔·翁弗雷(Michel Onfray,1959—),法国当代哲学家,著有《哲学家的肚子》(华东师范大学出版社,2016,上海)等。——译注

置信！下面就来给大家说说其中缘由吧。

那时，23 岁的我刚刚服完兵役，从里昂出发，坐了 14 个小时的火车来到巴黎，一下车便直奔记者培训中心（CFJ）所在的卢浮宫大街，那里是我曾求学的学校，当时他们提供各种实习岗位。要说我有没有心仪的去处呢？有，那就是《队报》。记者培训中心的主任克莱尔·里歇对我说她在那里没什么熟人，但一早才推掉了一个《费加罗文学报》提供的新人职位，因为没什么合适的人选。那个职位是否依旧虚位以待，答案是肯定的，可那时的我还不确定自己是否适合这个报社。在调整了心态之后……当天晚上我便有了面试之约。

《费加罗报》和《费加罗文学报》的社址选在奢华的香榭丽舍大街圆形广场，具体位置在考迪（Coty）香水公司旗下一间别致的旧式酒店内，地下还配有印刷部。就在报社金碧辉煌的镶板下，我见到了编辑部的主任秘书让·塞纳尔，这位幽默的勇士向我讲述了他代表工人国际的法国部（SFIO）参加巴黎八区选举并最终落选的故事。他是里昂人。我当时便有了一个不错的预感（尽管年龄不相仿，但我们后来成为了无间密友）。塞纳尔说我还需要面见下报社主编莫里斯·诺埃尔——他是克洛岱尔的朋友，也是诗人瓦莱里的崇拜者，身材健硕，学富五车，待人处事的方式更让人印象深刻。我当时真不该被他的气场吓到，因为这人乍看性情火爆，实则十分慷慨善良。

一切都跟预想没什么两样，尽管刚一进到他那间跟编辑部的大厅一样高大派的办公室，我的注意力就全部集中在了他双木工般厚实的双手上，因为他的一只手差点把我的手握碎。要是某天我稍有些傲慢，他都能站起来拎着我的裤子把我扔出去。然后不到 15 分钟，他气消了，又会马上向那些受气包们道歉，恳求原谅。

然而我们并没有走到那一步。我们只是在谈论我的阅读经历。我的回答让他越来越发愁。《哈德良回忆录》？不了解，我从没想过会聊到玛格丽特·尤瑟纳尔。丹尼斯·德·鲁日蒙[1]的《爱情与西方》(*L'Amour et l'Occident*)呢?我完全不懂,因为从来没看过。他列了12本书的书名——印象中有罗杰·马丁·杜·加尔[2]、《塔尔布之花》[3](*Les Fleurs de Tarbes*)、《泰斯特先生》[4](*Monsieur Teste*)——这些书名让我愈发羞愧,无言以对。最后,他颇具讽刺意味地问我说是不是也会不时看看书。我答曰是的,并举了安托万·布隆丹(参见该词条)、阿拉贡——但这些似乎都不是他那杯茶——还有费里西安·玛索[5]的例子。在他预想之中我本该是个酷爱读书、从小就有对文学报刊抱有极大野心并想以此成就一番事业的年轻人,如此一来,我列举的这些名字显得就太单薄了。显然,我是无法胜任的。当时我只想尽快结束一切。

可能因为不想用一句生硬的"不合适"来结束这次面试,诺埃尔突然问我是巴黎人还是外省人。"我是里昂人",我对他说。他讲到在德据[6]时代,《费加罗报》曾撤离到自由区,也就是里昂。尽管看到法国战败受辱让他痛苦不堪,做一份对得起编辑和读者的报纸要面对太多的困难,这座"美丽制绳工"之城(ville de la Belle Cordière)还是给他留下了美好的回忆。另外,美丽制绳工街、栗树街和策肋定广场都是他在封锁结束后常逛的地方,在那里可以享用到里昂耶稣香肠、猪肉制品,甚至有一次还吃到了镶牛肚[7]

---

① 丹尼斯·德·鲁日蒙(Denis de Rougemont,1906—1985),瑞士作家、哲学家。——译注

② 罗杰·马丁·杜·加尔(Roger Martin du Gard,1881—1958),法国小说家。——译注

③ 法国作家让·波朗(Jean Paulhan)作品。——译注

④ 法国作家保罗·瓦莱里作品。——译注

⑤ 费里西安·玛索(Félicien Marceau,1913—2012),比利时法语作家、法兰西学术院院士。——译注

⑥ 1940—1944德国侵占法国。——译注

⑦ 里昂特色菜,又译工兵围裙,牛肚为主要食材。——译注

(tablier de sapeur)(这个我最清楚不过了!)。还有就是要喝上一杯上好的博若莱酒,他补充道。

——“啊,您喜欢博若莱?”我问道。在经历了刚刚的慌张崩溃后,我的笑容又回来了。

——“对,非常喜欢。只要它是好酒。”

接下来,我听到自己用这辈子最自然的声音跟这位外形和学识上都给了我无形压力的学者,这位我刚认识不到15分钟,以后也许不会再有机会相见的大主编说道:

——“我父母在博若莱地区有一小块葡萄田,就是,我母亲……”

诺埃尔的眼睛突然一亮。这是我今天第一次让他感到惊讶,提起了他的兴致。

——“他们是酿博若莱美酒的?”

——“他们不亲自酿酒,但是有一个葡萄酒农为他们工作。这酒农酿的酒堪称佳品。”我用一种行家的口吻跟他打包票。

——“我们可以买他的酒吗?”

——“当然可以!”

——“那能不能买到一小桶?就那种博若莱地区常说的,能装十多升酒的橡木桶?”

——“您是说卡其翁桶(caquillon)[①]?”

——“对,就是卡其翁桶!当然,这肯定是有偿的。”

——“这太简单了。只要8天,保证您能拿到手。”

——“好吧,那么一言为定,我就给您3个月的试用期。下周一您就可以开始工作了。”

当时可能已经快晚上7点钟。

他站起身来,从身后的壁炉台子上拿了两三本书递给我让务

① 音译卡其翁,特指博若莱地区十升装酒桶。——译注

必一读，不要放一边不管。当晚我就开始看，从此再没抬起头。（唉，可惜我已经不记得那些最初为了工作而读的书了。）

半个多月以后，诺埃尔走进编辑部大厅，用他那带着浓重鼻音的嗓音大声说到："啊，贝尔纳·皮沃，您父母的博若莱实在是太棒了！"这声音至今都回荡在我耳边。

让·塞纳尔和其他《费加罗文学报》的记者对我说，除非是我自己犯懒或做了什么蠢事，不然诺埃尔的这番话就是表明，我已经被正式录用了。

标签。几年之后，我在一段时间内都像是个受了诅咒的读书人（就好被巴力西卜①判了刑，可我们是在地狱读书么？我表示怀疑），当年我主持了一档名为《致敬》（Apostrophes）的读书节目，这节目把我打造成了一个文学喜剧人，而我的博若莱血统却成了负担。严肃文学和属于里昂滚球玩家的葡萄酒难道不冲突么？我们又能否将采访马塞尔·儒昂多②（Marcel Jouhandeau）、玛格丽特·尤瑟纳尔（我没敢跟她提我曾经是多么无知，直到进了莫里斯·诺埃尔的办公室才知道她的名字）、克洛德·列维-斯特劳斯③、乔治·杜梅吉尔④（Georges Dumézil）和朱利安·格林⑤

---

① 又译别西卜，意为"苍蝇王"，绯尼基人的神，《新约》中称巴力西卜为"鬼王"。——译注

② 马塞尔·儒昂多（Marcel Jouhandeau，1888—1979），法国作家。——译注

③ 克洛德·列维-斯特劳斯（Claude Lévi-Strauss，1908—2009），法国著名人类学家，与弗雷泽、鲍亚士共同享有"现代人类学之父"美誉。——译注

④ 乔治·杜梅吉尔（Georges Dumézil，1898—1986），法国语言学家、社会学家、作家。——译注

⑤ 朱利安·格林（Julien Green，1900—1998），美国法语作家。——译注

(Julien Green)的重任，交给一个博若莱酒爱好者呢？我对足球的热爱解决不了什么问题，一些右派或左派的知识分子和一些同行们都在严肃地思考这样一个问题：一个看上去有着良好读书品味的人，却对葡萄酒的品味不佳，这难道真的不算是一种欺诈么？简而言之，博若莱葡萄酒是否能消化普鲁斯特的作品呢？

一瓶梅多克一级酒庄的葡萄酒或是一瓶年份香槟更适合搭配《追忆似水年华》的阅读，这一点毋庸置疑。然而，一瓶廉价酒和一部佳作之间产生的对比也值得人们玩味，总之，不管怎样，别的产区的酒我也喝，也喜欢，特别是梅多克的酒和香槟。我并不想断言，在这场关于我葡萄酒血统和我阅读的专业性之间的争论中，是否存在歧视的成分——还是把这些重话留给那些真正受苦的人吧——但我承认，葡萄酒界确实存在着某种偏执。（一个出色的医生跟我讲，他在纽约或东京的某场专业国际研讨会上做报告之前自报家门，介绍自己曾在博若莱的诊所工作过，现场马上迸发出一片笑声。）

即便我在波尔多的酒堡和香槟区的酒庄长大，也不会因为这些童年时的酒而暗自窃喜。其他的酒没有那么多的故事，因为它们稀少或低调，就比如萨瓦地区（Savoie）的梦杜斯葡萄酒（moudeuse）、科西嘉的西亚卡雷洛葡萄酒（siaccarello）；或历史悠久些的朱朗松（jurançon）或俙农葡萄酒（chinon）；还有甜酒类，比如博纳佐（bonnezeaux）、苏玳（sauternes）；再或是带着文学灵气的，如欧颂酒庄或是杜拉斯丘（côtes-de-duras）的葡萄酒。然而博若莱酒既不稀有也不低调，不算历史悠久，也不是甜酒，更没有什么文学气息。它就是一款大众化的酒。我想在一些索邦图书馆和法兰西学会的葡萄酒爱好者眼中，博若莱给我带来的也就只是成为畅销书作家的能力吧。

如果我抱怨被贴了“博若莱”这个标签或许就不对了。因为我觉得这个标签已和我的记者形象融为一体，它让我大部分的电视观众都感到安心，他们知道，这个人在餐桌上跟自己是一样的，在和他邀请的众作家一起去沙龙的时候，也依旧故我。

餐具。再来看一看与命运有关的事：我第一次在龚古尔学院用餐是 2005 年的 1 月 11 日。我一套餐具的原主人是挑剔的美食家莱昂·都德[①]（他的爸爸阿尔封斯在用第一次聚餐前便去世了）。然而，莱昂·都德是个博若莱酒爱好者。他也是那句常被引错的名言的作者："里昂是法国料理之都。除了罗讷河与索恩河之外，它还被第三条河滋养，那就是不淤也不干的博若莱红酒之河。"

这套龚古尔学院餐具还同属于另一位伟大的先人科莱特。她出生于勃艮第地区的皮伊塞，那里没有葡萄树，但她的葡萄酒知识和对葡萄酒的鉴赏力却无人能及。科莱特爱好广泛，曾盛赞过圣特罗佩葡萄酒、普罗旺斯白葡萄酒、弗龙蒂尼昂麝香葡萄酒（muscat de Frontignan）、朱朗松葡萄酒、滴金葡萄酒（yquem），当然还有勃艮第葡萄酒，以及博若莱地区的布鲁伊（brouilly）和布鲁伊丘（côte-de-brouilly）的葡萄酒。

在饱受关节炎折磨，活动不便之际，她还参加了位于布鲁伊丘希威酒庄[②]（château Thivin）的葡萄采收季——就在 1947 年，多么有名的年份！"所有荣誉都属于繁重的劳作：在下面有四十多位葡萄采摘者正享受着美妙的一餐。煎蛋卷、小牛肉、鸡肉、猪肉，佐以那如最美艳的红宝石般的佳酿，它在光线的照射下，始终保持着红润又纯净的剔透亮泽（《青色灯塔》[*Le Fanal bleu*]）[③]。"

值得一提的是，科莱特在巴黎的最后一处居所位于巴黎皇家宫殿附近，街道的名字是……博若莱街。

---

① 莱昂·都德（Léon Daudet，1867—1942），法国文学家、记者、政治家。是阿尔封斯·都德（Alphose Daudet）之长子。——译注

② 又音译为提万酒庄，迪吻酒庄。——译注

③ 此为科莱特作品之一。——译注

博若莱2——复活节之后

(Beaujolais 2 — Après Pâques)

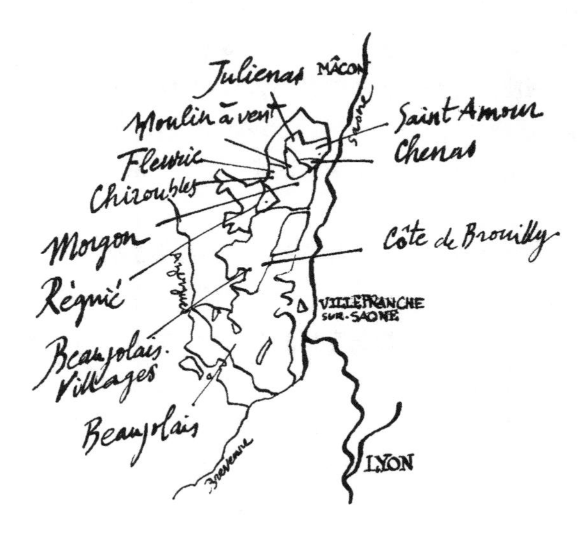

这是一片迷人的葡萄园，关于这一点，大家应该有所共识。悠缓的丘陵和蜿蜒的山谷构成了这极具法式风貌的景致，和煦的阳光下，树影或疾走直转，或如梦般相隔，如此，高处的密林便成了这景致的幕布。南博若莱——即下博若莱地区——有着金色石头搭建的精致小村庄，相较北博若莱地区更具旅游气息，但距里昂越远，离马孔（Mâcon）越近，酒的质量就会越好。总的来说：南部出产普通博若莱酒，中部出产博若莱村庄酒（beaujolais-villages），北部则大多是博若莱的特级村庄酒产区。

葡萄酒农们的慷慨与开朗是大家公认的。他们乐于款待外乡人。诚然，这其中有利可图，但同时也是他们热情好客的天性使然，愿与来者一醉方休。在这里没有矫揉造作，不用拘于礼节。“博若莱”一词让人联想到的就是直爽、质朴和迷人的色泽。曾有个万人迷喝到兴致盎然时受到圣·安托尼奥[1](San-Antonio)的启发,把"博若莱"一名变成了"博若"(beaujo)、"博若罗"(beaujolo)、"博若勒"(beaujol)、"博若啤"(beaujolpif)等各种奇思妙想的称呼,这些戏称刻画出了葡萄酒农们热情洋溢的真诚和买酒人的诙谐幽默。

但提到博若莱酒——字母B不大写,所以这里说的就是葡萄酒,而非地区或产区——我们就会陷入一系列由不符实际的概念和真枪实弹的指责所堆积出来的论战之中。下面就让我们一起来看看吧。

博若莱酒是近期才出现的葡萄酒吗? 我多次听到有人笃定地说,博若莱地区是最近几十年才开始产酒,最早也不超过一个世纪,然而这种不懂酒的说法其实很不负责。很可能是"博若莱新酒"(beaujolais nouveau)这一名词(这个我们会在下一章节细谈)影响了他们的判断。博若莱一词源于其历史上的首府博热(Beaujeu),就算该地是法国较年轻的葡萄产区之一,这里的葡萄种植也是有史可寻的。一份在马孔区签订的合约可以证实这一产区的存在,而这份合约至少在公元10世纪初便已经签署了。

有一点可以确定,这个地区长久以来都是多种作物混栽。黑麦田和牧草地比葡萄园要多很多,占地面积也更广。直到18世纪中叶,葡萄园的面积才开始激增,占据了更多土地,这一扩张持续到19世纪,并一直延续至二次世界大战后。无论如何,这里还是出产了许多酒,其中不乏佳酿,这也使得博若莱酒成了伏尔泰在费尔内的日常选择。顺便一提,在那个年代博若莱酒的运输并不容易,这刚好攻破了另一个无稽之谈。在18世纪,从入市征税处到入港征税口,从陆路到水路,大大小小容量不一的酒桶被运向巴黎

---

① 弗雷德里克·达尔(Frédéric Dard)笔下的小说人物,他发明了博若莱酒的称呼。——译注

的圣贝尔纳和圣保罗港口,这一路上,要先由双轮牛车把酒送过博若莱山区,再由船只接手,从普伊·苏·沙尔利厄港口出港,沿卢瓦尔河一路北上。

从里昂出发,路程会缩短很多。尽管里昂丘(coteau du Lyonnais)的葡萄酒更有距离优势,带来了一定的竞争,但博若莱葡萄酒还是一步步稳扎稳打地在罗讷河和索恩河区间建立起了属于自己的葡萄酒帝国。

博若莱酒是勃艮第地区的酒吗? 博若莱酒主产区在罗讷省,属于罗讷-阿尔卑斯大区,而非勃艮第大区。博若莱伯爵领地也从不受勃艮第公爵领地的控制。当时的公爵们根本不在乎南部的领土。他们关注的重点在北方和东方,并派以重兵把守,因为北方闪耀着真金白银、针织布料和艺术作品所散发出的无限光芒。一般来说,公爵们都想在弗兰德、阿图瓦、皮卡第和弗朗什-孔泰等地建立并维持自己的统治,唯独曾属于菲利普三世[①]的马孔公爵领地除外。自1400年开始,博若莱和勃艮第的领主们便逐步发动战争。这使得弗雷(Forez)地区的伯爵们和萨伏依公爵大为光火,终于,他们还是在某个时期把东布(Dombes)纳入了自己的管辖区。

如此看来,无论从历史角度还是地理角度来讲——博讷[②](Beaune)距离博若莱的行政首都索恩河自由城(Villefranche-sur-Saône)有125千米之遥——勃艮第和博若莱都没有必然的联系。而这两个地区的葡萄品种和葡萄酒更是毫无联系。勃艮第丘的主要葡萄品种为霞多丽和黑皮诺,而博若莱丘则只有佳美葡萄[③]

① 菲利普三世(Philippe le Bon,1396—1467),又译好人菲利浦。法国瓦卢瓦王朝的第三代勃艮第公爵(1419—1467在位),"百年战争"末期欧洲重要的政治人物之一。——译注

② 位于勃艮第葡萄酒区中心,是著名的葡萄酒之城。——译注

③ 佳美葡萄全称为 gamay noir à jus blanc,常被缩写为作者前文使用的 gamay。——译注

(gamay noir à jus blanc)。诚然,“佳美”也是勃艮第地区某个村庄的名字,且博讷地区也曾种植过这种葡萄。可它却被菲利普二世[①]判定为“品质极差,极为下贱”的品种,并下令将其铲除。马孔的市政长官们也对其发难,认为佳美葡萄有损身体健康。由此可以想象,与他们毗邻的博若莱和索恩自由城的居民们会多么生气。历史学家罗杰·迪翁认为,佳美葡萄在当时可能是一种“粗劣的品种”。况且,勃艮第的土壤也不适合种植佳美,最终,上博若莱地区坚如花岗岩的硬质土地成了它的应许之地。

总之,无论从嗅觉还是味觉上,勃艮第葡萄酒和博若莱葡萄酒毫无相似之处。它们的酿造方式也大相径庭:一个重在陈酿,另一个则重在品新。两种酒的杰出度和声望也不可同日而语。在侍酒师和酒窖管理师们的清单上,它们也不会被分在同一个级别。

然而,1930 年的一项判定使得博若莱从此隶属于勃艮第葡萄产区。如此一来,勃艮第产区便从奥塞尔(Auxerre)的夏布利(chablis)葡萄产区一直延伸到了索恩河的博若莱葡萄产区。地区行政方面确实变得统一又简洁了,然而,这一决议却不允许博若莱酒使用勃艮第酒的名号(勃艮第酒也不能自谦为博若莱酒)。不过,如此规定下还是有例外:博若莱的 10 个特级村庄产区[②](crus du Beaujolais)——布鲁依(brouilly)、布鲁伊丘(côte-de-brouilly)、谢纳、希露薄(chiroubles)、福乐里(fleurie)、茱丽娜、摩根(morgon)、风磨坊、雷妮(régnié)和圣爱——有权利,也很荣幸的可以在他们的酒标上打上勃艮第酒的标签,这是没有任何逻辑可寻的。

10 个产区中只有风磨坊的授权合情合理。事实上,当年份上好,葡萄成熟的也恰到好处时,土壤中的锰会发生一系列奇妙的变

① 菲利普二世(Philippe le Hardi,1342—1404),又译勇敢者腓力,瓦卢瓦王朝第一代勃艮第公爵。——译注

② 也被称为 Dix appellations communales ou locales,意指“村庄级法定产区”。——译注

化，使得佳美葡萄“皮诺化”。这种“勃艮第化”出神入化，以至于我们在盲品的时候，很有可能把一瓶酒龄 5 年的风磨坊葡萄酒与夜丘产区的葡萄酒相混淆。风磨坊产区是佳美葡萄对菲利普二世一个优雅的回击。

博若莱酒是“工业化葡萄酒”吗？一个来自拉尔扎克高原的小胡子名人——他对布鲁伊丘的了解还没有对羊排了解的多——有一天闲极无聊，将博若莱定义成了“工业化葡萄酒”。若有产业参照博若莱酒的生产模式发展，那它一定很快就会走向失败——因为这片广阔的葡萄种植区其实是以小面积开垦而著称的。这里虽不像勃艮第的葡萄产区一样分布得七零八碎，却也完全无法与广袤的波尔多或朗格多克(Languedoc)产区相媲美。

工业化生产应该是借由愈发高效的机器来节省更多时间，获取更高利益。然而，博若莱产区一直是手工作业。很多葡萄酒农都是自采自酿的手艺人。一些酒农把酒装瓶，卖给他们经营多年的客户群，近年来，有些小酒窖和酿酒合作社也开始模仿这种模式，而不会像山里的奶酪商人一样，把产品卖给路过的游客。但是在价格下跌，葡萄酒产业不景气的压力下，越来越多的酒农开始做起了大宗批发的生意，或是选择加入酿酒合作社。如此取舍中，隐含着对行业的失望。

因此，博若莱产区反倒是吃了亏：旧时的生产结构、过分讲究的制造工艺、葡萄园的老龄化，还有游走在工业化葡萄酒与精品葡萄酒间的市场定位之间——博若莱的葡萄酒恰好于两者间摇摆不定。

博若莱酒是玩滚球游戏时喝的酒吗？当然是。以往在里昂地区玩滚球的时候，人们都会特意在葡萄田中、罗讷河岸堤旁、餐馆或小酒馆一旁整理出一片场地，游戏中里昂人喝博若莱酒是按米数来算的。12 壶 460 毫升的酒直线排成 1 米长，第 13 壶老板请客。

但听一些专栏作家们讲，博若莱酒也就只能在玩滚球游戏的时候喝喝而已，没有更多的闪光点。它是解渴之酒、朋友间喝的酒、马车夫的酒、站在酒柜边喝的酒、泡吧时点的酒、快餐的配酒、野餐时的餐酒，集市狂欢时用的酒。是的，这些都是博若莱酒。这是它讨喜、受欢迎的一面。但是，若它不过如此，只是被那些悠闲的人们拿来欢饮，那么两个世纪以来，它的供给量必定会远远大于需求。我知道，那些传记作家既不会把伏尔泰塑造成一个滚球玩家，也不会将其塑造成快餐爱好者。

一直以来，博若莱酒也算一款资产阶级的酒，在此意指小资产阶级而非大资产阶级。它是属于法国里昂丝绸工人的酒，也是属于激进社会党成员们的酒；它是尼亚弗龙①的酒，也是爱德华·赫里欧②市长的酒；是贝利埃工厂③的酒，也是古尔吉永学院(académie du Gourguillon)的酒；是那个虚构的博若莱小县城，克洛许梅勒④(Clochemerle)中人们所喝的酒，也是摄政公主博热的安娜⑤饮用的酒；是背手工皮革包的人们所喝的酒，也是西装革履的精英们口中的酒；它是可以搭配"乐芝牛奶酪"(Vache-qui-rit)的酒，也是可以佐"哭泣羊后腿"⑥(gigot-qui-pleure)的酒；是老友在小饭馆中聚会时点的酒，也是家庭聚餐会选择的酒；是左派嚼香肠时会配的酒，也是右派喝牛肉浓汤时会选择的酒。《鸭鸣报》记者喝茱丽娜葡萄酒，公证人大会与会者喝摩根酒，见面开会喝博若

---

① 尼亚弗龙(Gnafron)：法国木偶剧中角色名，一名爱喝酒的鞋匠。——译注

② 爱德华·赫里欧(Édouard Herriot，1872—1957)，法国政治家和作家。曾任国务部长、法国部长理事会主席、众议院主席等。1905 年当选为里昂市长，除 1940—1944 年外，其余年份均任此职。——译注

③ 贝利埃(Berliet)：一法国汽车工厂。——译注

④ 法国作家 Gabriel Chevallier 同名讽刺小说。——译注

⑤ 博若的安娜(Anne de Beaujeu，1469—1522)，又称 Anne de France，是路易十一世和萨伏依的夏洛特所生之女，在其弟查理八世年幼时摄政。——译注

⑥ 一道别具风格的上乘经典法餐，以马铃薯为配菜，慢火烘烤的羊后腿。——译注

莱新酒(Beaujolpif),婚礼则必备圣爱。总之,它是劳动人民周日喝的酒,也是富裕家庭的日常选择。

在马克思主义思潮流行的时代,阶级斗争比比皆是,然而博若莱酒可不管这些。它既出现在穷人的餐桌上,也是富人的佐餐之选。哦!不,它当然无法调和这两个阶级间的矛盾,甚至不能拉近二者的距离。当然,同时成为两个阶级的选择,并不等于背叛他们。因为博若莱酒中红色浆果的香气是多元化的。在上流社会的酒堡(这个词今天用有点过时了)和摆满酸涩劣质酒的廉价酒架之间,博若莱葡萄酒——从普通餐酒到风磨坊特级村庄酒——在葡萄酒的社会阶级中找到了自己独有的一席之地。

外国人也参与这场投资盛宴中来,这使得博若莱酒的行价在1960—1970年间暴涨。过高的酒价让滚球玩家和"湿脚客"们(里昂户外贩售饮品的摊点一般只能保证客人的头不被淋湿,不能保证鞋不会进水)望而却步,如此一来,博若莱酒就慢慢失去了它在酒吧和咖啡馆的优势,取而代之的是来自南部的竞争对手——价位更加亲民的罗讷河丘酒(côtes-du-rhône)。随着博若莱酒在巴黎、日内瓦、汉堡日趋流行,里昂人对它的不屑也与日俱增。而里昂民众们对博若莱的冷漠甚至是敌意,则在后来大大激发了巴黎人对这款声名显赫的葡萄酒态度的激烈反弹——现在里昂人和博若莱酒的关系与之前相比已经有所好转(后文提到博若莱新酒时我会再和大家聊这个话题)。这一切都或多或少地对博若莱特级酒的"名流"们造成了影响,使得它们必须面对那些在价格和品质上都愈发有竞争力的其他法国葡萄酒和国外葡萄酒。

博若莱酒是否累于其盛名? 名望是一把"双刃剑"。因为博若莱酒的成功是近期的事,这种成功已经惹恼了不止一个酒区,而且博若莱酒自视过高。在其黄金年代,业界缺少一个有判断力、有远见、有魄力并具有影响力的人(我明白,集众多优点于一身很不容易)。这个人应该会反对人们在高寒、光照匮乏的地区和下博若莱

河谷区的谷物带上进行葡萄园的恶性扩建。他还应建议葡萄酒农有节制地使用除草剂和肥料，反对一味追求高产量，同时惩治在葡萄酒中过度加糖的行为。他应该是个和儒勒·肖维（参见该词条）一样的人，既非纯粹主义者，也不会固执己见——牧师过度要求信徒纯洁守信也是会遭到抵制的——同时还要明白，严谨和质量是经久不衰的唯一保证，并鼓励甚至强制要求酒农们将此铭记于心。一如劣币驱逐良币[1]，就算劣质酒的基数不大，依旧会对优质酒造成影响。

皮埃尔-马里·杜特朗[2]在1976那份轰动一时的调查中（《优质酒和其他酒》[*Les Bons Vins et les autres*]）已经对上述问题做了详尽说明。其中他揭露了葡萄酒农们借公共权力之便，滥种葡萄树的行为，被点名的有阿尔萨斯、香槟、梅多克、桑塞尔（Sancerrois）及罗讷河谷等地。他还列举了各地向葡萄酒中过度添加糖分的问题，这里提到了包括了从阿尔萨斯到桑塞尔，从勃艮第到朗格多克（是的，这里也存在），从卢瓦尔到罗讷等多个产区。1994年，居伊·朗瓦塞出版了名为《葡萄酒国度：是艺术还是卖弄》（*Le Monde du vin : art ou bluff*）的作品（10年后他出版了另外一本书，名为《葡萄酒业界理智是否尚存》[*Le monde du vin a-t-il perdu la raison?*]），书中作者化身为葡萄园和酒窖的评估员，在颂扬葡萄酒业成功的同时，毫不留情地披露了业界过度培育等不当行为，除了他调查中所提到的问题外，杜特朗还将勃艮第地区滥用钾肥等问题都摆上了桌面。

---

① 经济学定律，也称作格雷欣法则或格勒善定律。劣币驱逐良币的论调后来亦被广泛应用于非经济学的层面，人们用这一法则来泛指价值不高的东西会把价值较高的东西挤出流通领域，主要指假冒劣质产品在多种渠道向正牌商品挑战，并具有膨胀和蔓延的趋势。——译注

② 皮埃尔-马里·杜特朗（Pierre-Marie Doutrelant，1941—1987），法国记者、美食评论家。——译注

所有葡萄酒产区都深受责难。然而,到媒体开始发声斥责酒界过度栽培、苛求产量和无节制加糖等问题时,博若莱产区总是首当其冲地成为被批判对象。这就是过去的高曝光度所引起的回旋镖效应。在很长一段时间里,博若莱产区都需要为之前的荣耀复出昂贵的代价。

为什么我对博若莱酒的忠诚一如既往?这个问题很有趣!一个人会为了奉承别人或随波盲从而背叛自己的青春吗?会为了追逐风尚而不去面对自身本真吗?人的一生中会品到太多更负盛名、更加稀有、层次更丰富、回味更绵长的佳酿,但这是否意味着我们就该抛下那些最初愉悦了你我,曾让我们畅饮无休的大众葡萄酒呢?

作为一个滚球老手,一个曾在田里收割干草,收获粮食和葡萄的劳动者,一个小巷中的慢跑者,一位尼亚弗龙木偶剧爱好者,我依旧深爱这清爽、酸冽又不失轻盈的博若莱酒,那股土石和黑加仑的味道妙不可言,让人欲罢不能。

无论家常聚餐还是临时晚宴上,又或是有哭泣羊后腿、寡妇鸡[①](羊后腿和小母鸡是不是都是去了至亲之人)、焗洋蓟、山羊奶酪、圣马尔瑟兰渣滓奶酪等佳肴时,我常常喜欢配上一瓶复活节后灌装的博若莱村庄酒:比如一瓶带着桑葚和李子果香的布鲁伊,一瓶紫罗兰香调、口感温和希露薄,一瓶酒如其名,泛着玫瑰、紫罗兰、鸢尾花香气的福乐里,或是一瓶酒体厚重、涩口强劲、单宁感略浓的风磨坊,随着时间的推移,这款狡黠的酒中带有的红浆果香味,还会慢慢变成松露或是其他菌类的味道。

咕噜咕噜

“在葡萄采收季的一个晚上,老酒农依靠在压榨机边,翻腾的葡

① 又名松露小母鸡。——译注

萄酒汩汩涌满一整个酿酒桶。老农跟我讲述了一个秘密：上帝真是了解我，他跟我这么说的，皮亚尔，趁还在这世上就多喝些酒吧，我这天堂可是没有这般好酒啊。”（语出让·吉埃尔梅[Jean Guillermet]，索恩河自由城的出版人、书商，当地学者，曾协助其爱人玛格丽特·吉埃尔梅[Marguerite Guillermet]出版了1931—1960年间的《博若莱年鉴》[*Almanach du Beaujolais*]，拥有葡萄种植和葡萄酒相关的丰厚学识。他的蜡像也被陈列在罗曼内切·托林斯[Romanèche-Thorins]的杜宝夫红酒博物馆[Hameau du vin]中。）

● 勃艮第，伏尔泰

博若莱 3 —— 圣诞前夕（Beaujolais 3 — Avant Noël）

对于历史学家、著名学者吉贝尔·加利耶来说，要证明人们从罗马时期开始就一直“对新酒有很大期待”并非难事。简单来说，博若莱新酒是众多模仿者中年纪最轻、口碑最好的一款酒，这是因为佳美葡萄只需短期发酵便能早早散发出红浆果的香气。

在50年代，博若莱新酒算是一款少见的酒。巴黎咖啡馆的老板比贩售新酒的酒农们更关注要这款酒。后来新酒的产量慢慢增多，因为人们在其中看到了卖点：它为一群人带去新鲜的乐趣，并让另一群人快速获利。在吉贝尔看来，直到1975年，新酒才势如破竹地征服了整个巴黎，那一年虽不是最佳年份，但人们的热情却在那个年代满溢酒桶。勒内·法雷[1]的新书《博若莱新酒来了》（*Le beaujolais nouveau est arrivé*）问世。在国会主席埃德加·富尔[2]（Edgar Faure）、歌手乔治·巴桑和米雷耶·马蒂厄的加持下，

---

① 勒内·法雷（René Fallet，1927—1983），法国作家、编剧。——译注

② 埃德加·富尔（Edgar Faure，1908—1988），法国律师、政治家、散文家、历史学家和传记作者。两次担任法兰西第四共和国总理。第五共和国时期最著名的戴高乐派。——译注

这个葡萄酒届的新生儿有了正式的名字。

而后，博若莱新酒从巴黎启程，开始了面向欧洲各国，乃至全世界的征程。一个偶然的契机，我见证了新酒进入蒙特利尔和巴马科市场的荣耀时刻。在加拿大，尽管天寒地冻，酒吧餐馆里还是一派欢腾雀跃的热烈景象。午夜时分，滴酒未剩。在马里，身着晚礼服的法国人、欧洲人和美国人欢聚一堂，于尼日尔河畔伴着芒果树和桉树的倩影，举办了一场精致的盛宴以迎接新酒的到来。

想要搞清楚博若莱新酒为何能够取得如此惊人的成绩，心理学家比葡萄酒专家更靠谱。11 月是一年中最忧伤的月份，天冷气湿，寒风不止，夏日和假期过后只剩一些照片。1 号、2 号，人们会去扫墓，11 号则要庆祝百万人牺牲换来的胜利。① 罢工不时进行，圣诞节又还显得太遥远。人们心生厌倦，精神萎靡。就在此时，在第三个星期四，一款欢悦奔放的酒猛然出现在面前，它有着羞红的双颊和春日的俏唇，人们无暇细品，像是得了可以重获青春的忘忧灵药，将其一饮而尽。在寂寥的秋季，人们渴望欢庆的心情通过博若莱新酒显现而出。它的好运在于来的正是时候。

所以说，新酒不过赢在了新奇感，它是应运而生的幸福，是提前到来的美味。在东京、纽约、温哥华和首尔，新酒之所以走俏，是因为它给人们带来了一种与传统法国奢华名酒截然不同的体验。人们可以不拘小节地随心畅饮，品味新酒中来自神甫果园和校园假山的香气，不然这些外国人又为何会为它迷醉呢？

如此可观的成绩是难以人为掌控的。在那些"眼红"的年份（质量平庸的年份），博若莱酒委员会本应对质量差强人意的酒严加管控。可直至今日，委员会依旧在妥协。他们关心的是社会性，

① 11 月 1 日是一战停战日，在法国为公共假期。——译注

而非酒本身。社会性，就是把个人情感甚至同情心置于酒的品质和大众利益之上。一些葡萄酒农向酒内添加酵母和人工香精的行为根本就是作弊。我曾参与过乔治·杜宝夫①为新酒组织的造势活动，但我并不确定媒体大张旗鼓的宣传最终是会刺激消费还是适得其反。

因为倘若博若莱酒作为潮流而兴起，定会有另一种潮流逆而行之。它的境遇和某些作家一样，最初捧场的读者后来开始抨击批判，因为常年累月的畅销是让人难以忍受的。博若莱新酒年份有好有次（但并不是说日晒充足的葡萄、高酒精度的葡萄汁就一定能造出最优质的博若莱新酒）。所以每年的11月的新酒质量有的极佳，有的尚可，有的普通，有的甚至会让人心生厌恶。不过我大致可以证明，近二三十年来，新酒的品质都还不错。然而消费者的品味是会改变的。人们的期望不再像从前那样单纯宽容了。对于公众，尤其是对于巴黎人来说，葡萄酒工艺学家、侍酒师和记者们的观感大大影响了他们，人们再次站到了这款年轻葡萄酒的对立面，对他们来说，如此年轻又小众酒却能给人们带来这样欢愉的享受，实在是不大公平。对于原则性和道德感都强的人来说，一款成功的酒无论从潜力、成熟度还是稀有度的角度来看，都应该配得上它的盛名——博若莱新酒恰恰跳脱出了世人的价值观。淘气、俏皮、顽劣、捣蛋，这些词都可以用来形容它；但若将其称之为骗子，那就错了。事实上，如果人们对节庆失去兴趣，不再站在吧台边喝酒，不再青睐铺着纸质桌布的餐馆，那么也就很难继续领略博若莱新酒的魅力。

节日不如以往那么欢快，难道不正是因为博若莱新酒的到来（占了葡萄收成的40%），使得传统的博若莱葡萄酒和特级村庄酒

---

① 乔治·杜宝夫（Georges Dubœuf，1933— ），著名博若莱酒品牌创始人。——译注

被人冷落在了酒窖吗？是它拦住了其他即将上市的优质葡萄酒的道路。对于很多消费者来说，博若莱葡萄酒基本等同于博若莱新酒。当人们发现博若莱的葡萄酒其实还存在很多不同种类时，心态就会像那些捐善款的老太太一样，觉得我已经给过了……博若莱新酒占的市场份额越高，其他的博若莱酒就越难打开局面。

我要举杯——来吧！杯中是博若莱的雷妮葡萄酒——敬那些能使博若莱酒跳出这令人晕头转向又充满铜臭的乱象的人们。

克洛德·贝尔纳[1](Bernard [Claude])

克洛德·贝尔纳是唯一一位可以让博若莱人自豪的名人。

1813年出生于索恩河自由城附近的圣朱利安-博若莱(Saint-Julien-en-Beaujolais)，克洛德·贝尔纳并没有继承博若莱人那种乐天、好吃又随性好客的特质。他穷尽一生在阴冷凄凉、卫生状况堪忧的巴黎自然历史博物馆中做生理学研究，是一位伟大又严谨的学者。他的职业生涯为他带来了成功与荣耀(兼具法国科学院院士、法兰西学术院院士、参议员等多个头衔)，他妻子则直到分手之前，都很热衷于搞乱他的私生活，破坏他的心情。他嘛，为追求实验医学的进步，一直做着以青蛙为主的活体解剖实验，并不小心娶到了被猫猫狗狗环绕的碧姬·芭铎的祖母，名气没有芭铎大，对动物的爱心却有过之而无不及[2]。

如果说克洛德·贝尔纳最开始拥有佳美葡萄般的活力，他最终还是在潮气冲天的实验室里变得病快快的。他自称是“法兰西共和国中最常感冒的人”。

直到65岁与世长辞之前，他都一直饱受严重的头部、腹部神

---

① 克洛德·贝尔纳(Claude Bernard，1813—1878)，法国生理学家。——译注
② 其妻在二人分手前曾建立“反活体解剖”协会。——译注

经痛的困扰，这种病症常常让他接连几日卧床难起。

以上说的这些拉远了我们和健壮酒农之间的距离。然而，贝尔纳每年都会在葡萄采收季，花上 6 个星期——有时候还会更长——前往他位于圣朱利安(Saint-Julien)的葡萄园，并以酒农自居。"我每天早晨 6 点起床，到酒窖主持发酵和压榨的工作。白天我会去葡萄园看望酒农们，我自己也同时在做'葡萄疗法'。我有 6 个酿酒桶要打理，大概相当于 166—179 瓶酒吧。目前有两桶已经完成，两桶正在酿造，还有两桶的葡萄正在采收。今天我让采葡萄的人在房子周围的园地里采摘，所以我给您写信的同时，就能透过窗户看到采收葡萄的全过程。您看，我亲爱的女士，此时的我，已然变成了一个酒农呢。"(写给拉夫洛维奇女士的信，1896 年 9 月 24 日)。

的确，贝尔纳对于葡萄采收的数量和质量、葡萄酒酿造的过程(他在自己的住所建了一个小实验室)以及自家葡萄酒价格利润所产生的兴趣远远高于葡萄酒本身。他在那些书信中的身份并不是一个敏锐又纯粹的嗜酒者。我们很难想象贝尔纳会与那些豪放的博若莱酒会会员们站在发言台前，一起说出他们的名言："喝干酒桶!"

但是他喜欢到葡萄田和花丛中小憩，这正是他所追求的。让那些法兰西公学院的课程、各学会的讲座还有糖尿病病理之类的研究都见鬼去吧!"沉浸在这无尽的葡萄田里"，他嗅着大地的气息，做着梦，再一次获得了生命的力量。另外，他正是在圣朱利安休养生息的时候，写下了《实验医学研究导论》(*Introduction à l'étude de la médecine expérimentale*)。

1947 年，克洛德・贝尔纳博物馆在他的故居里落成。壁炉上缘刻有一些跟酒窖管理师相关的物件名：硫磺气塞、大橡木桶、小酒桶、试酒碟等等。这是克洛德的父亲找了一位雕刻师刻上去的。他的父亲曾是圣朱利安-博若莱的葡萄酒商。

安托万·布隆丹(Blondin [Antoine])

1978年7月14日星期五，环法自行车赛在克莱蒙-费朗歇脚，我的节目《致敬》也在那里录制了一集。9名平时有骑行习惯，或至少是喜爱自行车这项运动的作家们相聚一堂，嘈杂声中，人人都试图用自己的知识和幽默感在同行面前脱颖而出。按最后冲刺时的姓氏首字母排列，参与录制的作家有伊夫·博格①、安托万·布隆丹、皮埃尔·尚尼②、乔治·孔雄③、雷内·法雷、让-埃登·阿利尔(Jean-Edern Hallier，后因过度骑行，某个清晨在多维尔去世)、米歇尔·勒布理(Michel Le Bris)、雷内·莫里埃斯(René Mauriès)和路易·尼塞拉(Louis Nucéra，死于车祸，粗心司机肇事时他正如以往一样，在尼斯海边散步)。

当时所有人都建议我不要一开始就邀请安托万·布隆丹。因为过了晚上9点，他是没法聊天的，甚至连椅子都坐不稳。但我个人很喜欢这位写了《上帝的孩子们》(*Enfants du Bon Dieu*)的作者。小说开头我记得很清楚："这里，是我们居住的地方，街道深远幽静，像极了墓园中的小径。军事学校和荣军院间的几条路就好像是专门为国葬修建的一般。两侧路肩一边隐在树影中，另一边浸在阳光下，它们就这样在坚挺的悬铃木间纵深开去，消逝在素面朝天、没有商铺、没有叫卖喧嚣的街中。然而，一种强烈的焦虑感也在空气中蔓延开来：那焦虑来自对与对钟声的恐惧。天空在这

---

① 伊夫·博格(Yves Berger，1931—2004)，法国作家、编辑，1960—2000年间任格拉塞出版社主编。——译注

② 皮埃尔·尚尼(Pierre Chany，1922—1996)，法国体育记者，自行车运动专家。法国《队报》主笔。——译注

③ 乔治·孔雄(Géorges Conchon，1925—1990)，法国作家，1964年龚古尔文学奖获得者。——译注

片过早老去的街区低低地划过，而不过30岁的我，身上也还留着年轻的热血。”

我是个无所畏惧的人，空腹的时候更是胆大，于是我决定不管那么多，大不了成为另一个酒精“受害者”，说不定人们在国庆这天喝酒喝得更多。布隆丹在热闹盛大的节日里，会不会也喝得比平时多呢？

节目开始前布隆丹就小睡了一会儿，所以我和皮埃尔·尚尼和他碰面的时候，感觉他精神状态很令人满意。开始他还犹豫不定，但终究是跟着我们走了。虽说布隆丹在节目中喝的酒比说的话要多，他还是做到了如往常一样的风趣幽默，出人意料。最让大家震惊的是他列举出了战前某场环法自行车赛各个分赛段的站点城市，并且紧接着倒序背出了这些城市的名字。

一天忙下来，大家一起去吃晚餐。布隆丹没动餐盘，只是要了一杯奥弗涅丘(côte-d'auvergne)的红酒和一杯干邑白兰地。第二天要离开分站点时天气转凉，大家人手一杯为记者、陪同人员和嘉宾们所准备的热气腾腾的咖啡。布隆丹也终于按常理出牌了，要了一大杯捧在手里。我跟他打招呼问好，并感谢他前一晚参加《致敬》的录制。他的回复也让人欣慰，但是呼出来的口气却让我不禁低头看了看他手捧的杯子。原来里面装的是朗姆酒。

他跟我说之所以自己无法进入法兰西学会(Institut de France)，是因为从他家到孔蒂堤岸(quai Conti，法兰西学会所在地)的路上有5家咖啡馆。一家咖啡馆就足以让他走上不归路了！5家？别忘了，他还有句名言：“再来加满”。法兰西学会若是有资本，就应该想办法把这5家小咖啡店买下来，做成服装店、古董店，或者最好做成书店。

一个如此嗜酒成性的人是如何活到将近70岁的呢？作为这个领域的世界冠军，他还很爱拜访其他世界冠军：波贝(Louison Bobet)、恩奎蒂尔(Jacques Anquetil)、伊诺(Bernard Hinault)、莫克斯(Eddy Merckx)、米艾斯(Lucien Mias)、斯潘盖洛兄弟(les frères Spanghero)和博尼费斯兄弟(les frères Boniface)①等等。

在布隆丹去世两周年之际,一张写着"再来加满"的漂亮海报出现在圣日耳曼德佩(Saint-Germain-des-Prés)区的葡萄酒马拉松大赛上。比赛分组进行,参赛者需经过街区内40多家咖啡店和小酒馆,并喝完店家准备的博若莱酒,时间最短者获胜。海报下方认认真真地写了这么一句话:"请酌情适量饮酒"。几个体型如酒桶的新西兰人冲在前方,最终拿了冠军。虽然有裁判提出了抗议,认为自己也参与了部分比赛,然而并没有改变结果。

我很遗憾人们没有想到在每个小酒馆里请一位朗读者,如果这样,每个选手经过的时候,朗读者就可以为大家读上几句布隆丹醉人的诗句了。

比如这段:"罗歇·尼米埃②说,当我们老去,变得富有,就可以在我们福煦大道私宅前找个长椅坐下,端一盒面条,配一瓶唐培里侬香槟王(Dom Pérignon)。我们长命百岁的母亲在冰天雪地里为我们伴奏;你的母亲拉手风琴,我的母亲拉小提琴。我们想要幸福,并非不可能。"(《昨日先生,夜间学校》[*Monsieur Jadis ou l'École du soir*])

安托万·布隆丹用轻盈优雅的笔触,刻画出了游走于欢愉与忧愁之间的点滴。

● 醉,啪

波尔多产区(Bordelais)

这里曾为英国所统治,可能也是世界上唯一一个非殖民化成

① 以上几位中,前四位为环法自行车赛冠军获得者,后三位为橄榄球界翘楚。——译注

② 罗歇·尼米埃(Roger Nimier,1925—1962),法国小说家。——译注

功的范例，在独立以后的很长一段时间里，监管国英国和这个昔日自治领地之间的经济、文化联系依然紧密，双方互利互惠，各自满意。就连作为大英帝国根蘖的美国也成为了波尔多红酒的最佳客户。

没有人比波尔多人更喜爱英国、爱尔兰和美利坚了。那里的红酒经纪人、批发商和业主的名字都舶来感十足，正是这些名字见证了他们在当地的融入是何等成功：劳顿(Lawton)、巴顿(Barton)、约翰斯通(Johnston)、布朗(Brown)、麦卡锡(McCarthy)、麦斯威尔(Maxwell)、帕尔默(Palmer)、林奇(Lynch)、考尔克(Colck)、荔仙(Lichine)、米契尔(Mitchell)等等，别忘了还有大英帝国的罗斯柴尔德(Rothschild)。许多拿法国红酒做文章的英美作家、记者都是从波尔多的机场和港口入境法国的，比如：理查德·奥尔尼[①]、威廉·艾奇克森、奥兹·克拉克、玛格丽特·兰德、詹姆斯·特布尔恩、罗贝尔·帕克[②]、大卫·戈柏、杜威·玛克汉、休·约翰逊[③]、尼古拉斯·费斯、克米特·林奇、安德鲁·杰福德、汤姆·史蒂文森，我肯定还漏写了一些，不过这些是不是已经足够震撼了？

荷兰人也同样非常受欢迎。1620年成立于波尔多的贝尔曼(Beyerman)公司是他们年代最久远的贸易公司。荷兰人最先发明了现代的葡萄酒滗清过滤法，没有任何风险，桶与桶间可随意操作。“第一个酒桶是需要做消毒处理的，荷兰人发现，只要把浸了硫磺的棉芯点燃，再放到酒桶里就可以达到消毒的目的。小时候

---

① 理查德·奥尔尼(Richard Olney，1927—1999)，美国画家、厨师、美食作家。——译注

② 罗贝尔·帕克(Robert Parker，1947—　)，是全球葡萄酒评论届无可争议的名人。《纽约时报》评价他是世界上最具影响力的红酒评论家。他创办了一份刊物《Wine Advocate》，专门刊载自己对世界各地葡萄酒的评分报告。——译注

③ 休·约翰逊(Hugh Johnson，1939—　)，英国著名葡萄酒评论家，被公认为当今世界首屈一指的葡萄酒史权威和最畅销的酒类指南作家。——译注

我们还一直把硫磺棉芯叫荷兰火柴。”这些话是谁说的呢？是一个来自夏特龙(Chartrons)的批发商，典型的波尔多外籍后裔，于格·劳顿(Hugues Lawton)。

让-罗贝尔·皮特[①]在《波尔多酒爱好者》(*L'Amateur de bordeaux*)一刊中恰如其分地问到：波尔多红酒是不是有些“新教徒”(protestant)的味道。在了解背景后，我们怎么会不产生同样的怀疑呢？无论如何，与勃艮第和香槟这些纯正天主教产区的红酒相比，波尔多酒的“新教”味道确实要浓郁得多。《宗教改革报》(*Réforme*)对此赞赏有加，而让-罗贝尔·皮特的同僚们——那些波尔多土生土长的天主教会地理学家——却对此极为不满。不过，有一部分“酒界贵族”正是新教徒。而且我也觉得，相比波美侯(pomerol)和圣埃米利翁的葡萄酒，梅多克产区的葡萄酒一入口便有一种严肃的层次感，颇有英国国教风范——我没说是加尔文教派——单宁味道厚重，需要慢慢细品才能变得圆润，体味到这款酒丰富多彩的灵魂。如此看来，天主教的酒就太性急了。贝尔纳·弗朗克[②]在此树立了他的宗教信仰：“小的时候，在我真正尝到波尔多葡萄酒之前，是新教徒、饱受迫害之人、阿马尼亚克人和英国人让我爱上这酒的。对我来说，勃艮第的酒就是晦气的天主教徒，充斥着巴伐利亚的味道，承载了全世界的沉重(《二十年之前》)。”

把波尔多红酒装船环游世界，加快其陈化的速度，是否也是很“胡格诺派”[③]的做法呢？答案是肯定的。因为在工业化和商业化这一层面，新教徒比天主教徒考虑得更加周到。是谁第一个发现

---

① 让-罗贝尔·皮特(Jean-Robert Pitte，1949—)，巴黎四大前校长、地理学家、美食家、红酒研究者，著有多部葡萄酒方面作品。——译注

② 贝尔纳·弗朗克(Bernard Frank，1929—2006)，法国记者、作家。——译注

③ 胡格诺派，16—18 世纪法国天主教徒对加尔文派教徒的称呼，含贬义。——译注

长途旅行可以让顺利回港的葡萄酒达到这一喜人效果的，我们不得而知(漫长的海上航行中葡萄酒没有被喝光，实在是万幸)。但这个人一定不寻常，因为他不仅品酒功力一流，还可以自诩为钟表专家兼哲学家。他这不就是发现了利用空间来加速时间这一天然程序么？一个做生意的旅客躺在船舱，发现底舱的红酒成熟得比他还要快，又会有何感言呢？庆幸船与海没带来相反的效果吗？当潮汐退却，飘摇不再，他会不会选择在某个城堡地下恒固不移的酒窖里度过余生，试着让时间放慢脚步呢？

波尔多的城堡就像吕贝隆(Luberon)的游泳池一样，随处可见。只是从建筑学角度来说，可能并非所有城堡都能被称之为“堡”。只要有几公顷的葡萄田就能获得贵族封号，让整个家族有高人一等的荣耀，成就一段光彩熠熠的历史。所以说，不是城堡养育了葡萄树，而是葡萄树成就了城堡。在吉伦特，人们没有葡萄田也能成为城堡领主，但想要拥有葡萄田就必须住在城堡中。波尔多的葡萄田可以让田主享有卓越的社会名望和地位，他们的名字也可以和城堡联系在一起——即使田主只是住在乡下陋室或城中的公寓里——而这种情况在全世界范围来讲，都是独有的。买一瓶波尔多酒，喝的不只是酒，更是建筑。

闲话少叙。真正的城堡或是王公贵族们的住所往往富丽堂皇，尤其是在格拉夫和梅多克地区。吉伦特的葡萄园看起来清丽又富足，一直以来都给人们留下了丰裕的印象。然而这么想却是错的，因为波尔多跟其他葡萄产区一样，也没能躲过根瘤蚜病灾。此外，波尔多的经济主要依附于国际贸易和运输，所以相对于其他葡萄产区而言，两次世界大战对波尔多的影响甚是严重。更糟糕的是，而两次大战间爆发的华尔街金融危机，更是牵连了不止一个行业。于格·劳顿的父亲曾在报纸上发表过题为《梅多克，一片日渐荒芜的土地》的文章。后来，1956 年的历史性寒流则险些让那些意志最坚定的人都失去了勇气。

不过，从那以后情况就变得好多了，谢天谢地。甚至可以说变得非常好，列级酒庄（crus classés）更是如日中天。因为这场因世界范围内红酒的过度生产（不止波尔多，其他地区也一样）、葡萄园为满足酒庄需求而进行不合理扩张所导致的危机，严重打击了包含优级波尔多酒（bordeaux supérieurs）和普通波尔多酒在内的各类红、白葡萄酒，甚至一些刚达标的列级酒庄也未能幸免。梅多克、波美侯和圣艾米利翁酒堡耀眼的荣景与其他酒堡的困境形成了鲜明对比，一些酒堡开始向批发业转型，力求争取更多客源。

尽管如此，波尔多还是能够因为它的历史，因为它葡萄的种类和质量，因为优秀酒庄的奢华、广阔的占地面积、临海面向“新世界”的优越地理位置、远扬的盛名及它特有的文化附加价值，被视为全世界首屈一指的葡萄酒产区。

● 欧颂酒庄，布尔乔亚，1855 年分级，梅多克，柏图斯，彭塔克，菲利普·德·罗斯柴尔德，滴金葡萄酒

布尔乔亚[①](Bourgeois)

无论大布尔乔亚还是小布尔乔亚都常常被人取笑，还时常会遭到羞辱。贵族有自己的街区，布尔乔亚也一样，但他们的属性不甚相同。恐怕没有什么比“布尔乔亚”这个既是名词又是形容词的词更具贬义了。只有两种情况例外：布尔乔亚料理——亲切简单又美味，以及被称为“中级庄园酒”[②]的波尔多酒了。

诚然，中级庄园酒并没有被列入 1855 年份酒庄的排名，所以并不能被称为“列级酒庄”，也算不上是波尔多产区的翘楚。然而，

---

① 布尔乔亚，资产阶级音译，在此词条意为波尔多地区中级庄园酒。——译注

② 中级庄园酒，是法国波尔多葡萄酒庄另一种分类；更精确的说，是波尔多吉伦特河左岸梅多克产区的一种分类。——译注

除了有十多个中级庄园酒声称可以取代某几个名声跌倒谷底的列级酒庄之外，中级庄园葡萄酒已然在葡萄酒体系中自成一派，为人所认可、赏识。与印象中不同的是，“布尔乔亚”一词并非是19世纪中期出现在波尔多的，而是要追溯到中世纪。与“农人酒庄”(crus paysans)和“匠人酒庄”(crus artisans)不同，在“旧制度”体系下，“中级庄园”指的是那些由波尔多资产阶级所掌控的葡萄酒庄，这些人往往是因为出身或财富而享有社会特权。经历了大革命引发一系列政治及社会动荡之后，人们开始筹划列级酒庄的建设，“布尔乔亚”一词也得以存留，被用于形容那些质量和价格在列级酒庄之下，又具有一定竞争性的梅多克葡萄酒。

波尔多葡萄酒，尤其是梅多克葡萄酒一直以来都酷爱分级。中级庄园酒也没能幸免。1932年的一个榜单标列出了6款特优级中级庄园酒①(bourgeois supérieurs exceptionnels)，95款优级中级庄园酒(bourgeois supérieurs)和339款其他中级庄园酒。21世纪伊始，一项新的分级标准以迅雷不及掩耳之势闯入人们眼帘，如此一来，几十款1932年份的中级庄园酒走向没落或平庸，还有一些新上榜的则准备好好享受“中级庄园”的名号，把握商机，这其中有些酒实至名归，有一些则徒有其名。消费者们越来越难从一众精明有余审慎不足的中级庄园酒里，辨别出那些优质、值得信赖的传统中级庄园酒了。

这是个任何改革都会被视为激进举动的年代，就算是中级庄园酒工会和波尔多工商会首肯，人们又能否在混乱中重树新规定呢？答案是肯定的。我们必须为那些改革者们的胆识、勇气和决心鼓掌，正是他们在2003年的红酒博览会上公布了法国《西南报》

① 在此需要说明，分级最高等级为 crus bourgeois exceptionnels，即译文中“特优级中级庄园酒”；紧随其后的是 crus bourgeois supérieurs，即“优级中级庄园酒”，并不存在 bourgeois supérieurs exceptionnels 这一写法，疑似作者笔误，且作者在后文中自己也做了修正。——译注

提名的“历史性修订”名单。这次的修订非常严格：有将近 200 多款中级庄园被划出梅多克葡萄酒名下！上帝啊，这可不是一个简单的小改动，而是一场大改革！酒农们愤怒、不满、抗议的程度已经堪比历史事件了。这项分级制度将每 10 年修订一次。然而，对于那些被取消资格或是降级的酒庄来说，10 年就像一个世纪那么漫长。这些酒农们感觉自己遭到了背叛，被人看扁了。请愿书传遍酒区，法院预审紧随其后。接着就有人赢了！法院认定，有些决议是不公平的，是，肯定有这种情况。葡萄酒品评团中存在一些错误和问题，对，这也很有可能。然而中级庄园想要重塑自己的形象、声望，还自己一个健康的分级体系，必定要冒着让他人不满，甚至出丑的风险。它们终究还是成功了。

在本书前言的部分我已经跟你们提过了，在这本书里是找不到专业百科全书中那些关于葡萄酒分级、葡萄产区地理气候、产区等级等专业性知识的。不过，我要为梅多克中级庄园酒破个例，因为新版分级刚出台，除了能熟记 247 款中级庄园酒的波尔多酒爱好者外，其他人应该都还没有看过。

在此，我荣幸地为大家列出这 9 款特优级中级庄园酒：

忘忧堡酒庄-梅多克穆林（château chasse-spleen，Moulis-en-Médoc）

奥马堡酒庄-圣埃斯泰夫（château haut-marbuzet，Saint-Estèphe）

拉贝格酒庄副牌葡萄酒-玛歌（château labégorce-zédé，Margaux）

榆树酒庄-圣埃斯泰夫（château ormes-de-pez，Saint-Estèphe）

帝比斯酒庄-圣埃斯泰夫（château de pez，Saint-Estèphe）

飞龙世家庄园-圣埃斯泰夫（château phélan-ségur，Saint-

Estèphe)

波坦萨酒庄-梅多克(château potensac,Médoc)

宝捷酒庄-梅多克穆林(château poujeaux,Moulis-en-Médoc)

西航酒庄-玛歌(château siran,Margaux)

若不是因为庄园主放弃了“中级庄园”的称号,赫赫有名的歌丽雅酒庄(圣朱利安,château gloria)和马利酒庄(上梅多克,château sociando-mallet)也一定会榜上有名的,因为在一次1855年分级的拟修订案中,这两家酒庄认为自己可以跻身列级酒庄之列——当然,这也是不争的事实。

在87款优级中级庄园酒中,我提几个自己喝过并且偏爱的酒庄:梅多克的伊芙城堡酒庄(château d'escurac)、奥索酒庄(château les ormes sorbet)和拉图壁酒庄(château la-tour-de-by);梅多克穆林的风车酒庄;玛歌的蒙斯之塔酒庄(château de la-tour-de-mons);上梅多克的墨干酒庄(château maucamps);圣埃斯泰夫的图马堡酒庄(château tour-de-marbuzet)和梅内酒庄(château meyney)。

在中级庄园中“猎选”上品是件惬意又刺激的事儿,这可比在波尔多和勃艮第的贵族酒庄里挑酒要经济实惠得多呢。

咕噜咕噜

在我接受普隆出版社(Éditions Plon)老板奥利维耶·奥尔邦的提议,写这本《葡萄酒私人词典》的那天,我们俩约了午餐。随餐点酒已经有点夸张了,更何况我们点的是半瓶上梅多克的中级庄园酒——1998年的岩石古堡(château peyre-lebade)。这个酒庄的庄园主是银行界大亨本雅明·罗斯柴尔德(Benjamin de Rothschild)。两个知识分子喝着波尔乔亚中级庄园酒,酒庄主人还是个贵族:这社会关系可真够复杂的啊!

● 波尔多产区,忘忧堡,1855 年分级,梅多克

勃艮第(Bourgogne)

除了夏布利、马孔和博若莱这几个相互依存的葡萄酒产区外,旧时真正的勃艮第地区占地面积并不大。夜丘、博讷丘和夏隆内丘(chalonnaise)三丘占总地面积约 9000 公顷,约是博若莱产区的 1/3,约是波尔多产区的 1/15(波尔多产区占地面积 120000 公顷,大勃艮第产区包括卫星产地在内也不过 40000 公顷)。面积虽小,盛名却无边。旧时的勃艮第是全世界葡萄产区中"面积-名气比"最优的代表。

对于一个外国人来说,没有什么比了解法国的葡萄产区图更简单的了,不是么?在阿尔萨斯,锁定葡萄品种即可;在香槟区,看牌子就行;在波尔多,酒堡是参照。在勃艮第,需要了解的就是村庄了。瞧这些村庄啊!它们的名字被人培育后贴上标签,经过陈酿再与人品评,就这样过了几个世纪。虽说默尔索(Meursault)、夏沙尼-蒙哈榭(Chassagne-Montrachet)、普利尼-蒙哈榭(Puligny-Montrachet)、沃尔奈(Volnay)、波玛(Pommard)、蒙蝶利(Monthélie)、热夫雷-尚蓓坦(Gevrey-Chambertin)、夜圣乔治(Nuits-Saint-Georges)、伏旧(Vougeot)、沃恩-罗曼尼(Vosne Romanée)和香波-慕西尼(Chambolle-Musigny)只不过是居民数都不过 500 的小镇子,可是比起阿什哈巴德(Achkhabad,土库曼斯坦首都)、温得和克(Windhoek,纳米比亚首都)、阿斯玛拉(Asmara,厄立特里亚首都)和塔林(Tallinn,爱沙尼亚首都)这些首都来说,它们的知名度在五大洲还是高很多。至于博讷,那真可谓葡萄酒届的亚历山大城了!

一定不要忘了,勃艮第曾是站在法兰西王国对立面的公国,这

里的公爵们——尤其是金羊毛勋章的创立者菲利普三世——自恃比国王还更高一筹。双方的对抗在鲁莽冲动的勇士查理[①](Charles le Téméraire)和路易十一的角力中惨淡收场。然而，在第戎(圣贝尼涅)、博讷和夜圣乔治上空飘荡的教堂钟声里，在博讷济贫医院屋顶的釉彩瓦片上，在那最后几张写着哥特字体的酒标上，在仿羊皮纸的菜单里，人们能够感受到，这个曾在中世纪繁华一时的城市里依旧蔓延着一股高傲的乡愁。

也不要忘了，如果说波尔多曾是英属殖民地，那么勃艮第就是一股向外殖民的强权。它仰仗联姻和继承领地，这点不假，可想要在弗兰德、荷兰、布拉班和卢森堡等其他采邑维持统治，还是要依靠武力……比利时人一直偏爱勃艮第的葡萄酒，就是因为这些公爵们支持博讷地区的葡萄酒生产，同时鼓励布尔日、鲁汶和图尔奈的人们消费这里出产的葡萄酒。在酒农眼中，那些公爵无疑是他们所见过的最好的经纪人。区域地理学家让-弗朗索瓦·巴赞[②]认为，严谨的勃艮第人从北方带回来了节日的好品味和庆宴的艺术，这些都会通过"品酒小银杯骑士会"[③](Confrérie des Chevaliers du Tastevin)的各项活动流传下去。勃艮第向弗兰德出口红酒，并引进了一种愉悦的生活艺术，而这种生活的艺术一定需要葡萄酒来激发。

所以长久以来，勃艮第地区一直被誉为最热情、幸福指数最高的葡萄酒产区。阿尔萨斯也不错，但是它有啤酒的帮衬。在勃艮第的地区形象和勃艮第人的名声中，还是有一些中世纪、纵酒狂

① 勇士查理(Charles le Téméraire，1433—1477)，瓦卢瓦王朝第四代勃艮第公爵(1467年起)。菲利普三世与葡萄牙的伊莎贝拉之子，生于第戎。——译注

② 让-弗朗索瓦·巴赞(Jean-François Bazin，1942—)，作家、政治学家、历史学家，曾是第一届勃艮地区议会副主席。——译注

③ 该骑士会是1934创建的一个旨在品评勃艮第地区佳酿，弘扬勃艮第地区民俗习惯的文化生活类团体。——译注

欢、喧嚣节庆的影子，这难道不正是那首仪式性十足的拍手歌[1]所表达的么？大家先一起啦啦啦啦地唱，然后用手拍出节奏。没有哪一个地区的酒农能写出这么多脍炙人口的歌曲：《勃艮第快乐的孩子们》（歌词："我很骄——傲，我很骄——傲"）、《圆桌骑士》、《第戎小路上》、《再来一杯酒》、《种葡萄》（歌词："这美丽的葡萄，葡萄萄萄，葡萄酒"）、《让我们摘起葡萄来》，等等。

勃艮第的宴庆中感染力十足的热情并不是一个过时的套路。这里不会提供用来搭配开胃酒（基尔酒）或鸡尾酒会的奶酪泡芙，没有传统主菜（红酒沙司炖鸡蛋，焗蜗牛，蔬菜烧肉，白葡萄酒烩鱼块，勃艮第火锅……），没有各类奶酪（查尔斯干酪，埃波瓦斯干酪……），也不会搭配第戎的芥末，更不会跟人气爆棚的小酒馆和星级大酒店扯上关系。勃艮第人的食量不是什么传奇故事。他们壮实、爱吃、欢乐无忧、有爱有欲，是脚踏实地有担当的人。

然而，勃艮第和勃艮第人的传统形象越来越不真实了。人们开始把这种形象当做民俗来培养，将其规划到商业味十足的美好前景中。不过，我也认识 20 个勃艮第人，就拿罗曼尼·康帝酒庄的老板奥贝尔· 德·维兰[2]和波玛酒庄庄园主、精神分析学家兼酒农的让·拉布朗什[3]来说吧，他们的形象、举止、谈吐更像现代优雅的企业家——差点写成波尔多企业家——而非那些满面潮红，在从口袋中掏出废布包裹的试酒碟前，还会不拘小节地抻一抻背带的家伙们。

如同法国其他葡萄产区，掌管庄园和酒窖的青年男女们会慢

---

① Ban bourguignon，是一段在法国非常流行的旋律，词曲作者不可考，一般人们将它称作《勃艮第赞歌》。——译注

② 奥贝尔· 德·维兰（Aubert de Villaine，1939— ），葡萄种植者、勃艮第葡萄种植气候研究委员会主席。——译注

③ 让·拉布朗什（Jean Laplanche，1924—2012），法国作家、精神分析家以及葡萄酒工艺学家，以其对精神性欲发展以及弗洛伊德诱惑理论的研究而闻名。——译注

慢走向批发买卖之路。他们对自己有足够大的野心，对他们的葡萄园和葡萄酒也一样。一些不愿向除草剂的便捷低头的青年酒农们回归葡萄田，干起了农活。他们秉承着质量是未来成功唯一保障的理念，通过修剪赘芽、采摘未熟的葡萄等方式对产量进行把控。另外一些人则投身于有机葡萄种植或自然动力种植法的领域中。漫长的十多年以来，勃艮第发生了翻天覆地的变化，人们一直在寻找，在尝试，并敢于改变那些过时的、令人失望的种种。

博讷济贫医院也参与其中，他们不久前才委托英国佳士得对自己的酒藏进行拍卖！

这股改革的风吹遍了法国的各个葡萄田。在全球性竞争的影响下，面对危机求生存是必然结果。在勃艮第其现代化的进程中，有一份影响力与日俱增的期刊《今日勃艮第》(*Bourgogne Aujourd'hui*)给了它很多鼓励。当默尔索、夏布利或马孔区的生产者开始追求高生产量时，期刊会毫不犹豫地点名批评。盲品活动让一些不出名的葡萄酒、酒庄和葡萄种植者得以走进大众视野。期刊编辑们在发现年轻酒庄时会异常兴奋。于贝尔·德·蒙笛是沃尔奈地区的律师兼酒农，他在《美酒家族》[①](Mondovino)中的犀利发言深受观众们的喜爱，而且说的也没错，对于观众们来讲，“一篇关于新酒庄的独家报道可比吹捧罗曼尼·康帝酒庄的酒有多好有趣多了”。也许聊一聊蒙笛自己的酒庄也是个不错的选择吧？只不过比起名丘的星级佳酿来说，年轻酒庄和那些为了保质保量而不再献殷勤的老牌酒庄或许会更需要媒体的支持吧。

如果真的存在一款扎根于土壤中、集一方水土精髓于一身的“地区酒”(vin de terroir)，那一定非勃艮第酒莫属。在这里，每一

① 导演乔纳森·诺西特(Jonathan Nossiter)拍摄的红酒纪录片，2003 年上映。——译注

个享有盛名的产区都会对地籍、历史和名誉进行严格管控。（当然，有时还是会向老天爷和国家法定产区名称管理局［INAO］做出一定的妥协，一如居伊·朗瓦塞那篇1994年关于科通-查理曼产区［corton-charlemagne］的报道中所写的）。土地决定了特级葡萄园（grand cru）和一级葡萄园（premier cru）的分级；每个特级葡萄园和一级葡萄园中的详细分级，则取决于风土区块①。旧时的勃艮第像一块拼图，又像一张点彩画风的挂毯。这里的村镇要和那些名字响亮又充满田野风情的乡落、葡萄田区②（lieux-dits）、风土区块共享盛名，比如魅力（les charmes）、荟霁（les rugiens）、白花（les blanches fleurs）、橡木榆树（le clos des chênes et des ormes）、露淑（les ruchots）、小伏旧（les petits vougeots）、波莱特（les poulettes）、康宝（aux combottes）、贝利埃（les perrières）、上马尔康索（au-dessus des malconsorts）、布什洛特（les boucherottes）、良田（bousse d'or）、白桑特诺（les santenots blancs）、下桑特诺（les santenots dessous）、中桑特诺（les santenots du milieu）和维尔吉（les vergers）等等。像这样有名有姓的能有上百个！有的人会赞叹这首由现代葡萄酒酿业和贸易商们留下来的乡村之诗，有的则认为，未来粗暴野蛮的贸易机制，定将摧毁这传承自另一个时代的细腻。（上帝啊，四季已然没有那么分明了，还要把风土区块也赶尽杀绝吗！）

在世界葡萄酒市场日趋标准化的时代，如果酒农们在每个年份都尽可能筛选出最优醇酿，那么就像人们在证券交易所周边的

---

① 原文中用词 climat，在勃艮第地区有特殊含义，不指气候，而是特指通过地理和气候条件明确界定的地块。这种说法较为古老，是勃艮第对风土条件的总括，每个葡萄产区可有数十种不同的风土区块。各个区块会受到法定产区名称管理局的限制。——译注

② 与 climat 类似，lieu-dit 也是指因气候条件地理特征不同而分化出的葡萄田分区。与 climat 不同的一点，是 lieu-dit 并不受到法定产区名称管理局的约束。——译注

小咖啡馆里说的那样，勃艮第产区一定还是最保值的稳妥选择。

波尔多人喜欢嘲讽勃艮第地区斑驳的葡萄园，尤其是伏旧园，51 公顷大的占地面积，竟有 80 个庄园主，90 块葡萄田："在这么小的土地上根本种不出什么稳定的东西。"（语出让-保罗·考夫曼）①那些大套房的房主或租客们总是感到震惊，不理解为什么会有人愿意住一个小单间，或是宁愿住在只有两三个房间的小公寓里（按勃艮第的说法，228 升②）。大家都觉得如果把伏旧园的葡萄集中交给几个人来打理，那么它在产区的曝光度会更高。酒的质量也会得到提升，因为有部分小庄园主可能会为了提高销量而多酿几瓶酒。

但这里的种植模式长久以来一直如此。我羡慕那些有幸继承十几公亩伏旧园的人；我也同情那些无法分得酒堡一砖一瓦，或因交不起继承费而不得不将酒堡卖给跨国公司的波尔多家族。

勃艮第酒，是给那些真正有性格、有能力的嗜酒之人喝的酒。这里的酒年轻时，酒体或金黄泛青，或红如宝石，这些颜色散发出无人能敌的情欲味道，像是一枚禁果让人想要沉溺在其甜美之中。这时，请不要将它一饮而尽。懂葡萄酒工艺的爱酒之人，应该也懂得把寿命短的葡萄酒和能够长相厮守的葡萄酒"分而治之"。前者给我们带来扑鼻的香气，比如白葡萄酒的花园，红葡萄酒则是果园；后者给我们带来芬芳灵动的花束，此时光靠鼻子已经无法好好品味这醇香，需入口用舌颚细品，才能体会其中奥妙。

年轻的勃艮第酒，有让人难以招架的力量；成熟的勃艮第酒，有着迷一般的魅惑。

当我享用一瓶年轻的勃艮第酒，我会请求它原谅我的不耐心，

---

① 让-保罗·考夫曼(Jean-Paul Kauffmann，1944—)，法国记者，作家，费米娜杂文奖等多个奖项获得者。——译注

② "房间"(pièce)一词在勃艮第地区有容量为 228L 酒桶的意思。——译注

并举杯敬那些成熟的佳酿。

当我啜饮一瓶成熟的勃艮第酒，我会称赞它的耐性，并举杯怀念那些年轻的琼浆。

● 霞多丽，黑皮诺

查理·布考斯基[1](Bukowski [Charles])

有哪位观众会没看过 1978 年 9 月 22 号《致敬》结尾的那一幕：查理·布考斯基颤动着双腿，在妻子和编辑的搀扶着走下台的画面？这个片段曾在各种回顾类节目中频繁重播，播到人们都开始觉得自己仿佛参与了这位美国作家采访的现场录制，并见证了后来那醉醺醺的场景。

这都是因为当时我只要一让其他嘉宾发言，布考斯基就一瓶接一瓶地抓起应他要求摆在座位边的桑塞尔葡萄酒(sancerre)，后来还开始对着瓶颈吹哨对其他嘉宾发出嘘声。他不是在喝酒，而一仰头直接对瓶吹，把瓶子中的液体全部倒进自己的身体里。这个举动很是惊人，同时又充满了魅力，因为酒似乎完全没有在他的嘴中、喉咙中停留，而是直接被地心引力垂直吸了下去。即便摄像机没有一直跟拍这个“老脏货”(他自己也这么叫自己)，也已经拍下了足够多的素材，记录下了这场有条不紊又挑衅味道十足的酩酊大醉。

正是因为布考斯基一直嘟嘟囔囔影响了其他人发言，才有了卡万纳[2]那句著名的“闭上你的嘴，布考斯基!” 当他一只手试探

---

① 查理·布考斯基(Charles Bukowski，1920—1994)，德裔美国诗人，小说家和短篇小说家。其写作风格特点侧重于描写生活处于社会边缘地位的贫困美国人、写作行为、酒、与女人的交往、苦工的工作和赛马。——译注

② 弗朗索瓦·卡万纳(François Cavanna，1923—2014)，法国作家和讽刺新闻编辑。他参与创建和组织杂志《切腹自尽》和《查理周刊》。——译注

性地摸向卡特琳娜·佩桑的大腿时，她吓得瞬间起立，拽了拽自己的裙子大声说："哦！这，这是裙子上的绒球[①]吧！"引得大家哄堂大笑。布考斯基不停地说话、喝酒、打嗝，还在他的位置上扭来扭去。我突然想起来，他在美国受访时曾经故意吐在一家电台的话筒上。要是他在《致敬》的镜头前再吐一次怎么办？那就太丢人了！所以我在向其他嘉宾提问的时候也一直注意着这个老滑头，准备在他把手指伸到嘴里的一瞬间阻止他。

最终是桑塞尔葡萄酒打败了布考斯基。聚光灯的强光和放映机的炙烤让他很不舒服，最后不得不去了洗手间。我没有赶走他，但也没留他。为什么我跟他说了句意大利语的"Ciao!"而不是更为贴切的"Bye bye"呢？如果没记错的话，我还说了一句他"连半升酒都喝不掉"。这想法大错特错，因为这个老酒鬼用一生的时间告诉我们——是的，他去世了，但不算早逝，而是活到了74岁！——作为一个才华横溢的作家和诗人，他和布隆丹一样，都是全世界喝酒大赛的冠军。

大多数时候他都一副"醉相"，用啤酒把自己"灌醉"。这使得他时不时就要到监狱里走一遭。他曾经辱骂上百个在书店排队等着要签名的人，当时他已经不是一个四处投稿的小邮递员，而是一个职业作家了。布考斯基像是个奇怪的蒸馏器：他用啤酒加热自己的绝望，却又通过"汽化"红酒来获取写作的灵感。"打字的时候我喝酒喝得很慢。可能要两个小时才能喝完一整瓶。不到一瓶半我都能保持很好的工作状态。这以后，我就会跟任何一个在酒吧酗酒的老头一样：变成一个招人烦的老混蛋。"

他没有提过自己最常喝哪个产地的葡萄酒（参见"什么酒？"这一词条）。他也没有说过在七十大寿和结婚纪念日时，收到过哪些"让人赞不绝口的佳酿"。但他在写给编辑的一封信里曾提到："因

---

① 原文 pompon，有衣服上绒球之意，也有形容一人微醉之意。——译注

为琳达不再喝酒了,所有酒就都归我了。就这一瓶酒,我写了 4 首绝妙的诗。"这几首诗暂时还没有法文版。

在他的《书信集》(*Correspondance*)里,布考斯基曾清楚地这样描写自己:冷笑、高谈阔论、说谎、认罪、写作、喝酒、做爱,这一切都不过是为了排解自己对生死的恐惧罢了。热拉尔·盖冈[①]是布考斯基在法国的第一位出版人,也是他的知己,他就说过这样的话:"曾经有个记者问,'喝酒'是不是一种'病',老布回答说,'呼吸'才是一种病。"

1978 年秋,他录制完《致敬》离开了法国。在他走后好像有种传言开始在美国散布开来——谣言就是这样来来回回——说"呕吐的布考"(这是个很老的外号了)在节目中又吐了。他在一封信中写到:"我可没有在法国国家电视台吐。我只是醉得很难堪,说了几句不该说的话然后突然离席罢了,后来还在警卫面前掏出了一把刀。"(《书信集 1958—1994》[*Correspondance* 1958—1994])他说的一点没错,包括拿刀这件事,当晚我在离开摄影棚时还被警卫们念叨半天,那时,布考斯基早就走远了,他的膀胱已经重新恢复了元气,外面的空气也让他迅速打起精神来,准备再次出发,逛一逛巴黎的夜店和酒吧。我呢,就去了荔浦餐厅(Brasserie Lipp)吃晚餐,心里还一直惦记着电视观众的反应(关于葡萄酒)和工会的反应(关于那把刀)。我没有喝醉,可那一晚,还真是值得大醉一场。

● 安托万·布隆丹,醉,啪

---

① 热拉尔·盖冈(Gérard Guégan,1940—),法国记者、作家、电影评论家。——译注

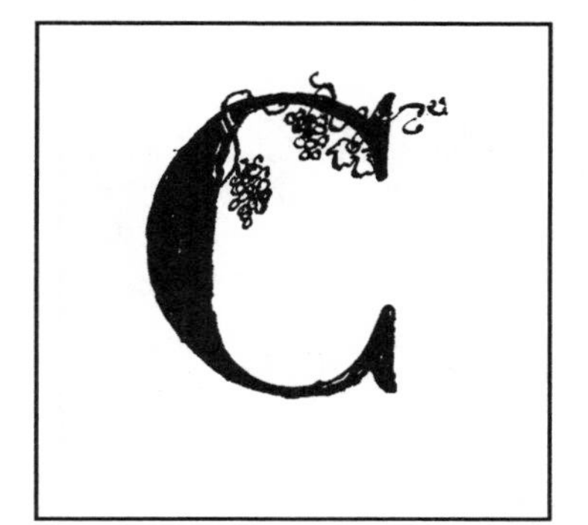

精致的尸体(Cadavres exquis)

1926年,超现实主义者们发明了一个充满“偶然性”,名叫“精致的尸体”的文字游戏。游戏中几个参与者一起来造一个句子,每人在纸上写出一个词,并且不能看到其他人写的是什么。他们造出的第一个句子是这样的:“这个——精致的——尸体——要喝——新——葡萄酒。”于是,“精致的尸体”这个怪异的游戏名字就在这天被定了下来。

让人觉得巧合的是,那天有两个超现实主义者在没有互相沟通的情况下,都是边喝酒边想词的。这使得本该荒谬怪诞的一句话变得有了一定的逻辑。“一具新的尸体要喝一瓶精美的葡萄酒”,这么说似乎也不失魅力,但没什么能比得上用“精致”一词来形容“尸体”更有张力。

“尸体”不光是个没有生命的躯壳,也可以是一个空酒瓶。取这个意思时,常用复数形式:“在一场盛宴后,餐桌上铺满了尸体(空酒瓶)。”尸体(空酒瓶)、喝、葡萄酒,这三个词都是与葡萄酒相关的词汇。鲜有评论家注意到这个“超现实主义”的巧合……不过,又是什么酒启发了了安德烈·布勒东和他的友人们?

酒窖(Cave)

酒窖赞歌。走进一个溢满爱酒之心的酒窖,就像进入了一个寂静、昏暗又沉着的世界。在这里,我们像是置身于一个绵长又静止的国度,只要是最近有缅怀过往生者的人就都会感觉得到,从墓穴到酒窖,我们一直在探寻生命的终极奥义。

然而,不管酒瓶是小是大,里面所承载的——无论红酒白酒,新酒或陈酿,默默无闻或闪耀发光——都是生命。这里不同于我们的社会，虽然这里的“衰老”不会有虚张声势、喧嚣、嬉闹和抱怨相伴，而是在微润的平和中进行（所以要远离那过于干燥的酒窖和过于紧绷的人），但是在这四面石墙间，还是存在着活力、倔强、傲气、欢愉、专注、深沉的思辨和哲学顿悟的。

各个家族汇聚于此，它们来自不同的产区，有着不一样的名字。所有的差别都来自于它们的身体、衣料、裙子、颜色、结构、质地、单宁、柔和度、香气、神经、鼻子，甚至有时候还会说到大腿①。这是只活在酒杯中的生命，却实实在在地存在着。在至高无上的地下室里，它们是那样富有生命力。一切都在内里的私密之中，在深邃的隐秘之处，没有任何心绪的表达。散发出酸味的葡萄酒是身心受创的受害者。如果它们的出身够好，又常常有人前来“拜访”，送上含情脉脉的目光，甚至和它们聊上几句，那么生病的概率就会变小了。

酒窖的居民们对于平常的日子、节日、纪念日、庆典和晚会都分得非常清楚。我们不用再对陈年的葡萄酒嘱咐什么风俗习惯，它们在被选到的那一刻，就已经什么都懂了。从临时起意的晚餐到丰盛的宴席，从婚宴到受洗聚餐，从朋友聚会到甜蜜宵夜，这些陈年老酒什么都能聊。优质波尔多酒和勃艮第酒的记忆力让人惊叹。作为主人旧时伟业的讲述者，它们把自己的学识教授给年轻的葡萄酒，这些小辈们静静聆听，见证着人们的聚散离合，生老病死，让这里的故事变得更加丰富，源远流长。

与小说中无处不见的阁楼相比，酒窖的记忆力是长期为大家所忽略的。

酒窖和阁楼都书写了一段过去，而与阁楼相比，酒窖的巨大优

---

① 身体（corp），指酒体；衣料（étoffe），指口感；裙子（robe），指酒裙，形容葡萄酒的颜色极其外观的用于；神经（nerf），做形容词时指葡萄酒的酸度；鼻子（nez），此处指闻到的酒的气味。酒腿（cuisse），亦称酒泪，指旋转酒杯时，被子内壁留下的酒滴痕迹。——译注

势就在于：它除了过去，还有未来。

酒窖岁月的终结。虽说酒窖居民们躲过了冬雪迷雾，可圣诞和新年对于他们来讲也称不上是惊喜。温度高上两三度，就是夏天来了；低两三度，就是冬天。但酒窖的日历并不是依照这浮动微弱的温度而制定的。诞生于四季律动之中的葡萄酒保留了一些相关的记忆，它懂得天气的变幻莫测，历史的反复无常。它有一套自己的年份标记，每逢岁末，它都准备着庆祝小耶稣的诞生，同时向冬日告别，迎接新年。它知道自己与这两个节日的有着千丝万缕的联系，因为这是属于它的角色，也是它的使命。

也经常有葡萄酒被搁置一旁长达二三十年之久，就为了有朝一日能够在某个特殊晚宴的水晶杯中闪亮登场，伴着迷人的光影，迎接那些只是听到它们的名字就已神魂颠倒的目光。此时，口中的葡萄酒如同斗兽场上的公牛：在至上的荣耀中死去。

哪怕是寿命不长，故事短小的葡萄酒——比如博若莱、布尔格伊（bourgueil）、加亚克（gaillac）、慕斯卡岱（muscadet）——也都明白，岁末年初不是寻常的日子。酒窖的来访者太多，很是嘈杂躁动。平时选酒胸有成竹的主人，此刻也开始犹豫了。这些美酒中，只有香槟能让他一个健步冲上去，当机立断地拿下。其他的，他都是小心翼翼的拿着瓶子，左右思量，仔细研究一番然后再放下。这些酒会觉得失落么？主人从整个庄园看到具体酒堡，从大产区看到小规模的风土区块，看的时间越久，越是难作抉择。不过，他的脸上一直都溢满了浓厚的兴趣，泛着幸福、惊喜、雀跃的光泽。接着，他放弃了。脸颊的光亮不再，关上了大门。

几个小时后，也有可能是第二天，他又回来了。这一次，问题解决了。经过苦思冥想，他拟了一份菜谱在心中，希望能给每道菜搭配上最完美契合的葡萄酒，至少是能够让人心动的组合。这下好了，被选上的酒都被拿了出来，他垂涎欲滴地注视着这些酒，眼神中写满了骄傲。就这样，他把这些酒带走了，且已经感受到了这些酒的气息。节日，就这样开始了。

酒窖就像个装满了液态宝藏的盒子，再一次合上了自己的盖子。但是，它是有生命的，它会呼吸，能够冥想。明天，又是新的一年。

酒窖的使用方法：合理的，不合理的。皮埃尔·维耶泰[1]曾用这样一句话来称赞酒窖：“好酒就像好阴谋，都深藏不露”。有时，酒窖的确能够庇护并掩盖人类的罪恶：强暴、轮奸[2]、犯罪、藏匿尸首。在里昂解放后，我母亲和我外祖父曾惊恐地在一家关门四年的杂货铺的酒窖里（我父亲当时在德国监狱服刑），发现了墙上带血迹的挂钩、鞭子、钳烙，还有其他用来折磨抵抗军的工具，这些都被遗弃在了酒窖中。

但时至今日，我还是倾向于把酒窖想成是一个深藏在地下，为遭到轰炸的人们所准备的避难所。双层酒窖外有一面假墙，曾有犹太人、英国飞行员和抵抗军在里面藏身。有的酒窖带有通风窗，方便在地下的人们观测地面的情况。有时人们也会在酒窖里开一瓶好酒，给自己加油鼓劲。

没有藏酒的酒窖被当做了杂物间，人们会把生锈的自行车、不会转的洗衣机、关不上门的冰箱、需要用绳子固定的行李箱、闲置的挂毯和油画、坏掉的玩具、所有随着岁月流逝而变成垃圾的东西都塞到里面，分明是一番令人痛心、难以接受的景象。这样的酒窖让人心生恐惧，透着一股死亡的气息。请把它们从那些废弃的杂物和无序的阴郁中解救出来吧，让它们重回原职，摆放上几排葡萄酒，只有这样，酒窖才能重新变成美味承诺的招待中心。

---

① 皮埃尔·维耶泰（Pierre Veilletet，1943—2013），法国记者、作家，曾任法国《西南报》（*Sud Ouest*）主编。——译注

② tournanates，指在酒窖或包间里由青少年实行的轮奸行为。——译注

酒窖的反抗。我们经常听人说:酒窖越完美,里面的酒藏越醇厚。如果您的酒窖足够深,朝向北方,四季恒温(在 9—12 度之间),湿度稳定,不大不小,无任何异味,也没有任何震感,庇荫背光,那您的葡萄酒该为会因为住在您府上而感到无比幸福。

但如果您的酒窖并非如此完美,也未必是件不幸的事。一些葡萄酒收藏家说过,葡萄酒十分敏感,也很脆弱,如果要在库房或楼梯存储间里待上超过 48 个小时,它们不仅会觉得自己的名誉受到了损害,甚至还会"生病"。如果这种这种糟糕的状况持续两到三天,葡萄酒发生质变,这样它们就可以直接拿去当醋用了。

其实葡萄酒远比我们想象中的要坚强。毫无疑问,它们确实不适合长时间放置在暖气边,或是和味道浓重的汽油桶、发酵的奶酪、坏掉的蔬菜放在一起,在地铁里颠簸也是不可行的。但除了这些明显的不良行为外,它们还是能够很好地适应那些状态良好的生活环境的。"酒窖恐怖主义"会让一个庄园主因拥有西南朝向又过于干燥的小酒窖而感到羞愧;也会让把朝向北斗星的地牢当酒窖的庄园主,骄傲得如同酒神狄奥尼索斯。葡萄酒在后一种酒窖中更惬意,可也被不会被前一种毁掉。

另外要说的是,居住在城里的人如果家中空间足够大,可以考虑置备一个温控红酒存储柜,这是恒温存放红酒最理想的办法。这样就可以随拿随喝了。

● 酒窖管理师,侍酒师

酒窖管理师(Caviste)

曾几何时,高档餐厅里酒窖管理师和侍酒师的分工是很明确的。下面我要写的就是当时酒窖管理师的形象。

酒窖管理师,是葡萄酒的洞穴研究者(spéléologue)。

他是个酒窖管理师也是个酒鬼,两个身份可以让他干两次杯①。

酒窖管理师知道他会像葡萄酒那样结束自己的生命:被埋入土中,贴上标签,写上名字和年份。但不同的是,除非有不现实的"复活"一说,不然他不会喝葡萄酒一样再次站起来。

酒窖管理师非常重视标签,他们是圣西蒙②一样的人。

酒窖管理师、葡萄酒工艺学家、侍酒师、葡萄酒农等等这些人都该在自己的墓里放一个开瓶器。谁都不知道什么时候能派上用场。

据我所知,就算是在梵蒂冈的酒窖,也没有任何一个酒窖管理师会因为酒瓶的屁股冲着自己而感到生气,这就跟法国康康舞一样,结尾舞者也会露屁股。

一些酒窖管理师身上有瓶塞的味道。

一个优秀的酒窖管理师从不会带着一大瓶陈年佳酿上电梯。他们很怕电梯上升过快、过猛的瞬间会对这位老牌明星娇嫩的身体造成致命一击。

侍酒师对客户说的话,酒窖管理师会悄悄说给跟葡萄酒听。

大部分酒窖管理师照顾葡萄酒比照顾自己的孩子还要周到。

---

① 原文 decendre 有双重意思,一是下酒窖,一是干杯。——译注

② 圣西蒙(Louis de Rouvroy de Saint-Simon,1675—1755),法国政治家、作家,其作品是路易十四统治期的最完整的见证文件之一。——译注

在大多数高档饭店里，通常不得不由侍酒师来打开酒窖管理师们照料多年的佳酿，这让酒窖师们觉得非常遗憾。人们说现如今为了节省开支，酒窖管理师开始干起了侍酒师的工作，也有侍酒师做上酒窖管理师的行当，但很明显，这么做一定是出于某种善意。

酒窖管理师们是波尔多列级酒庄的真正主人。

● 酒窖，侍酒师

香槟(Champagne)

为了能够在最佳状态下细品香槟精致的香气，需要保持空腹，或至少保证口中清新无异味。这也是为什么香槟会被当做开胃酒，而不是跟餐后甜点做搭配。没有压迫感，也没有厚重感，鼻和口就这样被香槟轻柔的气泡唤醒。清爽、刺激又悠缓的口感给人带来了一种鲜活的愉悦，一波接一波。当然这并不是说其他的开胃酒就不值一提了，比如白葡萄酒、波特酒(porto)、苦艾酒、天然甜葡萄酒、鸡尾酒等等，每个人都有选开胃酒的自由，但是对我来说，一瓶上等的香槟永远是开场的最佳选择。

记得有一天，我从冰桶里拿了一大瓶 1973 年的唐培里侬香槟王准备当做餐前酒，当时有一位宾客跟我说，给他来一杯威士忌他会感觉更棒——我还记得我当时无声却强烈的震惊和愤怒。这当然是他的自由。尽管如此，我还是感到很失望，在这个时候要威士忌！这个粗人！没品！饭桶！这么想有点荒谬，但我就是没法不去怪他喜欢这种异乡工业酒多过我这瓶这万里挑一的香槟。一面文化之墙就这样立在了我们中间，一下子把我们分开了。

一餐只配香槟？这肯定也不错，但我太爱红、白葡萄酒了，舍不得它们跟菜品搭配时(如果选的得当)那完美的和谐，也舍不得它们比香槟更为强烈的口感，尤其是搭配口味偏重的食物时。

相反，若是有一瓶老香槟，甚至是极老的香槟配甜点，那这机会一定是千载难逢，让人激动。在兰斯，著名主厨杰拉德·博耶(Gérard Boyer)有着一套属于自己的“快乐结尾”的艺术。试想那些三四十年，甚至五十年的香槟配上甜点师刚端上桌的甜点？“哦！我唇边的燕！”(阿拉贡)。一瓶老香槟会为一块简单精致的杏子挞或蜜桃挞增添一抹糖渍水果的味道，令人难以忘怀。

胜利的气泡。在受洗之夜的一段世俗性的戏谑模仿中，艾玛·包法利夫人的女儿头上被淋了一杯打翻的香槟。在小说《幻灭》[①](*Illusions perdues*)里，报社总编倒了些香槟在吕西安·德·鲁邦裴(Lucien de Rubempré)的金发上，为其“受洗”成为记者。作为一款有魔力的酒、幸运的酒，香槟就像是一个吉祥物，总是出现在人们生命中各个重要阶段的重要场合里。设计师雅昵斯比[②](Agnès b.)曾在她5个哺乳期宝宝的嘴上滴过一小滴香槟。这个仪式是一种启蒙，让他们感受到存在的欢愉，也是幸运的保证。菲利普·索莱尔斯[③]在其作品《女人们》(*Femmes*)中描写了女权主义者凯特在没有男性在场的时候，开香槟庆祝自己女儿初潮的场景。无法想象，如果没有香槟，那么婚礼、正式同居(pacs)、

---

① 巴尔扎克1839年发表的文学作品。——译注

② 雅昵斯比(Agnès b.，1941—)，法国著名女设计师，并创立同名时装品牌。——译注

③ 菲利普·索莱尔斯(Philippe Sollers，1936—)，法国当代著名小说家和文学评论家，“原样派”代表人物，博学多才，勇于各种文学创新，言行颇为骇世惊俗。——译注

子女出生、升迁、纪念日、久别重逢、退休离职等等场合当是怎样一番景象。

高考成功了？开香槟！拿到驾照了？开香槟！今年 20 岁了？开香槟！你们刚刚上床了？开香槟！（好吧，这个其实不一定）。签长期工作合同了？开香槟！买了新车？开香槟！怀孕了？开香槟！（好吧，这个也不一定）孩子出生了？当然要开香槟！

尽是骄傲，满是幸福。

因为它噼啪作响，冒着气泡，让人愉悦，人们已经习惯把香槟酒和功成名就、胜利辉煌联系在一起。赛车手和摩托车手们把香槟撒在领奖台，足球和橄榄球的运动员在更衣间开香槟，让整个庆祝的场面显得更加热闹美味。这样看来，把香槟的盛名和年轻的喜悦、冠军的荣耀联系在一起，似乎还是个相当不错的选择。长久以来，我们有上新船，祭香槟的习惯。当那些大游轮走上航线，香槟酒也随之流动。最早登上安纳布尔纳峰①(Annapurna)的赫尔佐格(Herzog)和拉舍纳勒(Lachenal)打开了唯一一瓶在一号营地等候他们的香槟酒。1930 年 9 月 12 号，科斯特和贝隆特②二人在无经停成功横飞大西洋时，不知道是谁在飞机上说了一句，后悔没有带上一瓶香槟酒。我们多么希望香槟在查理七世于兰斯加冕时就已经存在，这样一来，圣女贞德就会有幸成为第一个参与祭酒、打开第一瓶香槟的人。那会是一瓶泰亭哲(Taittinger)的香槟伯爵③么？

文艺的气泡。凯歌香槟(Veuve Clicquot)似乎是各类小说中

---

① 位于喜马拉雅山脉，尼泊尔中北部境内，海拔 8091 千米。此处作者指的是 1950 年两位法国登山家登顶安纳布尔纳山脉的历史事件。——译注

② 科斯特(Dieudonné Costes，1892—1973)，法国著名飞行家；贝隆特(Maurice Bellonte，1896—1984)，法国著名飞行家。二人因横飞大西洋的举动为世人所熟知，也常被一起提及。——译注

③ 泰亭哲酒庄曾是有“香槟伯爵”之称的香槟区行政总督的府邸，因此酒庄将精制的“白中白”香槟取名为“香槟伯爵”(Comtes de Champagne)。——译注

最常被提及的一款香槟。唐培里侬香槟、玛姆香槟(Mumm)、伯瑞香槟(Pommery)和堡林爵香槟[①](Bollinger)也都是作家们的心头好。在早年的"007系列"电影中,詹姆斯·邦德的扮演者肖恩·康纳利一直提到他钟爱的唐培里侬香槟,这应该是因为制片方和香槟酒厂有相关商业协定。在伊安·弗莱明[②]的第一部小说《皇家赌场》(*Casino royal*)中,詹姆斯邦德做了另外一种选择:

> 邦德一只手指着酒单问侍酒师:
>
> —— 45年的泰亭哲?
>
> —— 先生,这款酒很经典,但是,如果您愿意的话(侍酒师用笔指了指酒单),这款1943年的白中白香槟(blanc de blanc brut),同一个牌子,是绝佳的选择。

在接下来的故事中,007特工点了培根煎蛋和一瓶凯歌香槟。

而约翰·勒卡雷[③]笔下的间谍,则在完成任务时选择用库克香槟(Krug)庆功。

罗歇·尼米埃在一封给雅克·夏多内[④]的信中列了一份自己心目中的香槟分级表,那时的他只有27岁。他肯定喝过不少香槟,但很难想象他喝过的香槟已足够列一份真实公正的榜单。贝尔纳·弗朗克当时是《巴黎早报》的专栏作家(这份报纸早已停刊),他在专栏文章中称罗歇·尼米埃对香槟的那些评价"看似认

---

① 国内又称为首席法兰西或者伯兰爵香槟。——译注

② 伊安·弗莱明(Ian Fleming,1908—1964),英国小说家、特工,1908年生于英国伦敦,1953年以自己的间谍经验创作"詹姆斯·邦德系列",该系列后成为他的代表作。——译注

③ 约翰·勒卡雷(John Le Carré,1931—),英国著名谍报小说作家。——译注

④ 雅克·夏多内(Jacques Chardonne,1884—1968),法国作家,其作品*Claire*曾获1932年法兰西学术院文学奖。——译注

真，实则可笑”。为了满足好奇心，我们还是把他提到的这些香槟整理了出来。

“玛姆红带香槟（Mumm Cordon Rouge）是所有香槟中口感最干[①]（sec）的；有时甚至还有一些微苦。这些香槟中余韵最长的是汝纳特年份香槟（Ruinart millésimé，这可是个时髦的牌子）和名字好听的宝禄爵年份香槟（Pol Roger）。这两个牌子的香槟如果不是产在特定年份，那就一文不值。余韵排在第二位的有凯歌香槟、库克香槟、路易王妃香槟（Roederer）和堡林爵香槟。排名第八的（还是非常值得骄傲的）有沙龙香槟（Salon）、岚颂香槟（Lanson）。排在第十位的有海德西克干型特供香槟（Heidsieck Dry-Monopole，其他海德西克的香槟没有存在的意义）、巴黎之花（Perrier-Jouët，这算是餐桌香槟吧），再加上一瓶严选的酩悦年份香槟。商业化严重的伯瑞香槟要靠边站。相反，倒是可以喝一些泰亭哲香槟，这也是能排到第二位的。法航上提供的卡斯特兰香槟（Castellane）还可以接受。梅西耶香槟（Mercier）就已经有点危险了。乔治・艺桦（Georges Iroy）很无耻；它算得上是香槟界的保罗・维拉尔[②]。”

在批判完罗歇・尼米埃的这份香槟排行榜后，贝尔纳・弗朗克用三行字写了下自己的排行榜：“玛姆香槟是非常体面的酒，这点大家有所共识。但是我和大家一样，觉得只有库克香槟和堡林爵香槟喝着顺口。”接着，他用一串轰炸埃佩尔奈酒窖（Épernay）的连环炮做了个总结：“我鲜有场合会喝到这种气泡饮料。还是应该

① sec，直译为干，用来形容葡萄酒类含糖量高低。但香槟起泡酒和普通葡萄酒中对于 sec 的定义有所不同，一般来说 sec 在普通葡萄酒中指含糖量不高于4g/L 的葡萄酒，demi-sec（半干）则有 4—12g/L。而对于香槟气泡酒来说，sec 指17—32g/L 的含糖量，所以有人将 sec 译为“甜”。——译注

② 保罗・维拉尔（Paul Vialar，1898—1996），法国小说家、剧作家，曾参加过一战，后进入巴黎高等商学院学习，并开始进行文学创作。——译注

在冰箱里常备上一瓶，就像我们药柜里一直都会备着泡腾苏打片或阿司匹林一样。”那些身为药剂师的香槟爱好者该出来抱打不平了……

临时到朋友或者工作伙伴家造访，我还是倾向于要上一杯水，一杯果汁，甚至是可口可乐，这可比喝在冰箱门侧放了不知多久的冰香槟要强多了。同样的，鸡尾酒会的策划和冷餐会的组织者们为求时髦，都会在会上准备香槟，可他们没有常识也没有能力为宾客们提供一瓶中规中矩的香槟，更没心思去这么做。这些人就应该把选择局限在果汁、起泡饮料或是那些比较一般的酒上。

香槟的大众化和消费日常化让它看起来好像和其他酒没什么分别，在一个喧闹冗赘的大型冷餐会上，香槟和其他饮料一样，任由宾客饮用。久而久之，这种行为难道不会有损香槟经典特别的形象吗？

也许是因为文化偏见，我不爱在随便什么场合都喝香槟。一般来说，人们不会在一个500人的聚会上准备库克陈年香槟、沙龙香槟、蒂姿香槟（Deutz）、禄爵丘吉尔精选香槟（cuvée Winston Churchill）、汝纳特桃红香槟、淑女年份香槟（Demoiselle millésimée）或是罗兰百悦盛世香槟（cuvée Grand Siècle de Laurent Perrier）。

在一些名不见经传的香槟中，我们同样可以找到精品，只要遵从下面两个条件：确保其质量稳定；把香槟放到酒窖中陈放，以减少它初始的酸味。消费者要自己做到那些生产商们因资金或场地问题而常常忽略的步骤。所以，我一直都对在我的酒窖中“冥想”了三四年后才上桌待客的优选杜梅兹香槟（Hervieux-Dumez）情有独钟。

关于香槟，还有这样一个永恒存在的问题：年份香槟是否一定优于传统香槟呢？

传统香槟是由多种年份的葡萄酒调配而成的产物（通常有

6—7 年),选用的葡萄种类也不尽相同(霞多丽、黑皮诺、莫尼耶皮诺)。这种香槟的优势在于其产品基本一直能够保证酒厂特色,就算它的味道在几十年间有一些调整,但不会有太大的波动。新收的葡萄摆在面前,酒窖调配师的技艺就是能够依照现有的香槟风味,将这些新葡萄进行调和酿造,从而生产出顾客们所喜爱的始终如一的酒品。葡萄酒的调配,是整合、是恒定、是忠诚、是从一而终。

相反,年份香槟是优质年份的产物,若再是百分之百由霞多丽葡萄酿造的,则更是精品。这样的香槟很是稀有少见,非常独特。它们像是未发表的作品,总是给人带来惊喜。说到底,这种香槟更像是年份葡萄酒,而非传统香槟。由于其价格相较其他干型混合香槟要贵得多——之所以贵,难道不就是因为这些酒必须在香槟区长 200 公里的酒窖和白垩土壤下挖出的长廊中陈放良久么——消费者对它们的赞誉要远远高于它们的竞争对手。人们对年份香槟的评价往往是最不相同、最有分歧的。而那些最美妙的相遇,最幸福的发现,也都存在于这些年份香槟中。

事实上,我们发现“地区香槟”(champagne de terroir)、“酒农香槟”(champagne de vignerons)已经走入了人们的视野,跟勃艮第的“地区酒”模式类似,意指由某一种葡萄,某一个产区或某个特定的人所酿造的香槟。这类香槟产量很低,且价格一直在上涨。这种独具特色的小众香槟并不会取代名庄大厂的流水线产品,但对于埃佩尔奈地区来说,这种香槟的出现给这里增加了一抹多元化的色彩,还有一些……暗涌(最后这点可能还有待商榷)。

香槟地区的人(Champenois)早就成功掌握了市场营销的技巧。他们在把香槟酒塑造成一款时尚消费产品的同时,也把它推上了奢华的神坛。对于大多数人来说,香槟已经是一款大众化的酒,但对另一部分人来说,香槟尚无法企及。它可以在廉价连锁超市里谦卑地冒着气泡,也能够在乐蓬马歇精品超市(Le Bon

Marché)里趾高气昂。可不管怎么说,这些都是香槟。波尔多高档葡萄酒和普通葡萄酒的差别难道不是更大么?但只有香槟——多亏了这个有魔力的名字——能让那些低端廉价的酒看上去卓尔不凡,让家人朋友相聚时一杯简简单单的酒散发出耀眼的光芒。

为了能让夺目的香槟更显奢华,在竞争中抬高身价,埃佩尔奈和兰斯的香槟大户们开始寻求跟艺术家、时装设计师和创意达人们的合作机会。他们一手打造了华贵的酒瓶包装、精致的礼盒套装、薄如蝉翼的香槟酒杯和让人过目难忘的酒桶。香槟酒商们毫不犹豫地找到了那些才华洋溢、名声大噪的艺术家,比如让-保罗・高缇耶[①](合作方为白雪香槟[Piper-Heidsieck])、让・夏尔・德・卡斯泰尔巴雅克[②]和伊娜・德拉弗拉桑热[③](二者的合作方均为伯瑞香槟)、罗贝托・马塔[④](合作方为泰亭哲香槟)、克莱森设计公司(Claessens,合作方为岚颂香槟)等等。

现代感和悠久的资质是香槟名厂们引以为傲的两个方面。汝纳特自称是"最老牌的香槟酒厂,始建于1729年",比1743年第一批酩悦香槟的封口铁丝还要历史悠久。哥塞香槟(Gosset)则在自己的酒标上印了"阿伊(Aÿ)—1584",并在广告语中说哥塞香槟"从1584年起,在世界各地伴您见证无数庆典"……

厂商们宣传酒厂历史悠久,是为了证明他们在很久以前就已对

---

① 让-保罗・高缇耶(Jean-Paul Gaultier,1952—),法国高级时装设计大师,创立有同名的高级服装定制品牌。他曾于2003年—2010年担任爱马仕的设计总监。——译注

② 让・夏尔・德・卡斯泰尔巴雅克(Jean-Charles de Castelbajac,1949—),摩洛哥裔法国籍时装设计师。——译注

③ 伊娜・德拉弗拉桑热(Inès de la Fressange,1957—),20世纪80年代最出名的法国模特,曾是香奈儿、罗杰・维威耶等多个时尚大牌的缪斯。——译注

④ 作者笔误,此处指罗贝托・马塔(Roberto Matta,1911—2002),智利超现实主义、抽象派画家。——译注

香槟制造了如指掌，是老字号，值得消费者们信赖。当香槟瓶的形状深入人心，厂商就不会再对其进行改动。若是成了经典，就更不必在装饰和标签上多做调整，因为它是不会过时的，比如 1900 年艾米里·加利[①]为巴黎之花香槟所创造的那款经典银莲花香槟瓶。

闪耀的泡沫。奥斯卡·王尔德曾断言，婚礼上鲜有优质香槟。可我发现恰恰相反。他会不会是把香槟和俗气新郎官越来越无聊的客套聊天混为一谈了？香槟和男人哪个老的更快？随着年龄的增长，男人也越来越关注香槟的质量，就像对他酒窖里其他的酒一样。

蓬帕杜夫人[②]有句话说的很有道理："香槟是唯一一种喝完还能让女人保持优雅的酒"。事实上，适当多喝一些香槟会让女人减轻束缚，变得可爱不拘束，神采奕奕，有时甚至有些放荡。若是喝同样多的葡萄酒，情况就会大不同：那些酒就像是灌在了她们的眼皮上，浸到了谈话中，让整个人变得沉重。

这个关于"女人喝香槟前、喝香槟时和一杯香槟过后的美感"的话题，似乎很值得在手拿香槟的时候谈一谈。人们喝香槟时，不会倾向于谈论严肃的议题，所以不想谈生意也不聊政治。我们想要达到的是一种肤浅的状态，聊一些让人会心一笑的哲学，或是风花雪月。所选话题跟香槟属性相同：轻盈，躁动。精神泛起泡沫劈啪作响。辞藻如气泡，话语飘散在空中。这是迷人的时刻。香槟，可不是用来发牢骚的酒啊。

咕噜咕噜

巴斯德的一封信中——是的，就是那个伟大又严肃的路易·

---

① 米里·加利(Émile Gallé,1846—1904)，法国新艺术运动的艺术家，其作品以玻璃为主。——译注

② 蓬帕杜夫人(marquise de Pompadour，1721—1764)，又译蓬帕杜尔侯爵夫人，法国国王路易十五的情妇、著名交际花。——译注

巴斯德[①]——曾写道:"……我感觉好多了。昨天我可以出门走到医学院了。9月底,我在阿尔布瓦的时候肠胃功能严重紊乱,人们说我得了霍乱。连续几天我滴水未进。而冰块冰镇过的凉香槟就成了我最有效的慰藉……"(《纸上的五个世纪》[*Cinq siècles sur papier*],来自贝德罗·克雷阿·多·拉格[Pedro Corrêa do Lago]的收藏手稿。)

● 唐培里侬,库克香槟,凯歌香槟

加糖(Chaptalisation)

古时候的葡萄酒农们就知道加糖可以让酒口感变得柔和。当时他们向酒坛、酿酒灌里添加的有蜂蜜和蜂蜜水。化学家夏普塔尔[②]是第一个提出在葡萄酒酿造中加糖的人,他用自己的姓氏创造了一个新词(Chaptal-Chapitalisation),被人们奉为加糖理论的缔造者,也是该理论的普及实践人。

提到"加糖"一词,葡萄酒的理论派们首先想到的是——红酒。把蔗糖添加到尚青涩的葡萄所制取的初榨原汁中,得到的可不是什么襁褓中的小耶稣,而是恶魔!撒旦退去!靠边站吧,夏普塔尔!

谁不希望每一年的葡萄酒都是纯天然无添加的呢?但在一些阳光并不充足的年份,有的葡萄田中的葡萄会因为位置靠北或是生长在山中,无法积累充足的糖分。这样的葡萄会酿出酒体透明且入口很烈的葡萄酒,喝下去像吃了一闷棍一样发晕。从前,人们

---

① 路易·巴斯德(Louis Pasteur,1822—1895),法国微生物学家、化学家,微生物学的奠基人之一,为第一个创造狂犬病和炭疽的疫苗的科学家。被世人称颂为"进入科学王国的最完美无缺的人"。——译注

② 夏普塔尔(Jean-Antoine Chaptal,1756—1832),法国化学家,在蒙彼利埃建立了法国第一个商业生产硫酸的工厂。——译注

能面不改色地一口干一杯。满怀乡愁的老酒徒或是崇尚环保的年轻人都希望能够回到喝着8、9或10度原浆酒的时代。然而,指望大众都赞同恐怕不大可能,人们的口味已经发生了变化。一款色泽惨白、酒体单薄的酒,通常会被当做是酿造失误的产物,没什么意思,甚至无法入口。

无论如何,对于有需求的酒农来说,现今的法律是允许向葡萄原汁中加糖的,只要在特定的条件下,严格遵守用量即可。适量加糖并调和成功的话,可以增加葡萄酒的酒精含量,使其口感更丰富圆润,甚至让香气更浓郁,天气转凉时酵母会钝化,加入蔗糖则会让发酵时间变长。

不论哪个产区,什么年份,有一种让人不齿的行为必须谴责,那就是过度加糖。所谓过度加糖,就是指葡萄酒农们毫无节制地向酒中添加糖分:他们把葡萄酒的酒精浓度从一般的9、10度提高到12、13甚至14度,让酒的口感变得厚重,缺乏层次感,唇舌肠胃被沉腻感侵袭,连后脑勺都倍感刺激。居伊·朗瓦塞曾写过这样一句话:"向先天糖分不足的葡萄原浆中无节制地加糖,如同妄想给自然历史博物馆中的骨架添加肌肉,都是难以成功的。"

天然也好,人为也罢,在这场追求酒精度的比赛中,不少葡萄酒经销商的责任不容忽视,他们更愿高价购买酒农们的高度酒,而不考虑其酒体是否精致口感是否丰富。同样,一些杂货店和小超市里也是依照坊间某种"度数越高,质量越好"的错误传言来给餐酒定价的。

咕噜咕噜

雅克·佩雷(Jacques Perret)是个很有意思的小说家,《法外之徒》(*Bande à part*)、《被俘虏的下士》(*Caporal épinglé*)和《美丽往事》(*Belle Lurette*)几部作品均出自其笔下,他曾写过这样一段话:"当我们看到一个巴黎人走进商店想买一瓶11度的酒,理由是它比10度的好,但又买不起12度的酒时,就会联想到祖父们当年在叙雷讷(suresnes)、楠泰尔(nanterre)、高伯兰庄园(clos-des-gobelins)和其他20多个巴黎郊区酒庄中选酒的情形。这些酒庄出产的酒没有几瓶是超过7、8度的,却丝毫不乏精致,还彰显出了一个家族的精气神"(《专栏精选》[*Chroniques*])。这段文字大概节选自其50年代的专栏文章。风趣又温和的雅克·佩雷曾受邀参加《致敬》的第二期节目,他在节目上有理有据地抨击说:"血红的劣质葡萄酒"让"优雅俊俏的地区餐酒"失去了生存空间。但祖父辈喝的那些7、8度的巴黎郊区酒,老天爷!那酒可真是酸涩(ginguet)——这个词是巴黎地区用来形容不够成熟的葡萄酒的——,酸的一绝,酸到掉牙!

● 巴黎和法兰西岛大区的葡萄酒

霞多丽(Chardonnay)

葡萄的品种非常有趣。佳美是博若莱地区种植的葡萄品种,原产地却是在勃艮第圣奥班(Saint-Aubin)地区的村落"佳美"。霞多丽是勃艮第地区的白葡萄品种,其发源地应是马孔区一个名为"霞多丽"的小村庄。这两种葡萄一个南下一个北上,在图尔尼相遇,一齐上了久负盛名的主厨让·杜克鲁(Jean Ducloux)的饭桌。

霞多丽像足球一样征服了全世界。谁会质疑它在加利福尼亚、西班牙、南非、智利和澳大利亚所占据的一席之地呢?这个品种培植方便,生意好做(获利极高),在希腊、俄罗斯、摩洛哥、加拿大,甚至日本和中国都能看到它的身影。在法国,直到20世纪中叶它都是香槟和勃艮第地区的特产。现在,它已遍布全法各地,甚至攻占了朗格多克地区,是的,它已不再畏惧严寒了。

骁勇的霞多丽葡萄把根扎进了香槟区白丘(Côte des Blancs)

的白垩土中、夏布利的钙化土里、蒙哈榭的石块地下，它的根一定会觉得冷，因为北部地区有着刺骨的寒冬。但正是因为严峻的气候环境和其漫长的成熟期，才造就了霞多丽葡萄芬芳和优雅的严谨。

夏布利。在勃艮第的北部，霞多丽葡萄面临着最为严酷的寒冬。夏布利人曾习惯在葡萄田中烧火取暖[①]，为葡萄苗保温。这是当地传统，效果也非常有限。在 1957 年和 1961 年两年遭遇了致命的大严寒后，他们在特级园和一级园里装备起了烧燃油的网状加热取暖系统。同时，他们还会向葡萄园中洒水：这里有个很有趣的悖异现象，裹了冰的葡萄苗反而可以很好地对抗低温。一些酒农会在他们最宝贝的葡萄园上空拉起帐篷，进一步保暖。夏布利人就和奥塞尔足球队的杰出教练员居伊·鲁（Guy Roux）一样，足智多谋，坚韧不屈，灵活多变。不过，当这些人也加入"法国刁民"的行列来过度扩张葡萄园时，就有点聪明过头了。

显然，这点小聪明并没有损害当地葡萄酒的质量和名声，这多亏本笃会修士当年严格合理的葡萄种植规划：把葡萄苗铺在了夏布利周边的小丘上和瑟兰河的两岸。夏布利葡萄酒带有馥郁的矿物香气，是搭配生蚝的不二选择。用同样的酒搭配接着上桌的鱼和奶酪也一样惊艳。

默尔索（参见词条：默尔索的柏雷盛宴[Paulée de Meursault]）

夏沙尼-蒙哈榭、普利尼-蒙哈、阿罗克斯-科通（Aloxe-Corton）。这三个村庄外加一个默尔索，包揽了全世界最优质的干白葡萄酒。就这么干脆。就连波尔多人都这么说！这个第一名的位置常年如此，但也不能保证没有变化。在这里要提醒大家一下：法国并非全世界唯一一个拥有优质葡萄田和先进酿酒技术的国家。这就是为什么博讷丘的霞多丽不能轻举妄动，因为这可能会鼓舞

① 用独轮铁皮小车装满干树枝进行燃烧取暖。——译注

外乡霞多丽葡萄的士气，让它们身价倍增。

蒙哈榭——人们常说骑士蒙哈榭(chevalier-montrachet)、巴塔蒙哈榭(bâtard-montrachet)，但蒙哈榭前的定冠词"le"，却让它多了几分贵族气息——因此，蒙哈榭(le montrachet)就如同我们口中的国王(le roi，跟罗曼尼·康帝[la romanée-conti]还真是一对呀)①，代表了勃艮第地区最顶级的干白葡萄酒，也就相当于全世界范围内最顶级的干白。想要每年查验并非易事：因为蒙哈榭的产区只有 8 公顷。蒙哈榭，当真是和璧隋珠，稀世之珍！

至于其他的蒙哈榭——无论是一级酒庄还是特级酒庄——都会有个专属的名字：骑士、巴塔、克利优(criots)、比维纳斯(bienvenues)，其中最戏剧化的名字当属比维纳斯-巴塔-蒙哈榭了。这些蒙哈榭不会出现在小型超市里，就跟街角的小卖铺不会贩售科通-查理曼是一个道理。虽说普利尼-蒙哈榭村庄酒和其他的村庄酒不像前几款蒙哈榭一般凤毛麟角、价值连城，口感也不如前者浓烈，酒香亦更淡薄，不够精细，但相对而言，村庄酒价格更加亲民，同时依旧会给人带来不凡的享受。

总之，在夏隆内丘出产的葡萄酒中——特别是蒙塔尼(Montagny)、梅尔居雷(Mercurey)和吕利(Rully)——霞多丽葡萄的细腻感被展现得淋漓尽致。

马孔地区。如果你喜欢带有榛果、蜂蜜或烤面包香气的霞多丽，那么在性价比高的马孔地区买上几瓶酒是你的不二选择。密特朗总统曾站在索女崖(la Roche de Solutré)上眺望当地领主的普伊-富赛(Pouilly-Fuissé)葡萄产区。40 多个小村庄都能给自己贴上马孔区的标签。不过，小村圣韦朗(Saint-Vérand)倒是把自己这个动听的名字给了圣韦朗(saint-véran)葡萄酒(葡萄酒圣韦朗

---

① 此处作者玩了个定冠词阴阳性的文字游戏：le roi，le montrachet 均为阳性；la romanée-conti 为阴性，故说是一对。——译注

的结尾没有 d,似乎是想以此微妙的区别来表明,这个产区名同时也属于圣韦朗周边的村庄)。

忘忧堡(Chasse-spleen)

我甚至在还没喝到忘忧堡的时候,就已经被它征服了,原因就在于它这妙不可言的名字:优雅别致,带了些拜伦、波德莱尔的风骨,法英结合,给人宽心乐观的感觉。忘忧堡因 1863 年格希宝捷酒庄[1](Gressier Grand Poujeaux)的遗产分割而得名。得此美名该归功于谁呢?要给拜伦勋爵吗?因为庄园主想到这位勋爵在 1820 年途经此地时,曾对这里的葡萄酒大加赞赏,认定它能够排忧解愁,所以命名?或是有另一种更靠谱的说法:为《恶之花》(*Les Fleurs du mal*)画过插画的奥迪隆·雷东[2]曾住在酒庄附近,经他提议——这个版本未曾问世,但庄园主们拥有原画画板——才有了这样一个充满魔力的名字?

总之,这支梅多克穆林的酒还是要配得上这个名字才行——它的确名副其实:忘忧堡 1932 年入选特优级中级酒庄之列,2003 年亦然。不过忘忧堡近些年的葡萄酒已经不如从前一般,能把忧愁赶得那么远了。

一战期间,酒庄曾被德籍家族塞格尼茨(Segnitz)收购。根据已故酒商于格·劳顿的回忆,战争一打响,穆林地区的人们就把敌军酒堡抢占一空,幸好当时酒堡主人已经去了不莱梅。1920 年,新任庄园主拉瑞先生在库存中发现了一批 1911 年的忘忧堡葡萄酒,酒塞上面还烫印着铁十字架!当时他跟于格·劳

---

① 原文 Gressin Grand Poujeux,疑为作者笔误。——译注

② 奥迪隆·雷东(Odilon Redon,1840—1915),法国象征主义画家、版画家、制图员以及粉蜡笔画家。——译注

顿吐苦水,说自己非常后悔没有留着这批葡萄酒,日后拿去佳士得拍卖。

咕噜咕噜

我成为了环保主义者,
不再对着水面发射,
把绿翅野鸭来捕捉,
不再把天空当猎场,
向山鹑,丘鹬,雪鸥开猎枪。
它们住在罗盘地图上!
现在我读柏拉图,普林尼,
康德,蒙田统统一起,
我也不再忧郁,闹脾气。

● 布尔乔亚

教皇新堡(Châteauneuf-du-pape)

众所周知,一个信仰基督教的家庭只在有星期天才会开教皇新堡葡萄酒来喝。人们会为此花上几个小时的时间,听神甫布道讲宽容,或是听传教士分享上帝及其殉道的司铎们拯救子民于人吃人的饥荒中的事迹。然后,才有主日羊后腿搭配教皇新堡红葡萄酒上桌,待人品尝。羊腿肉紧实丰厚,微辣中有胡椒的辛香。教皇葡萄酒年轻的时候香气十分馥郁;成熟后则散发着浓浓的皮革烟草味。总有人这样说:教皇酒配野兔,再好不过了!因此我得出一个结论,阿维尼翁的教皇们应该是常在葡萄田里狩猎吧。

教皇新堡一路走来一直谦卑。它和邻近的两个政教分离的产区恭达斯(Gigondas)和瓦给拉(Vacqueyras)一样,曾在勃艮第红酒酒精度偏低、缺乏色泽的年份伸出援之手。但19世纪末，这种基督徒式的慈善行为发生了变化，酒农们重组工会，决定从此以后只为当地教区工作。这一决策取得全面成功，并让该产区重振旗鼓，重建昔日阿维尼翁教皇当权时代的荣耀。当时教皇新堡产区的酒农们所颁布的一些条例，甚至在日后还影响了国家关于法定产区的相关立法。

上帝只有一个，信仰只有一种，教皇只有一位，所以新堡产区理应种植单一的葡萄品种。然而，它却是众多法定产区命名葡萄酒[①](AOC)中葡萄品种最多的产区之一：多达13种！其中红葡萄有8种，白葡萄有5种。歌海娜(grenache)是红葡萄中的红衣主教，紧随其后的是西拉(syrah)、慕合怀特(mourvèdre)和神索(cinsault)。而古诺瓦兹(counoise)、瓦卡瑞斯(vaccarèse)、蜜思卡丹(muscardin)和黑特蕾(terret noir)就只能算是唱诗班里的孩子了。

匹格普勒(picpoul)和皮卡丹(picardan)在白葡萄酒中也是歌童的角色，而瑚珊(roussanne)布尔布兰(bourboulenc)克莱雷特(clairette)则因其芬芳的花香被选来酿造教皇新堡的弥撒酒。

咕噜咕噜

教皇新堡曾是其创始人教皇克雷芒五世[②]的夏日行宫。克雷芒五世是阿维尼翁的第一任教皇，在此之前曾出任波尔多主教。作为一名深藏不露的葡萄种植者，他选择居住在城南侯伯王酒庄旁边，并在那里建造了一个现如今已被视为佩萨克-雷奥良产区

① AOC：appellation d'origine contrôlée，译为法定产区命名葡萄酒，是一种葡萄酒分级制度，1935年正式投入使用，2009年后被AOP(appellation d'origine protégée)即法定产区保护葡萄酒取而代之。——译注

② 克雷芒五世(Clément V，1264—1314)，其任期内罗马教廷从罗马迁到法国阿维尼翁。他是第十位法国籍教皇。——译注

(pessac-leognan)最佳庄园之一的酒庄，那就是克雷芒教皇堡(château pape-clément)。只有意大利酒的嫉妒好胜可以解释为什么克莱芒五世没有被神化……他的继任者，称颂上帝和新堡葡萄酒的若望二十二世[①]也同病相怜。

● 弥撒葡萄酒

儒勒·肖维(Chauvet［Jules］)

我们常会与一些杰出的人物擦肩而过。直到某一天，发现自己漫不经心地犯了那么多错误，才觉得追悔莫及。我就是这样错过了罗曼·加里[②]、乔治·佩罗[③]、费尔南·布罗代尔[④]等几位作家的。而现在要讲的儒勒·肖维，来自罗讷省的夏贝尔-甘采(Chapelle-de-Guinchay)，他和前几位没有什么关系，因为他是一个学者，一个酒商，也是位葡萄酒酿造者。我曾在人群中见过他两三次，有一次印象特别深刻，如果我没记错，应该是在库克兄弟举办的某次豪华聚餐中，那次聚会是在安省的米奥奈。阿兰·夏贝尔[⑤]是当天的主角(为了庆祝他40岁的生日)，当然，也是宴会主厨。

对于夏贝尔来说，儒勒·肖维是个旷世奇人，原因有三：他的品鉴才能无人能及，甚至让波尔多的葡萄酒酿造业大师埃米耶·

---

① 若望二十二世(Jean XXII，1249—1334)，是教廷被迫迁往阿维尼翁后的第二代教皇。——译注

② 罗曼·加里(Romain Gary，1914—1980)，法国小说家、电影剧本作者、外交官，是唯一两次获得龚古尔文学奖的作家。作品有《罗莎夫人》《最长的一天》《女性之光》等。——译注

③ 乔治·佩罗(Georges Perros，1923—1978)，法国作家，其作品《蓝色诗集》曾获1963年马克斯·雅各布奖。——译注

④ 费尔南·布罗代尔(Fernand Braudel，1902—1985)，法国年鉴学派第二代著名史学家。著有《菲利普二世时代的地中海和地中海世界》。——译注

⑤ 阿兰·夏贝尔(Alain Chapel，1937—1990)，法国顶级厨师。——译注

佩诺[1]都叹为观止;他的科学研究工作从未止步(关于加糖、二氧化碳浸泡法、芳香发酵、乳酸发酵等等);他还有一套自己的葡萄酒酿造艺术,能自然而然地酿出轻盈馥郁的博若莱葡萄酒,这一点在夏贝尔看来,就像变魔术一样。

有一天,夏贝尔给我打来了电话,说儒勒·肖维要找他一起吃午饭,并且邀我跟他们一起用餐。约会就这么定下了。然而不巧的是,当天我有《致敬》的录制,不能不去,因为这个节目一向是现场直播,所以我不得不失约。后来他们二人后来相继过世。我就这样错过了儒勒·肖维。

通过这位米奥奈传奇主厨的讲述,再加上从这本名为《葡萄酒漫谈》(*Le Vin en question*,作者即儒勒·肖维)的采访录中所读到的,我感觉儒勒·肖维就像个冉森派教徒,一直都醉心于提出质疑,探寻完美。人们还因此给他起了这样一个外号:"科学与良知"。他曾说过:"我感觉自己越是花时间研究葡萄酒,就越会觉得它复杂,看不懂它。"这是过分谦逊么?随着他年事渐高,越来越多的专业读者开始拜读他的科学研究,而他对酒农和酿造师们回归自然的诉求也日益强烈。儒勒·肖维是第一个,或者说是最初几个提出化学产品会导致土壤饱和这一观念的学者。此外,他还指出土地的污染、退化等问题,并认为葡萄酒农们有必要回归传统耕作,这是能够保证土壤正常呼吸的唯一方式。他的信奉者越来越多,遍布各大葡萄园,那些不愿依赖澄清剂[2](collage)和过滤法(filtration)的酒农们更是对他深信不疑。不过,这么做一定要对他的研究、科学和技艺有把握,不然的话,小心意外找上门,心生失望。所有人都该向往成为儒勒·肖维,但不是所有人都能成为他。

---

① 埃米耶·佩诺(Émile Peynaud,1912—2004),有"现代酿酒学之父"美誉的葡萄酒工艺学家。——译注

② 葡萄酒澄清是通过向葡萄酒中添加特定的澄清剂,净化和稳定葡萄酒酒液的过程。——译注

● 博若莱 2，博若莱 3

1855 年分级（Classement de 1855）

可以想象，当米拉波、西哀士和其他国会议员撰写《人权和公民权宣言》（*Déclaration des droits de l'homme et du citoyen*）时，一定是认为自己创立了一部可以流传百世的基本法则。同样，拿破仑时期制定《民法典》的法学家们肯定也觉得自己做了一件无比重要的事，能够永惠世人。没有人会和波尔多吉伦特葡萄酒商抱有同样的心态，他们是赫赫有名的《1855 年波尔多葡萄酒分级》的作者，这份分级文件才刚刚度过 150 周年庆，可对于他们来说，这一切只是在例行公事而已，完全没有预料到这份文件会经久流传成为经典参考，而未来，其影响力还会继续扩大。

有趣的是，波尔多人能受惠于这个经典分级，应该或多或少感谢香槟人和勃艮第人。当年，葡萄酒业界的同行们一直写信力邀他们参加新皇拿破仑三世举办的巴黎世界博览会，无奈我们的吉伦特庄园主们根本没有这个打算。他们慎重思考后再三推诿，直到工商管理会里几个深谋远虑的成员指出，世博会的展柜中若只出现香槟和勃艮第两个地区红酒并非明智之举，波尔多红酒这才决定加入其中。参展的葡萄酒当然容不得半点马虎，要优中选优。波尔多人的公正高效于是在此时得到了完美发挥。

鉴于葡萄酒商们为波尔多红、白葡萄酒制定分级的习惯由来已久——最早能追溯到 18 世纪末期——人们对自己的品鉴能力还是非常信服的。他们是依据什么来制定这项分级的呢？当然是市场！市场因货品的流通而形成，货品的流通程度又主要取决于其质量，因此用市场作参考总是最有说服力的。不依据葡萄酒商的个人品味，也不依据消费者的爱好，1855 年的分级制度可谓早年自由经济的一个成功典范。

很久没有排行列榜的波多尔酒商们深知这件事的重要，他们丝毫不敢怠慢，找来40多年内登记过价格的60多种红葡萄酒进行品评，并按照惯例将它们分为了5类。如此一来，酒商们在很长一段时间内取得了质量和商业利益上的双赢局面。在他们看来，这份分级名单在接下来的几年时间内将会面临被修改的命运，这就是一份为1855年世界博览定制的榜单罢了，只是个临时性的小总结。没有人会想到，这份表单会成为“出生公证”一样的存在，最终变成了准则的基奠。此外，如果这项分级在当时像“十诫”一样，一下子出现在梅多克，必定会让一切没入榜和那些想进榜未果的庄园主们深深失望，同时让那些想要联合起来对抗它的庄园主们心灰意冷。1855年分级制度之所以如此令人信服、经久不衰，除了它本身不失公允外，还因其本质的暂时性——这使得它能够被人心平气和地接受。只有佳得美酒庄(château cantemerle)很快就被列入五级酒庄(cinquième cru)之中，木桐酒庄(château mouton rothschild)都是在100年后才完成了从二级酒庄到一级酒庄的晋级的。一个半世纪以来，只有两项追加记录，这对于变幻无常的葡萄酒业和庄园主们与日俱增的重审意愿来讲，实在是太少了。

虽说分级列表上的排名有起有落，但150年以来，这60多款入选的红酒始终如一，严格遵循生产标准，没有让这份分级表失去信誉。然而，榜内提及的葡萄园分界几乎全部发生了变化，葡萄品种跟当年也大不相同。许多酒庄更换了主人，或是将酒庄卖给了企业，市场上的酒价也发生了变化。比如一些有着二级酒庄品质的四级酒庄，现被列为三级酒庄；一些中级庄园酒则被晋为列级酒庄等等。但人们始终没有对分级做出大的变更。这个分级制度已经成型了！维持现状是有理由的，虽说现在很多专家都认为这份分级制度有些偏离现实，但对其进行大规模的修正必定会引发酒庄之间的大战，同等规模的纷争恐怕回溯到中世纪都会是难得一见的……

“重审1855年分级，就像是个玩了150年的桌游。评鉴这个分级制度,则是葡萄酒记者、侍酒师和酒类专家们最爱的‘运动’。争论并没有削弱这个分级制度的影响力,反而使其变得愈发坚不可毁,充满活力。到最后,让这些攻击者大失所望的是,那些被攻击的葡萄酒反而因此获利了!”原分级制的忠实拥护者让-保罗·考夫曼如是说。

在《波尔多酒爱好者》一刊中,考夫曼曾用一段令人钦佩的文字讲述了葡萄酒在他记忆中的烙印是如何帮助他挺过黎巴嫩三年牢狱之灾的,这段文字后来还在《重游波尔多》(*Le bordeaux retrouvé*)这本非商用发行的书中再次出现——之所以选择非商用发行,就是不想向“痛苦应该被消费”这一观念低头。他说自己当时靠背诵1855年分级维持记忆力,还在脏兮兮的卷烟纸上写下这些酒庄的名字。每次转狱,这些碎纸片不是找不到了就是被没收,他就重新再写。“1986年底,我卡在了几个四级酒庄上,几乎每次都会忘记写宝爵(pouget)德达侯爵(marquis-de-terme)这两个重要的酒庄。我在那一刻开始质疑自己的记忆力。几个星期以后,我已无法完整地背出五级庄园的酒庄名字了。在此期间,他们(典狱官)还拿走了我的铅笔。由于背不出完整的分级名单,我变得心灰意冷,开始质疑自己:我是不是已经不再是个文明人了?我是不是变成了个野蛮人呢?”

1855年分级除了在商业、历史和品味上足够正统外,考夫曼还为其增添了更有价值的人文主义色彩。我们还是不要再对它进行修改了吧。

咕噜咕噜

与其他所有葡萄产区相比,波尔多产区一直都对葡萄酒的分级抱有极大的热情。小杜威·玛克汉是位研究1855年分级的优秀历史学家,他曾提出过这样一个不错的建议:公布这份权威分级前的所有分级名单。人们发现,从1786年开始(也就是在大革命以前),玛歌、拉菲特(lafitte,单词含两个t,有别于拉菲罗斯柴尔)

和拉图(latour)三个酒庄被列为梅多克一级酒庄，而侯伯王酒庄的前身彭塔克-侯伯王(pontac-haut-brion)作为格拉夫(graves)产区的唯一代表，也因其在伦敦的高阶地位被分在了同一级别。无论是在君主制时期、大革命时期、帝国时期还是现在的共和国阶段，波尔多红酒中的精品并没有变多。制度更迭轮换，一级酒庄始终未变。当法国人觉得这一切都是事实，那他们对分级制度的忠诚度就不会被动摇，其他人也别奢望能改变他们。

● 波尔多产区，梅多克，彭塔克，菲利普·德·罗斯柴尔德，滴金葡萄酒

复杂性(Complexité)

“复杂性”一词是现今葡萄酒品鉴中最常用到的词汇之一。埃米耶·佩诺在其1980年出版的《葡萄酒之味》(*Le Goût du vin*)一书中曾率先提及这个名词，但只是一笔带过，并未将其列入向葡萄酒爱好者描述品酒观感的常用词汇之中。皮埃尔-马里·杜特朗也没将这个词收入他的词汇汇编内(《优质酒和其他的酒》,1976)。我也没有在雷蒙·杜梅①的笔下见过它。但在近十年来的葡萄酒品鉴著作中，这个词开始频繁出现，侍酒师和记者们在品鉴总结中更是常把它挂在嘴边。

葡萄酒的复杂性是一个……很繁复的概念。倒不是说这个词没有用处。事实上我们常把酒分为两大类：一类是年轻的酒，口感清爽，果韵十足，人们可以品闻它的香气；另外一类是则是陈年葡萄酒，通常需要先被装入橡木桶中陈放，随着时间的推移，酝酿出丰盈的酒香。前者是翩翩少年，很容易被人猜透看穿；后者的性格更加

① 雷蒙·杜梅(Raymond Dumay,1916—1999)，法国作家，曾出版《葡萄酒指南》(*Le Guide du vin*)。——译注

丰富，更加神秘莫测，即所谓“复杂”。“‘复杂’这个形容词，可用来描述富含多层香气特质的葡萄酒。一瓶优秀的葡萄酒必然是复杂的。”米歇尔・多瓦如是说。

现代品鉴师的眼、鼻、口只要一碰触到那种层次鲜明、浓淡适宜、余韵绵长、唇齿留香，还会遮掩自己锋芒的葡萄酒，就会立刻写下或脱口而出“复杂”一词。那么现在，我们得聊聊这种复杂性到底由什么构成的！毕竟写出这个词只是证明了它的存在，并没有对它进行分析，理出其各个组成部分，让所有谜团变得明晰。品酒的复杂性和乐趣，就始于人们开始用复杂形容它的那一刻。

咕噜咕噜

但您也可以只是兴高采烈地说上一句：这酒简直棒极了，也就够了！

孔得里约(Condrieu)

长久以来，人们都认为孔得里约的葡萄酒不适合被长途运输，或者说很容易变质。从最近的50多年来看，它所到最远之处也没超过里昂。到图尔尼的时候它就已经感到不舒服了；到了索恩河畔夏隆它开始晕眩；到了第戎，身心憔悴，有气无力；到阿瓦隆就彻底不能喝了——因为它早已魂飞魄散。不出意外的话，巴黎是个它无法企及的地方。试想，一个艺术家因命运不公而无法前往首都崭露头角，这是件多让人痛心的事啊？

无法相信孔得里约的葡萄酒会变成维奥涅尔(Viognier)葡萄所酿造出的最受追捧、销量最佳的葡萄酒。因为在1965年，这个当时仅剩下不到10公顷占地面积的产区差点就不复存在了。在那种极致陡峭的山坡上种葡萄本就是件困难的事情，更何况这些葡萄树给葡萄酒农们带来的，无非就是罗讷河上的一处美景罢了。

曾几何时的维奥涅尔被视为三类葡萄品种，如今人们对它可谓赞赏有加，尤其是那些生长在孔得里约产区（占地110公顷）花岗岩和易碎板岩中的维奥涅尔葡萄，它所散发出的紫罗兰、杏子和桃子的香气让人欲罢不能。不过无论如何，它依旧经不起长途跋涉。

后来，它终究是学会了。这多亏了一个固执又灵光的葡萄酒农乔治·维尔奈（Georges Vernay），也多亏了现代化的葡萄酒酿造技术。这种新型技术不仅使孔得里约葡萄酒的香气更加浓郁，还补充了它所缺少的酸，同时让酒体更加平衡稳定。如此一来，孔得里约的葡萄酒终于能够周游世界了。

咕噜咕噜

位于孔得里约产区内的格里叶堡（château-grillet）拥有不到4公顷葡萄园，种植的也是维奥涅尔葡萄。这里产出的葡萄酒更为稀少，价格当然也更加昂贵。当地出产的白葡萄酒之所以出类拔萃，值得珍藏，主要得益于其土壤和窖藏方式。这款酒我只有在很久之前喝过两次，所以无法解释为什么人们认为它比孔得里约特级酒要出色①。这份宝藏从1820年起就一直属于内赫-加歇（Neyret-Gachet）家族。这个家族如同美酒一样，值得世袭以藏。

① 现在我知道了。我们这个系列丛书的主编让-克洛德·西蒙买过一瓶2002年的格里叶堡酒（酒标如上图），作为我跟丛书插画作者阿兰·布鲁杜伊交手稿那天聚餐的开胃酒。

● 教皇新堡，坡与丘，埃米塔日

坡与丘[①](Côtes et coteaux)

“坡”(côte)指的是一座山或是一座小丘上多少有些陡峭的坡面，而“丘”(coteau)则指整片山地丘陵，看上去往往更低，也更圆润。从逻辑上说，“坡”字长音符(ô)上的左撇右捺就像是山体的阴阳两面，似乎更适合用来形容完整山地的“丘”。

法国葡萄产区就是一连串的山坡丘陵，没有一个确切的区分标准。大体上来说，若是坡面足够陡峭，则为“坡”；若是相对平缓，则为“丘”。坡的峻急战胜了丘的温顺——山坡越是陡峭向阳，对葡萄种类和葡萄农的要求就越严格，也更容易赢得赞许。坡的威望和信誉就这样树立起来。如此一来，有时即便角度足够平缓，人们还是喜欢将其称之为“坡”。幸好还有一些朴实温和的葡萄产区：特利卡斯汀丘(coteaux du Tricastin)、奥本斯丘[②](coteaux de l'Aubance)、莱昂丘[③](coteaux du Layon)、朗格多克丘(coteaux du Languedoc)、里昂丘、科西嘉角丘(coteaux du Cap Corse)、阿尔代什丘(coteaux de l'Ardèche)、奥克索瓦丘(coteaux de l'auxois)……卢瓦尔河畔的葡萄酒农们是最不爱卖弄的，那里的人们喜欢“丘”这个字，喜欢“丘”字所精准描绘出的那份属于法兰西的温柔。

罗讷河谷有着坡度最陡的葡萄产区：它坡面向阳，常年被炎日炙烤，名字起得也很妙，叫做罗第坡[④]([Côte-Rôtie] 名中两个像

---

① 在当前中国的葡萄酒市场中，坡与丘之间没有如作者叙述般的明确界限与差异，且译名涉及坡或丘的多被译为丘，尤其一些较为知名的子产区。2015年发布的《进口葡萄酒相关术语翻译规定》中，部分名中带有 coteaux 字样的产区被选译为山麓。——译注

② 又译奥旁斯山麓。——译注

③ 又译莱庸山麓。——译注

④ 又译罗蒂丘。rôtie 一词在法语中有炙烤的意思。——译注

帽子般的长音符提醒着葡萄酒农们，最好时刻戴上一顶帽子。）

这种倾斜度与摩泽尔河谷（vallée de la Moselle）陡峭的斜坡有的一拼。该产区被干燥石头垒成的围墙所环绕，葡萄苗就在这里生长，扎根于土地肌理中慢慢地蔓延成片，在罗讷河右岸越长越高，像是要竖直站立起来一般，挑战最初直立行走的人类所经受过的考验。昂皮（Ampuis）及其周边地区的葡萄酒农们（跟孔得里约的一样）可不是什么好逸恶劳的乡下人。不过质优名贵的西拉葡萄也大大犒赏了他们的辛劳。棕坡（Côte Brune）和黄坡（Côte Blonde）您更偏爱哪个呢？您选择棕坡的杜克（turque）、兰多纳（landonne）也好，或是黄坡的穆林（mouline）也罢，这里的每一瓶酒都卓尔不群，而您本人则要么是庄园主马塞尔·吉家乐的密友，要么就是美国客人，无论您是哪种身份，都能有幸买上几瓶，而刷卡时的金额也有如陡峭的罗第坡一样，让人头晕目眩。

沿罗讷河一路向下，能数出好多知名产区，比如埃米塔日、克罗兹-埃米塔日（crozes hermitage）、圣约瑟夫（saint-joseph）、科尔纳（cornas）、圣佩雷（saint-péray）。这也相当于游历了从维埃纳（Vienne）一直延伸到阿维尼翁的罗讷河坡（丘）产区（还有罗讷河坡[丘]村庄[côtes-du-rhône-villages]）。这里的葡萄田一望无边，有些田地已经开垦到了如球场看台般倾斜的山坡上！这样的也被称为“坡”，倚在吧台上人们想要点的，就是这些美妙无人敌的“小坡”葡萄酒。

勃艮第的“坡”。在勃艮第，“坡”指的金坡（丘）产区（Côte-d'Or）那绵长的丘坡山岗的整体。该区北边是夜坡（丘）；南边是博讷坡（丘）。在所有的“côte”中，只有蓝色海岸（la Côte d'Azur）和牛肋排（la côte de bœuf）①能够超过此二者在全球的知名度吧。此外，这两个坡地的最高处也有葡萄藤丛生，另两个产区——上夜

① côte一词在法语中除了丘、坡之意，还有海岸，肋骨等意思。——译注

坡(丘)(hautes-côtes-de-nuits)和上博讷坡(丘)(hautes-côtes-de-beaune)——便因此而得名。

再稍向南一些,在索恩-卢瓦尔省中有这勃艮第坡中的第三个,也是最后一个坡:夏隆内坡(丘)。与两个姐姐相比,夏隆内常年饱受风蚀,坡度也较为平缓,所以它的地理位置并不甚讨喜。不过这里出产的梅尔居雷、吕利、蒙塔尼、日夫里(Givry)、布哲宏(Bouzeron)却因性价比高而销量走俏。

其余的"坡"。按法国国内知名度排列(私人排位,争议可存):

普罗旺斯坡(丘)(Côtes de Provence)

鲁西永坡(Côtes du Roussillon)

卡斯蒂永坡(丘)(Côtes de Castillon)

布尔坡(丘)(Côtes de Bourg)

汝拉坡(丘)(Côtes du Jura)

布鲁伊坡(丘)(Côte de Brouilly)

吕贝隆坡(Côtes du Luberon)

贝尔热拉克坡(Côtes de Bergerac)

旺图丘(Côtes du Ventoux)

杜拉斯坡(丘)(Côtes de Duras)

布莱耶坡(丘)(Côtes de Blaye)

比泽坡(丘)(Côtes du Buzet)

波尔多山坡圣马尔盖(Côtes de Bordeaux-Saint-Macaire)

弗雷坡(丘)(Côte du Forez)

维瓦莱坡(Côtes du Vivarais)

侯耐坡(Côtes roannaises)

图勒坡(Côtes de Toul)

弗朗坡(丘)(Côtes de Francs)

加斯科涅坡(丘)(Côtes de Gascogne)

还有圣蒙坡(Côtes de Saint-Mont)、布鲁瓦坡(Côtes du Brulhois)、马蒙德坡(Côtes du Marmandais)、卡农-弗龙萨克坡(Côtes de Canon-Fronsac)、玛勒贝尔坡(Côtes de la Malepère)等等。

最近几年,人们还会把勾兑过的劣质葡萄酒叫做贝尔西坡酒(coteau-de-bercy)①!

一些变化。加尔丘(Costières du Gard)更名为尼姆丘(Costières de Nîmes)……位于圣埃斯泰夫的梅多克二级酒庄②爱士图尔酒庄(Château cos d'estournel):"cos"是"caux"的梅多克式发音,这个词是加斯科地区的方言,指碎石山岗……还有,科特葡萄到底是写作"cot"还是"côt":卢瓦尔山谷中有一种红葡萄,在吉伦特被称为马尔贝克(Malbec),从约讷(Yonne)运到凯尔西(Quercy)后改称奥塞尔(Auxerrois)……巴尔扎克用斜体字把它简写作"*co*":"在葡萄田里吃上几颗大果粒的都兰科特葡萄是件多么美妙的事……"(《幽谷百合》[*Le Lys dans la vallée*])

● 孔得里约

保罗-路易·考瑞尔(Courier [Paul-Louis])

---

① Bercy,原塞纳省市镇名。——译注

② 即1855年分级下的二级酒庄。——译注

除了他之外，世界上还有没有第二个作家会在作品内页自己的名字后面，加上一个“葡萄酒农”的注解呢？有时甚至会具体到“沙瓦涅尔的葡萄酒农”。他曾在自己某本小册子上签过“保罗-路易·考瑞尔，葡萄酒农，法国荣誉军团成员，前炮兵骑手”的字样，曾是拿破仑军队的军官长，只是比起围剿敌军，这位长官更爱跟那些最难懂的希腊文本较劲。

只不过手握羽毛笔的他，依旧是个勇士。回到都兰老家，他提笔撰文，对抗君主制复辟，反对朝野王室，反对朝臣思想，反对各地方官吏，反对司法官员，反对因波旁王朝卷土重来而重振旗鼓的神职人员。他的每一篇评论都是冷酷和讽刺兼具的格调之作。这些作品害他入狱，也在 150 年后把他送进了“七星文库”(Pléiade)。

考瑞尔的产业位于图尔附近谢尔河的左岸，包括葡萄田、农区和森林。虽说交代给工人们的工作很繁重，但他自己也是个实打实的田里人，一个真正的“乡绅”(这是他那个时代的词汇)。他懂得操作各种工具，并且乐于在田间摆弄这些东西。所以说，他自诩为“保罗-路易斯·考瑞尔，沙瓦涅尔葡萄酒农，拉尔赛伐木工，费龙涅尔、乌西埃等地农夫”是一点都不过分的。然而在他眼中，葡萄酒农威望最高。他曾说过，若是人们叫他“葡萄酒农保罗-路易斯”，他是不会不高兴的。

考瑞尔的沙瓦涅尔葡萄产区不大，位于韦雷特镇北边，占地面积 10 多阿庞①(arpent)，约 3—5 公顷。他曾指责巴黎的葡萄酒商把它这些产自都兰的葡萄酒当做勃艮第葡萄酒来卖，更糟糕的是，葡萄酒到了首都巴黎后，税费还都算在他的头上：“进口税、转运税、营业税、保险税、直接税、间接税、多重合并税、财产转移税”。经过计算他发现，一年下来葡萄酒农们 1 阿庞的到手利润

① 旧时的土地面积单位，相当于 20—50 公亩。——译注

只有 150 法郎，而剩下的“1300 法郎都被朝中无所事事的大臣们赚去了”。

考瑞尔在葡萄种植方面造诣颇高，这点与孟德斯鸠十分相似。比如他在自己编写的《村庄报》(1823)中曾详细地向大众讲述他配制了什么样的“腐殖土”——“堆肥”一词更是少见——去改善葡萄生长环境，并向大家传授施放腐殖土的技巧。

他在文中这样写到：“我们的葡萄苗安然无恙地躲过了‘教皇启德日’[①](Saint-Anicet)。这是个至关重要的时期，若是葡萄苗能够进入花期，且不过早落果，那么我们这一年产的葡萄酒将多到无处摆放。我从没看过葡萄苗上长过这么多的‘小浪花’(lame)，还长得这么好。”4 月 17 日曾让都兰酒农们心生畏惧。现如今还是如此么？曾几何时，“小浪花”一词在都兰地区指的是那些刚开始成形的葡萄串，是成熟葡萄的初体。对于这些小浪花来说，冰霜是冷酷无情的。

考瑞尔不是个喜欢酒醉的人。这个曾经的炮兵骑手不苟言笑，脾气倔强，不懂人情世故，相当记仇，是个难缠的生意人，后来被自己猎场的看守杀害。乖戾的脾气秉性没有为他赚得都兰葡萄酒农的同情，倒是留下的作品让他在安德尔-卢瓦尔省广受欢迎。那篇尖锐的《请愿书：为了那些被禁止跳舞的村民》就是如此，其中提到村民都是阿泽的村民——即现在的谢尔河畔阿泽，距韦雷特镇大约两公里。文中讲到当地一位温厚的老神甫，曾经历过大革命和帝国时期，对他来说，主日庆典时年轻人跳舞庆祝没什么问题；而另外一位“刚刚毕业，初入教堂”的神甫却让市政官员下令，禁止人们在村子里的广场跳舞。在这之前，年轻人就曾因边喝都兰葡萄酒边高歌嬉笑被批评过。而考瑞尔却对这些训斥十分不屑，于是讥诮抗议，并予以攻击，他的讽刺作品是那样的无情又冷

---

① 即 4 月 17 日。——译注

酷。这个爱说教的古希腊研究者兼葡萄酒农，是个自由主义战士，他一向以笔为剑，保卫着人们热爱生活的权利。

● 卢瓦尔河谷，孟德斯鸠

葡萄酒品鉴(Dégustation)

葡萄酒的品鉴就像是踢足球:人人都能参与。法国人不是这项活动的唯一参与者,同样的,葡萄酒专家、年份名酒品鉴俱乐部(纵向品同款不同年份的葡萄酒,或是横向品同年份的不同款葡萄酒,又或纵横兼顾)也不能将其垄断。从咖啡馆老板口中的一句"品一品这支酒,跟我说说您的感受",到优质年份的稀有佳酿倒入几位幸运者酒杯前的片刻沉思,品酒的形式可谓变换无穷,而唯一不变的,是每次品酒都要予以评鉴。眼观、鼻嗅、口尝,而后仔细斟酌,进行估价、评鉴、打分,最重要的是要把结论讲给人们听。

"入口的佳酿会说话",勃艮第作家皮埃尔·布彭如是写道。对他来说,有的葡萄酒甚至还是个话唠。它可以像拿破仑的将军列举自己参加过的战役一样,对自己的各种香气如数家珍。它用酒香作诗;拿丝绸般的顺滑口感做衣裙;再用年龄来成就自己的姿态和哲学。法国葡萄酒到了法国人口中,无疑就成了世界上最"健谈"的那款酒。即便品酒人已经喝得飘飘然,它们还是能叽里呱啦说个不停,可能还会向那个品酒师吹吹耳边风,怂恿他们说出自己的新发现:"我喝了那么多的美酒,没有一个能比得上这一瓶!"

当待品的葡萄酒过多时,一般会建议品酒人随时吐掉口中的酒。这个吐酒的练习相当不易,人们也会看到,那些吐得笔直悠长又有力的往往就是专业的葡萄酒品鉴师,而那些把头伸到水池上,任凭酒水肆流染到衬衣和鞋子的,基本上都是些业余爱好者。

"吐出来,不然就惨了!"在一场博讷的酒会后,彼得·梅尔①

① 彼得·梅尔(Peter Mayle,1939—),英国作家,1980年后期移居法国普罗旺斯,著有《普罗旺斯的一年》(*A Year in Provence*)。——译注

对朋友迈克尔·萨德勒[1]这样说道，要知道接下来的两天还是“荣耀三日”[2]，还有大把的葡萄酒等着他们品鉴。二人走街串巷，想找个勃艮第痰盂，也许他们觉得这里会有各式各样带着“品酒小银杯骑士会”标志的小痰盂供人选购？这样就能一样买一个，再把它们像婴儿背袋一样挂在皮带上？他们当时甚至还备好重金，想要购买一个别致的刻着博讷军队徽章的水桶。然而他们发现，勃艮第的葡萄酒跟其地区的一样，都是酿来给人喝的，而不是让人吐的——这让他们感到有些失望，同时又有些欣慰。

如果说过去的戏院中有三击[3]（trois coups），那么当今的葡萄酒品鉴则有四击，分别击在手、眼、鼻、舌。人们用拇指和食指轻扶杯脚，借由腕力灵巧地转动杯体，划圆弧状，这样一来经过晃动的葡萄酒才能够更好散发其固有的味道和香气。两次“海啸”间——笨手笨脚的人会在晃动酒杯时候甩出去几滴葡萄酒，这可是很丢人的事——可以不时倾斜酒杯，或是高举迎光，以便眼观其色泽，然后再把它放在鼻子前，一嗅其香（“香气，是串联记忆的圆环”，丹尼尔·布朗热[4]）。一系列的观察、思考、讨论之后，这杯酒终于入口。此时的红酒既是人质，也是入侵者。人们再次动起双颊，用舌头搅着口中的红酒，将其左推右移，吮着它的气息，细嚼慢咀，而后任其浸没牙齿和味蕾，感受其逐渐显露出的本质。亲密之间，它毫无隐瞒地坦诚了自己的一切优点与不足，并在消殁前将灵魂交于你心。

品鉴，有着双重的快感。第一重来自品酒的方式，第二重则来

---

① 迈克尔·萨德勒（Michael Sadler，1949— ），英国作家。——译注

② Trois Glorieuses，原意为“七月革命”，在此指与默尔索柏雷盛宴相关的葡萄酒节日，作者在后文“默尔索柏雷盛宴”词条有详尽说明。——译注

③ 法国戏院传统，开戏前用木棍击打三响以引起观众注意。——译注

④ 丹尼尔·布朗热（Daniel Boulanger，1922—2014），法国作家、戏剧作家，曾参与多个剧本的编写。——译注

自葡萄酒本身。业余品酒爱好者们很少形单影只，对于他们来说，品酒还有着一种分享的乐趣。学习相关的知识与技艺，细致耐心，不畏劳顿，这一切都为了品鉴的那一刻而准备——这人酒合一时才能到达的神性顶峰。

如此可知，当葡萄酒品鉴被称为"感官刺激测试"时，少了多少的乐趣。

咕噜咕噜

"品鉴"(déguster)这一美妙的动词是"品味"(savourer)的同义词，让人痛心的是，"品鉴"一词同时还有"挨打，受罚"之意。"他都品(dégusté)了些什么酒啊!"意思就是"他都受了些什么苦(enduré)啊!"同样的，"干杯"(trinquer)和"收获葡萄"(vendanger)两个词(参见这两个词条)也都是负面转义词的受害者①。

● 香气，盲品，侍酒师

盲品(Dégustation à l'aveugle)

当用来掩盖葡萄酒真实身份的"酒套"被揭开的一瞬间，品酒人们往往惊奇地"喔!"或是失望地"啊!"。而那些胜利雀跃的声音总是属于少数人。人们常说，盲品教人以谦逊。还有一种更糟糕的说法：盲品是一堂让人蒙羞的课。

这里说的当然不包括那些专家——比如那些以参加品酒世锦赛为本职的侍酒师们——他们阅酒无数，对葡萄酒的记忆力也超凡出群。老天啊，这些人是如何区分出智利、希腊、南非、美国和澳大利亚的梅洛葡萄的呢？每一年，在罗曼尼·康帝酒庄的合伙人

---

① trinquer 在法语中有遭殃、倒霉之意；vendanger 为足球运动俚语，指运动员没有踢中目标。——译注

碧斯-乐华(Bise-Leroy)女士筹办的夜丘盲品大赛中,总会有一名诸如阿兰·桑德伦斯[1]、让-克洛德·弗理那[2]、让·特鲁瓦格罗[3]一般的美食家胜出,然而,又有多少明品精准的大厨们曾在盲品的蒙面舞会中出差错呢?毕竟一些庄园主和葡萄酒农都不见得认得出他们自己的酒呢!

我们必须承认,天赋异禀的传奇人物确实存在,他们的鼻子灵敏如雷达,口感精准得像大型客机的仪表盘。业余品酒爱好者中也有这样的人。他们往往会在葡萄酒相关知识的学习和记忆上消耗大把的时间和金钱。拿"百人俱乐部"(Le Club des Cent)这一美食协会来说吧,里面的会员若不是有着医生、工厂经理、银行家的身份,早就转行去当侍酒师或红酒经销商了。

不过对于大多数红酒爱好者来说,就算他们能够大致说出自己体会到的风味,能做一些分析,他们的鼻子也还远未灵敏到能够精准分辨出未知葡萄酒具体名字和年份的程度。有时运气好,最近刚好喝过相似的或是来自同一家族、出自熟悉的风土区块的葡萄酒,那么将它与其余产区的酒做个对比,还是小有胜算的。最糟糕的就是碰到那种独一瓶的特殊酒款,没做任何准备就无预警地出现,自然也没有做比对的可能,而边上还有人一直敦促你速战速决。除非你有一个过人的鼻子,否则永远不要耍这种花活。

有一晚,在《致敬》节目中,我对波尔多葡萄酒酿造大师埃米耶·佩诺做了件过分的事,当时他刚刚出了新书《葡萄酒之味》。为了增加节目的趣味性,我提议到场来宾们来个现场盲品。我完

---

① 阿兰·桑德伦斯(Alain Senderens,1939—),法国"新厨艺"概念创始人之一,米其林餐厅主厨。——译注

② 让-克洛德·弗理那(Jean-Claude Vrinat,1936—2008),法国米其林二星餐厅"剪风"(Taillevent)老板,美食家。——译注

③ 让·特鲁瓦格罗(Jean Troisgros,1926—1983),特格罗家长子、家族餐饮产业继承人、主厨、美食家。——译注

全没打算挑选稀奇古怪的罕见产区酒来捉弄埃米利·佩诺让他难堪，而是从自己的酒窖中挑了一瓶70年的侯伯王。本以为他能轻而易举地辨认出这瓶经典的格拉夫一级酒庄佳酿，结果我忘了，当一个人意识到自己不应该也不能够犯错，否则会名誉扫地的时候，那种紧张到快抓狂的情绪会将他攻陷。一时间，直播的压力、聚光的热度、台上的拘束感都扑面而来，现场更是有无数双眼睛盯着他，期待着大师的回复，残酷地希望他能搞错好有热闹可看……埃米耶·佩诺呷了一口酒，说这酒不怎么样，有木头的味道，并最终定论说这不是什么大牌的酒……这让在场的克里斯蒂娜·德·里瓦尔[1]和她两个朗德来的姐妹非常吃惊，她们怯生生地凑上前去说自己觉得这款酒味道不错，依她们拙见，这应该是瓶侯伯王。

回到波尔多后，埃米耶·佩诺很长一段时间内都为这件窘事所苦——人们说他会绕好多路避免途经侯伯王酒庄。我的本意是想让他在现场大展身手，结果却因未考虑到怯场的风险，反而造成了他的困扰。某种意义上说，我也跟他一样困扰不小。

有时，一些集体性的盲品活动是有必要的，比如在为一些自认为符合产区标准的葡萄酒授予产区商业酒标前；或是为了评鉴出同一产区葡萄酒中的佼佼者，并为其颁发荣耀印章（每一年，勃艮第品酒小银杯骑士会都选出一些品酒师来进行葡萄酒的品评，春季品红葡萄酒，秋季则是白葡萄酒专场）；再或者是在葡萄酒大赛授给优胜者奖牌、奖杯、纪念品或是证书之前（比如一年一度的马孔葡萄酒市集——2000多位侍酒师相聚一堂，对10000多只红酒进行品评！——每年都会有大批不同地区的葡萄酒农获奖）。

同时，盲品还可以为挑选葡萄酒的消费者们提供信息和帮助，比如一份包含了众多葡萄酒的全面选单（2005年《阿歇特葡萄酒

---

① 克里斯蒂娜·德·里瓦尔(Christine de Rivoyre，1921—)，法国记者，作家。——译注

指南》[*Le Guide Hachette des vins*]，从 32000 款葡萄酒中选出 10000 支进行推介)；或是推荐一些精选优品(每年 9 月收假，众周刊都会出版关于葡萄酒品评的增刊，这股潮流始于 1999 年《观点报》和其专栏作者雅克·杜邦)；还有专门推荐某一地区产品的(比如《今日勃艮第》[*Bourgogne Aujourd'hui*]每期必刊的《选购指南》，评审由葡萄酒商、葡萄酒工艺学家、酒农、侍酒师、红酒专栏记者和一些葡萄酒爱好者们所组成)。

分几个小桌来盲品葡萄酒是很有趣的，特别是尝过每支酒后，还需要在品评报告单中给出自己的评价，更是别有一番趣味。跟河马、火鸡这样的群体动物一样，4、5、6 个盲品者中总有一个是带头人。不一定是男性。这个带头人要么具备专业的素养，要么是个老练的酒徒，同一桌的盲品者们会暗中对其察言观色，跟着他(她)的步调，而这个带头的往往都知道自己的影响力，于是变得滔滔不绝。若是他(她)闻来闻去，尝了又尝，来回吐了好几次酒，就说明他(她)在犹豫，那么整桌的人就都会跟着他一起犹豫再三，举棋不定。这对于酒来说也许是件好事。如果他只是简单一品就下了定论，同桌其他人肯定会觉得错愕：这相当于宣判了死刑啊。然而具体要如何分辨呢？与葡萄酒工艺相关的词汇博大精深，唯有频繁使用它的人们才能快速进入状态，或说或写，用这些词汇、习语来精准表述自己的感觉。与文化、科学和技术等领域一样，“盲品”里也有初学者、神甫、宗师，还有那些无所畏惧的新手，穷尽一生试图玩转那些高深莫测的业界行话。我就是这种人，甚至有几个产区被我从小就挂在嘴边，为的就是彰显自己的与众不同。然而保持谨慎是必须的，不要忘了，一款表面上看起来很熟悉的酒，实际上可能是个“讨厌鬼”，是个欺骗你感情的“叛徒”；一款貌似不太熟的酒反而有可能是你常喝的，只是当下鼻子判断失误。此外，盲品前想要达到最佳状态需要做好精神和心理的双重准备，用儒勒·肖维的话来说，就是可以通过先品白葡萄酒从而“把感官调动起来”。即兴葡萄酒品鉴活动十有八九都是陷阱，因为害怕错评的心理会影响人们的分析与判断。

我一直觉得，喝酒下肚后口中的余韵（葡萄酒品鉴专家们一般用留香时间来对此进行评断），比起品酒时吐掉所留下的回味要更为讨喜，就好像葡萄酒想要报答那些让它免受遗弃之苦的品酒者似的。我承认，一遇到好酒，我就会忘记边上还有个肮脏的吐酒桶。不记得是谁说过这么一句话：“品到好酒，我就把它吐到自己肚子里。”

咕噜咕噜

人们都听过两个很懂美食的箍桶匠被庄园主找去品评葡萄酒的故事。第一个在呷了一口后说：“这酒不错，但有股皮革的味道。”

第二个桶匠也试了一下，说：“我不同意我同行的观点。这酒不错但是喝起来有股铁的味道。”

庄园主听后大吃一惊，他发誓自己的酒从未接触过皮革或是铁器。

然而，当人们把这一桶酒倒空以后发现，酒桶底部有一枚小钥匙，钥匙把上还系了块皮子，估计是有人不小心掉到桶里的。如此一来，两个品酒人的精湛技艺得以证实。（安德烈·德里耶①，作家雷内·马泽诺[René Mazenot]在其作品《穿越历史的品酒小银杯》[*Le Tastevin à travers les âges*]中引用了这个故事。）

● 香气，葡萄酒品鉴，侍酒师

众神与酒(Les Dieux et le vin)

口渴的众神。上帝啊，这些美索不达米亚、埃及、希腊和罗马

---

① 安德烈·德里耶(André Theuriet，1833—1907)，法国小说家、剧作家。——译注

的众神们都喝了些什么酒啊！那些献给他们的美酒汩汩不断的流淌着，也不知道他们是不是全都喝光了。长久以来，他们觉得喝蜂蜜水就已经足够了。然而随着葡萄种植文化的广泛传播，众神开始觉得葡萄酒配得上他们圣洁的喉咙，遂告知世人，从此以后葡萄酒将成为他们唯一乐于享用的饮品。平民百姓的餐桌上都有葡萄酒的身影，众神为何不能将其体面地摆上桌呢？

众神的餐桌是一种隐喻，意指从古代近东到希腊-罗马-凯尔特世界的人们在地上挖的洞、沟壑、水渠、水井，以便在浇祭仪式时可将葡萄酒倒入其中（当然，"地区酒"并不是因此而得名的……）。我们都知道，这些天神们向来随性，很可能连杯子和试酒碟也不带就来品酒了。多少年以后，神职人员才为众神准备了专属又奢华的品酒器具，这让后世的葡萄酒工艺考古学家们欣喜若狂。

在罗马，除了酒神巴克斯这位葡萄酒专家，就数众神之王朱庇特尝过的佳酿最多了。据我所知，献祭葡萄酒的等级高低与奥林匹斯山上众神的阶位并无甚关联。

每一年，罗马都会举办酒神节、农神节、祭拜女神美蒂提娜（Méditrina）的药神节（无论新酒还是陈酿，她统统接受，敬献前者可防御疾病，后者可祛除恶疾）、谷神节（Rubigale，卢比格[Rubigo]和卢比加[Rubiga]二神会在每年 4 月 25 日现身，保护葡萄免受冻灾）。最后，祭司们征询完众神的意见，定下收获葡萄的起始日期，还会告诉罗马人何时可以喝上新酒（我差点写成博若莱新酒）。

*口渴的英雄。*浇祭仪式并非只为众神准备。在古代，往生的人若是生前握有重权且大有作为，那么他就该免受限酒令。君主、亲王、大臣、将军、政要等等都会在葬礼时收到不止一罐的圣酒作为陪葬品。英雄们更需要特别浸灌：有一套管道系统可以在他们去世后的很长一段时间内，源源不断地为其提供葡萄酒饮用，还是上好的葡萄酒！试问有谁敢以次充好，把劣质葡萄酒献给已殁的

英雄，再把佳酿据为己有呢？

从上古时期起，葡萄酒神圣、充满仪式感和救赎感的特性在地中海盆地就有不少超凡例证：700 个酒灌在上埃及（公元前 3150 年）阿拜多斯（Abydos）的蝎子王①墓地出土，内装葡萄酒共 4500 升。不过，在当时的尼罗河三角洲，葡萄种植业还不是很发达，这一大批葡萄酒应该是从巴勒斯坦进口而来（考古学家吉约姆·科莱[Guillaume Colet]如是说）。

法老是否早就料到，赴奥西里斯②之约的路程漫漫，所以需要储备足够的佳酿来苦中作乐，鼓舞自己前行。

应许之地。从《创世记》到福音书——特别是《雅歌》——《圣经》的字里行间都有葡萄酒流淌的身影，即便如此，我们也并不想看到"请适量阅读"之类的警示语。时而是让人迷醉的罪魁祸首，时而是智慧、财富和至福的应许之言——葡萄酒已经俨然成为了人类生命中的一个固有元素。它可以让人迷失自我，也可以让人走上正途；它可以让人变得脆弱，也能让人变得坚强；它可以让人堕落，也可以将其救赎。上帝让人们有酒可喝，并把选择权交到他们手上，用途是好是坏，则需诗人自行选择。

人们是否真的了解葡萄酒在《创世记》中那种形而上的历史优越性呢？经历了残酷的洪灾考验，诺亚一家被困于方舟长达一年一个月零十七天之久，受够了等待、徘徊、互相责怪，还要忍受着马厩、牛棚、猪圈和动物园③的味道。他们太需要鼓舞了，同时也需要些刺激，更需要奖励。上帝赐予他们一道彩虹，那道彩虹柔美漂亮，充满了诗意。感谢上苍。然而上苍应该能够给一些更好的奖

① 蝎子王一世（roi Scorpion I）埃及前王朝时期统治者。——译注

② 奥西里斯（Osiris），也作 Usiris 乌西里斯或欧西里斯，是埃及神话中的冥王，九柱神之一，古埃及最重要的神祇之一。最初是大地和植物神，后来成为阴间的最高统治者，永恒生命的象征。——译注

③ 《圣经》中记载诺亚方舟上载有各种陆生动物。——译注

励吧！于是，尽管大地依旧龟裂，上帝还是把葡萄树给了诺亚。他没有给诺亚啤酒花、大麦、黑麦、水稻、龙舌兰，或是任何一种能让这位600岁老人酿出酒的作物。造物主就这样向世人展现葡萄酒的优越性：它比未来出现的任何一种酒都重要。如此，葡萄和葡萄酒被载入了《圣经》中（一共出现了441次之多！），也在人类关于神性的记忆中刻下了深深的烙印。

综上所述，当医药保健业人员把葡萄酒视为其他酒的同类、不加区别对待时会让人无法忍受，是有原因的。

打开一瓶葡萄酒就会明白，诺亚会成为第一个葡萄酒的受害者非常正常。还有其他人紧随其后。酒醉让人羞耻，而适度、自然的爱酒则会让人变得坚强且愉悦。酗酒是被天主弃绝的，尤其是对于君王来说更是如此。《旧约·先知书》的“撰写者”们承认，葡萄酒可以为“痛心之人”解其心忧。《旧约》是第一部关于葡萄酒的精神著作。

其中最令人叹为观止的关于葡萄酒的描写大概就是这一段了：把“应许之地”比作一株葡萄，某一天，这株葡萄树将其果实和酒水给了上帝的子民。西伯来人一直冀望能够把埃及的葡萄移植到以色列的土地上来。尼古拉·普桑①的那幅《秋》（又名《应许之地的葡萄》，卢浮宫馆藏）正是此番情景的呈现。两个男人穿行山谷之中，一前一后，木杆的两端分别搭在二人肩膀上，木杆中间所负的正是一串巨大的红葡萄。这串葡萄是自由、繁荣与和平的象征。

“因为这是我的血”。② 在福音书中，葡萄酒成为了一款独一无二的神秘饮品。把血液和葡萄汁做类比并不是什么新鲜事。这

---

① 尼古拉·普桑（Nicolas Poussin，1594—1665），17世纪法国巴洛克时期古典主义画派重要画家。——译注

② 《马太福音》26:28。——译注

种可比性是显而易见的。连奥西里斯都知道，这种方式可以让追随者们感到更加震撼。

但耶稣是直接把自己和葡萄树同化了。“我就是真葡萄树，我父是园丁（……）我就是葡萄树，你们是枝条（……）。一个人如果不住在我里面，就像枝条被丢在外面枯干了，然后被收集扔进火里焚烧。”（《约翰福音》15）。在福音书的24个寓言中，有4个是关于葡萄树和葡萄酒的，这还不算那个家喻户晓的神迹：迦拿的婚礼。耶稣一生都与葡萄酒相关，自己也喝葡萄酒。因此，有波尔多酒庄取名为“福音”（évangile，常译为乐王吉酒庄）、“三钟经”（angélus，常译为金钟酒庄）或是有坎帕尼亚[①]（Campanie）的葡萄酒取名为“耶稣之泪”，就不能被算作是渎圣之举了。

彼时的巴勒斯坦已有人开始种植葡萄，但不算是主要农作物，这种情况下耶稣还能不断提到葡萄，着实引人深思。我们知道葡萄为基督教的象征系统带来了什么，也很清楚福音书的阐释派是如何进行释义的：每个人都是一株葡萄，不论土壤是否多石、贫瘠，都应深深地扎根其中，并鼓起勇气不畏艰险地寻找水分养料来哺育自己的身体。若不拼尽全力找寻、尝试，就不会结出葡萄，即便长出果实，也是稀少、羸弱的，用这样的果实酿出的葡萄酒，必然不会讨人欢心。瘠薄的土地享有真福：是它们为我们带来了伟大的葡萄酒！

耶稣赴死前与门徒们共进了最后的晚餐，并让面包和葡萄酒成为了西方世界最为重要，也是最流行的餐食饮品。2000年后，它们的地位依旧。当然，水也很重要，可以用于施洗、洁身、净化，还可以解渴。但它并非卓尔不凡，所以既不能成为基督的体魄，也不是秘密祭礼或宗教圣事的座上客，只能偶尔会被当做附属品，滴几滴到圣餐杯中。在最后的晚餐里，面包和葡萄酒是除了耶稣以

① 意大利行政区。——译注

外最重要的来宾。很快，这三者也就融为一体了。

门徒马太和马可认为，应该先吃面包，再喝葡萄酒，而路加则认为喝葡萄酒应先于吃面包。（门徒约翰未对此发表意见。）路加用餐前是不是有先喝酒的习惯呢？还是马太说的好："在他们吃的时候，耶稣拿起饼来，祝福了，就掰开，递给门徒们，说：'你们领受吃吧，这是我的身体。'接着，他拿起杯来，祝谢了，递给他们，说：'你们都来喝，因为这是我的血，是为立约的，为许多人所流的，使罪得赦免。我告诉你们：从今以后我绝不喝这葡萄汁，直到我在我父的国里与你们一起喝新的那一天'"（中文标准译本［CSB Simplified］）。

最后一句话值得让福音书的阐释专家或是梵蒂冈的酒窖管理师们好好解释说明一番。耶稣宣布，他在与众门徒团聚于天父的王国前，不会再喝葡萄酒。如今，距他们团聚已经有近 2000 年之久了。但人们还是很难想象他们相聚时会像中学老友重聚一样，大快朵颐。举杯痛饮。这不是一回事。还是应该这样想：最后的审判过后，上帝会给耶稣和追随者们买上一轮酒呢？

咕噜咕噜

冥界有葡萄园吗？伊斯兰教现世禁酒，因此向教众们许诺来世有酒可喝。

那么基督教的天堂又如何呢？来自弗泽莱小镇的一个酒农为此困扰很久——只要不是在布尔格伊-圣尼古拉产区（Saint-Nicolas-de-Bourgueil）工作的酒农，一定都会有类似的疑问——于是决定找神甫倾诉。"这我也不知道，"神甫说，"我得去了解一下。"

过了几天，神甫回到教区的酒窖，让酒农给自己到了杯酒，说他有答案了。这个答案里有一个好消息，还有一个坏消息。

——好消息就是，神甫说，天堂遍布优质葡萄。有一望无际的梅多克、10 个德国那么大的阿尔萨斯、无限宽广的勃艮第、还有

5000 公里长卢瓦尔河畔的都兰……没有霜冻，没有冰雹。那里只出产最佳年份的葡萄酒。嗬，那可是真是天堂啊！

——坏消息呢？酒农担忧地问到。

——您明天一早就要去修剪那些葡萄了。

● 酒神巴克斯，弥撒葡萄酒，圣文森特

唐培里侬[①](Dom Pérignon)

唐培里侬香槟王常被指定为圣诞或其他盛大节日时的专属香槟。如此一来，这款顶级佳酿中就多了几分甜美的罪恶感，让品味美酒的过程变得神圣。人们在喝酒的同时，也得到了救赎。

唐培里侬修士研制出的香槟酿造法，给我们这个苦楚的世界带来了一种雅致的消遣，理应早早被列为圣人。而在那么多排着队等着被列入真福品味的人中，唐培里依甚至都没进入考虑范围之内。罗马教廷看重的是那些饱受痛苦或为人排忧解难的基督徒，对那些为人生带来乐趣的基督徒则视而不见。唐培里侬修士让人生变得幸福，单这一点来说，他就值得被奉为圣人，或者至少被封为真福者。

如果教廷决定嘉奖那些把香槟变成上帝的恩赐（同时也是魔鬼的欲望）的教士们，那么除了奥特维莱尔本笃会修道院的修士外——唐培里侬在这里做过酒窖主管，唐汝纳特（dom Ruinart）也在这里崭露头角——还应该算上圣巴斯尔（Saint-Basle）和圣提耶

---

① 做人名时，常译为唐培里侬（Dom Pierre Pérignon，1638—1715），修士，是最早通过调配不同种类葡萄来改善葡萄酒品质的人，对香槟酒的制造有杰出贡献。dom 常作音译（唐，堂）葡萄牙人用于男子名字前的尊称，意即阁下、老爷，亦为对天主教本笃会等修会教士的尊称。故理应称其为培里侬修士，为尊重大众阅读习惯，延译为唐培里侬修士。做酒名时，常译为唐培里侬香槟王。——译注

里(Saint-Thierry)的僧侣们，再加上著有《葡萄种植及香槟葡萄酒的酿造方法》(*Manière de cultiver la vigne et de faire le vin en Champagne*)一书的高迪诺[①]教士和另一位 17 世纪末 18 世纪初在酒界名声大噪的本笃会欧达尔[②]修士。当然还有好多其他酒农、修士兼葡萄酒大师们值得一提，香槟地区的历史和香槟酒与基督教的历史是紧密相连的。

唐培里依修士是否是起泡酒第一人，这点尚且存疑。他的拥护者们找到了时任奥特维莱尔修道院执事的格罗萨修士在 1821 年写的一封书信，并将其中的段落引为证据："是唐培里依修士找到了酿造气泡白葡萄酒的秘诀，在此之前，我们只会做黄色或灰色的葡萄酒。"而反对者们则找到一些资料，称香槟区的葡萄酒在唐培里依第一次收获葡萄前就已经会冒泡了。

不过，大多数的历史学家还是意见一致地认为，是唐培里依首先提出了那个革命性的想法：将不同种类的葡萄混合在一起，为香槟酒提供了一个变幻无穷的调色盘，用来调配微妙精细的味道。虽说他可能并不是软木塞的发明者，但他提出了一系列提高起泡酒质量的方法，尤其是在葡萄酒下胶[③]和封口方面，而这些东西则足以让他为众人所熟识，流芳百世。

唐培里依香槟王被视为香槟精品中的翘楚，瓶身设计之美令人啧啧称奇，独特又时尚，酒标更是历久弥新从未过时，这款佳酿常出现在传统文学中，侦探小说和谍战小说中也不乏其身影。它的每次出现都和庆祝有关——但在这一点上，所有香槟功能不都

---

① 高迪诺教士(Jean Godinot，1661—1749)，天主教教士，香槟地区葡萄酒农。——译注

② 唐欧达尔(Jean Oudart，1654—1742)，曾为唐培里依香槟做添加泡沫的工序。——译注

③ 下胶是葡萄酒酿造过程中很重要的一环，是对液体进行澄清和纯化的过程。在发酵完成之后，葡萄酒中尚有大量的果皮和果籽残渣，需加入无色无味的胶剂以进行进一步的澄清。——译注

是一样的？是否可以被视为一种随波逐流呢？——比如一次出色的行动、一次成功，或是突如其来的幸福。

《亲密戏剧》(*Théâtre intime*)中，唐培里侬香槟与热罗姆·卡尔森[1]的一段美好的青春回忆紧密相连。剧中的卡尔森在罗马度假，暂居阿文丁山旁的一座本笃会修道院中，那时的他对当地的人和物都已相当熟悉，还受邀共饮一瓶刚从壁橱中拿出来的葡萄酒。他和朋友文森特一起给东道主修士们起了些古怪的名字作乐：白兰地修士、基安蒂修士、马蒂尼修士。当时的天气很热，光喝水是远远不够的。

只有修道院的院长滴酒不沾。他们在临走当天鼓起勇气想问个究竟。院长回答说，其实自己比修道院里的其他人更爱葡萄酒，但自从 50 年前品过一瓶"举世无双的佳酿"后，其他葡萄酒对他就再也没有吸引力了。卡尔森说：那年他 13 岁，祖父是个纯种马饲养员，罹患了不治之症，将不久于人世，于是提出了做临终涂油礼的要求，同时恳请家人开一瓶唐培里侬香槟王。就在那天，这个愣头愣脑的小男孩同时体会到了分别的痛苦和品尝佳酿的幸福。也就在那一刻，他得出了一种价值观：死亡并不一定感伤；随之一起刻入记忆的，还有一种久久不散的稀有香料所混合而成的香气——里面混杂了欲滴的蜂蜜、鲜美的榛子、糖渍柑橘和英国烟草的繁复味道。

接着，出于对唐培里侬的崇拜之情，他选择进入本笃会修道院，成为了一名神职人员。他存了一瓶 1964 年份的唐培里侬香槟王，时不时就拿出来看看，但他一直坚信，不到生命的最后一刻是不会打开这瓶酒来喝的。

---

① 热罗姆·卡尔森(Jérôme Garcin，1956—)，文学评论家、作家。《新观察家》文化版面主编。《亲密戏剧》是其 2003 年作品，并荣获同年度"法国电视评论奖"(prix France Télévisions essai)。——译注

1987年，有古巴市场门路的季诺·大卫杜夫还能买到上好的哈瓦那烟叶，当时日内瓦的雪茄商和酩悦香槟[①]签订了一项协议，要将一款卓异的秀丽型雪茄(panatella)命名为唐培里侬。命名典礼在奥特维莱尔修道院举办的一场午餐会上进行——可想而知来宾们喝的什么酒，抽的什么烟——皮埃尔·佩雷[②]和我负责介绍这位新生儿。当时我写了一首《唐培里侬颂歌》，全文如下：

为了让梵蒂冈泡沫飞扬，
唐培里侬希望有朝一日成为教皇。
多亏了魔鬼和上帝，让它的志愿偏航……
埃佩尔奈和兰斯的修士，锁住气泡的翅膀……

他把气泡紧锁到特质的木塞里，
让它成为勃艮第和梅多克的劲敌，
他发明的起泡酒能发出“砰”的响声！
“我的灵魂颂扬上主”……

回归谜团中：为何选择唐培里侬
这位头佩三重冠的香槟王
又是否愿将其名姓
——风随意而吹——赠与雪茄一用？

甜点和开胃菜都可配
餐桌上独享教皇般尊位
修士满脸幸福，颂其盛名

① 唐培里侬香槟王目前隶属于酩悦旗下。——译注
② 皮埃尔·佩雷(Pierre Perret，1934—)，法国著名创作型歌手。——译注

酒窖上空一缕烟云，缓缓飘行

为了让奥特维莱尔修道院的修士[①]能够原谅我对他和对诗歌的双重攻击——尽管如此，那天还是个愉快又美味的品酒日——我向上天祷告能向梵蒂冈说说情，好让这位成就了美酒和雪茄的圣人可以有幸入选邮局日历，成为某一天的代表。

● 香槟，库克香槟，凯歌香槟

唐·璜(Don Juan)

唐·璜叫他饥肠辘辘的男仆斯加纳雷尔一起吃晚餐，这时有人敲门，一尊雕像走了进来。唐·璜是个勇敢的人，他面不改色叫人给这个吓人的不速之客倒酒，并提议一起干一杯。

可惜呀！莫里哀没有提到他们喝的是什么酒。

但是，鉴于《唐·璜或石宴》(*Dom Juan ou le Festin de pierre*)的故事背景设定在了西西里——为什么选了西西里？——，那就不难想象唐·璜手拿一杯玛萨拉酒(marsala)、一杯狼之谷白葡萄酒(val di lupo blanc)或是发洛(faro)红葡萄酒的样子。

与莫里哀不同，莫扎特版歌剧《唐·璜》(又译《唐·乔望尼》)的剧本作者洛伦佐·达·彭特[②]告诉读者，男仆勒博莱洛给主人倒的那款酒是玛泽米诺(marzemino)。剧中唐·璜在其最后的时刻高歌："女人万岁！好酒万岁！人性光辉永存！"他心情愉悦，细细品尝了那杯酒后说："这杯玛泽米诺真是太棒了！"

可这就有点奇怪了。莫扎特和达·彭特清楚地写道，"剧情在

---

① 此处指唐培里侬修士。——译注

② 洛伦佐·达·彭特(Lorenzo Da Ponte，1749—1838)，是意大利著名的歌剧填词人，也是一位诗人。他因和莫扎特合作完成了三部著名歌剧而扬名，包括《费加罗的婚礼》《唐·璜》《女人皆如此》。——译注

一个西班牙小城中展开”，然而西班牙并没有名为“玛泽米诺”的葡萄酒。达·彭特是意大利人，他为唐·璜挑选的，是一瓶在那个年代名震四方，来自巴萨诺（Bassano）葡萄产区的葡萄酒，这款酒就是玛泽米诺，且他对这款酒相当熟悉，因为这正是他年轻时常喝的葡萄酒。

我本希望可以在这位著名剧作家的《回忆录》中找到他选择这款酒的证据。然而，每次当他说到酒，都不会具体讲酒的颜色，更不会提酒的产地。即便是讲到一款与其艳遇相关的葡萄酒，他还是讳莫如深。说到二人相视对饮，就戛然而止了。

约瑟夫·德尔泰伊[①]笔下的唐·璜是个圣人（《圣唐·璜》[*Saint Don Juan*]）。在他达到至福极乐以前，这个版本的唐·璜被形容为“一个翻云覆雨的功夫出神入化的男人”。他也是个爱酒之人，就在雕像进门前，他的屋内有两个女人，“玉指轻蘸佳酿，在桌布上涂抹着污言秽语，写的句子完全不合天主教教义，画的画也极为猥琐色情”。这雕像接过一杯酒，敬“上帝安康”。接着，话题不断，晚会时间也因此延长，他就叫人再帮自己满上，喝得不亦乐乎，还用自己的袖子抹了抹嘴。

德尔泰伊有没有告诉读者，这款让雕像和唐·璜赞不绝口的酒到底是什么呢？他说了，还在文中提了两次，是一款来自阿利坎

① 约瑟夫·德尔泰伊（Joseph Delteil，1894—1978），法国诗人、作家。——译注

特的葡萄酒。这并不是西班牙最好的酒,甚至与好酒相差甚远。而我们是在塞维利亚,唐·璜的出生地,名字响当当的安达卢西亚雪莉酒[①](xérès d'Andalousie)可是唾手可得啊!为什么不为我们这位大名鼎鼎的情圣,选上一瓶风姿绰约的阿蒙提拉多[②](Amontillado)呢?除了它,还有安达卢西亚的珍宝马拉加酒(malaga)可以选啊。真是见鬼了!德尔泰伊到底为什么选了阿利坎特的葡萄酒呢?或许是因为在他耳中,歌唱者口里的"阿利坎特"——这确实是个好名字——听起来比"雪莉"要更加动人?

那么唐·璜创造者缇索·德·莫里那[③]又是怎么说的呢(直至今日,还没有任何证据可以证明他是《赛维利亚或情圣唐·璜》[*Don Juan ou le Baiseur de Séville*]这一作品的作者)?他的故事情节主要都发生在塞维利亚,而关于酒的选择,他也没有多作说明。头脑简单的卡森纳有个漂亮的女儿阿曼特,唐·璜准备在其女婚礼当晚窃玉偷香。卡森纳向大家保证,婚宴的酒"都是名庄佳酿,会像瓜达尔基维尔河般源源不断地供应给大家",除此之外再无其他详细说明。卡森纳是个乡下人,选的酒应该就是安达卢西亚的葡萄酒。

后来在和雕像一起用餐时,唐·璜的仆人卡塔利农向这位阴沉的客人提问道:"您在家一般喝什么酒啊?"雕像回答说:"喝了这个你就知道是什么味了。"尝了一口酒后,卡塔利农不禁大叫:"天呐!这就是加了胆汁的醋啊!"雕像回答道:"这就是我们那里产的葡萄酒。"这要怎么理解呢?这所谓的酒其实就是一款可怕的地狱特调,被这雕像拿来调侃成地区餐酒?还是说这其实就是一款雪莉或是马拉加葡萄酒,而唐·璜的仆人因为太过害怕,完全不在

---

① 雪莉酒:xérès,又名Jerez(西班牙语),Sherry(英语)。——译注

② 一种酒精度较高的榛子、杏仁味雪莉酒,呈琥珀色。——译注

③ 缇索·德·莫里那(Tirso de Molina,1583—1648),西班牙剧作家,因创造唐·璜这一人物形象而家喻户晓。——译注

状态，所以觉得它味道可憎呢？

值得注意的是，在所有版本的戏剧中，唐·璜的最后一餐都有葡萄酒相伴。这是他赴死前的最后一杯酒，是他在被雕像的冰火之手碾碎前，命运赐予他的终极享受。而这雕像，就是上帝的代表。

● 哈姆雷特，什么酒？

乔治·杜宝夫(Duboeuf [Georges])

这个人的鼻子从外表上看没什么特别之处：算是个大鼻子，但也不是特别大，与他那张精致的三角形的脸庞很是相称。人们试图在他的鼻子上找出些细枝末节、不同寻常之处，找出些别的鼻子上所没有的东西，以证明这个鼻子是多么罕见。然而没有，什么都没有：没有任何一点能够让人们将乔治·杜宝夫这传奇的鼻子与我们的可怜、平庸、入门级别寻求帮助的阻塞的鼻子加以区分。

如果乔治·杜宝夫的鼻子真的和众人一样，那么他不会取得如此巨大的成功。他哥哥罗杰曾这样形容过他的鼻子和嘴巴："他的鼻子里藏匿了一整套能够将气味抽丝剥茧的装置，那下面是一张技艺超群的嘴，舌头上覆盖的是一整组反应速度惊人的味蕾。"

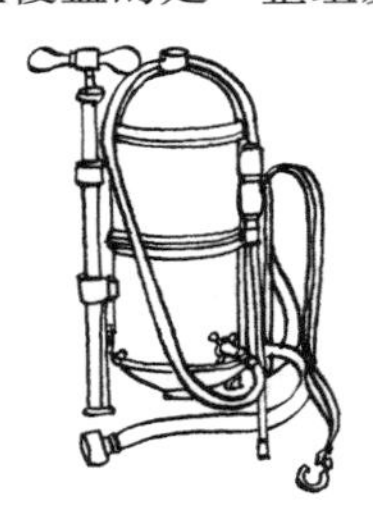

就这样，这位生于普伊-富赛、天赋异禀的马孔小伙子跳上了自行车，后座满载葡萄酒样品，走上了推销哥哥自酿的葡萄酒之路——哥哥长他 11 岁——其实也可以说是他的酒，因为酒的灌装

是他负责的。一开始负责灌装，接着做起了葡萄酒中介，最终成为了葡萄酒商。在博若莱传奇人物儒勒·肖维和另外两位名厨保罗·布朗(Paul Blanc)、保罗·博古斯(Paul Bocuse)的建议和鼓励下，他于1962年在罗马内什-托兰(Romanèche-Thorins)建立了“乔治·杜宝夫”同名酒庄，没过几年，他就成为了(现在依旧是)博若莱地区最重要且最具代表性的人物。在全球范围内的名气也不容小觑，无论是在德州还是在芬兰，在曼谷或是在内罗毕，都能在当地的杂货铺、超市里看到出自他酒庄的葡萄酒。

前文我们已经提到，他把自己取得的成绩归功于自己的鼻子和嘴巴，除此之外，他能够取得成功，还有以下原因：他可以在开口瞬间就取得交谈者的好感，面对葡萄酒农有一套自己的说话技巧，能够真诚、率直、准确且专业地与对方交谈，不装腔作势，通过与对方称兄道弟博取好感；他对葡萄酒农保有不变的尊重，当酒农的葡萄酒获奖时，他还会请好友名厨保罗·博古斯掌勺，举办一场手风琴声飘扬的庆功宴；他果敢坚定，对酒标进行了革新(新酒标上花团锦簇，溢满芬芳愉悦，紫罗兰配希露薄葡萄酒，虞美人配博若莱村庄酒，忍冬配普伊-富赛葡萄酒，等等)；他在卖酒买酒方面很有天赋，这一点毫无疑问；他具有企业家般新颖超前的商业战略眼光，在广告和媒体关系上都得心应手；最后，还是因为他酒庄所出产的马孔白葡萄酒和博若莱红酒都质量一流，从名声显赫的普伊-富赛和风车，到普普通通的博若莱葡萄酒，每种酒在市场上的消费需求不尽相同，而这，当然是由当年葡萄收成所决定的。

按理说，以上这些都是一个优秀的葡萄酒经销商所应该具备的特质，而值得赞美的酒商又大有人在，为什么我们要浓墨重彩地书写乔治·杜宝夫的事迹呢？这是因为，杜宝夫在仅拥有一个学位证明的情况下，把自己的资产和自己一起投入到了葡萄种植和葡萄酒酿造的教学事业中。1993年，他在罗马内什-托兰所建立的博物馆——人们可以买票进入葡萄酒的世界，在葡萄酒历史的长河里畅游——就是一个成功的例证。首先，博物馆中的一切都十分赏心悦目，里面的结构和灯光都体现了他可靠的审美直觉。其次，从地质学到葡萄种植学、从18世纪的大型压榨机到农药喷雾器、从模拟四季气候的自动装置到最全面的葡萄酒海报收藏，无论从哪个方面来讲，乔治·杜宝夫的红酒博物馆都是关于酿酒与爱酒这门艺术的高品质创举，无人能够与之媲美。

杜宝夫为人正直，他的想法比他喝的或是品的酒要低调得多。他本人就像窖藏佳酿一样神秘。因此我要在此说明一下，这座博物馆和公共博物馆一样，有相同的目的和招商条款，即为了吸引游客和卖家来到罗马内什。然而除此之外，他建立这所博物馆还是出于对“平衡”的考虑，这是种近乎精神层面的考量：想要在这个葡萄酒源源不断走入市场、各葡萄酒产区的酒品销量激增、年份酒如福袋般受宠的时代，建立起一种扎扎实实，经久流传的东西。

除了我哥哥以外，还有两个葡萄酒人让我十分敬仰，乔治·杜宝夫就是其中之一。另外一个是勃艮第葡萄酒农亨利·雅耶①。我们正是通过杜宝夫介绍才相识的。

● 亨利·雅耶

朱利安·杜拉克(Dulac [Julien])

我们大家曾经叫他“朱利安伯伯”。他是我们的家人，他跟我们自然也毫不见外。我的外祖父曾把5公顷的博若莱村庄酒葡萄园交由他来打理，因为那时外祖父忙于银行工作，同时还有一份社会工作。至于朱利安·杜拉克，他只有一种信仰，一个党派，一件事需要操心，那就是葡萄酒，且是见了鬼的优质葡萄酒！

---

① 亨利·雅耶(Henri Jayer, 1922—2006)，勃艮第知名葡萄酒酿造师。——译注

杜拉克1893年生于博热，经历过第一次世界大战，却从未向人提起过。或许是因为记忆中承载了太多群体作战再独自赴死的影像吧，他总是用方言取笑城里人在田间地头上受的不值一提的小伤：什么割的小口子啊、烧掉块皮啊、夹掉块肉啊、冻裂了缝儿啊、扭到了腰啊……他会建议那些做嫁接工作时自己割到手的人直接离开，什么话都别说，以免其他人受到惊吓，再失手被锋利的工具误伤。

杜拉克双眸清亮，红棕色的胡须被烟熏得掉了色，那些烟都是他自己卷的，点烟的工具是个火焰喷射器型的打火机。同样红棕色的头发上总是压着一顶鸭舌帽，但他常常掀起帽子挠头，尤其是在困惑和无聊的时候，腰间还系了一条法兰绒腰带，杜拉克是一个审慎细致、有条不紊、慢条斯理、小心翼翼的谜一样的葡萄酒农。作为一名出色的葡萄酒酿造师——尽管最近几年他的所酿酒变得过于艰涩(是因为味觉上了年纪的缘故么?)——他喜欢在冬日晚宴的勃洛特牌桌上，为人们奉上一支甜蜜腻人的晚收白葡萄酒(vin de grisemotte)，这种酒是由那些首季收获时被遗忘的葡萄，或是故意被留在枝头待熟的葡萄酿成的。

如同期的大多数葡萄酒农一样，他还有其他一些微薄的收入来源：两头产奶的奶牛——我经常赶着它们去桑松河边的草地上吃草；一群鸡和兔子；几颗能够开花结果的果树；一个种菜的小园子，那里出产的生菜、大葱和刺菜蓟能装满一整辆手推车。这就是混作所带来的珍宝——人不能只靠葡萄酒生活——这些珍贵的食材在第二次世界大战中养活了大家，特别是我的母亲和她的两个孩子。

总之，杜拉克是个老派的务农之人，只不过他接受了先进的理念，第一个弃用背携式农药喷雾器，改用马匹拉动翻斗车，形成斜面，为一排排的葡萄树浇洒一种类似波尔多液的杀菌剂。

跟其他酒农家的贤内助一样，他的妻子玛格丽特·杜拉克(哥哥姐姐和我都叫她"玛格丽特婶婶";那时我们经常往她家跑,到了就围坐在桌边,桌上一口蒸锅里备好了高夫饼、黄油薄饼、牛奶焗土豆,就等着我们蘸着白奶酪狼吞虎咽了)也会在葡萄园中帮忙务农。在葡萄丰收时节她的权力最大:掌管炉灶、安排桌位、分发餐篮、还要打理搭建在谷仓中的临时"宿舍"。

战争期间,哪里缺人手,杜拉克夫妇都会赶去出一份力。这家人总会腾出时间去帮助其他人剪枝、耕种、打药、收获。在我们村子里,他们并不是唯一参与所谓"田间互助"活动的人。但低调行事的他们,却是其中最为活跃的践行者。

这样一本爱酒之书若少了朱利安·杜拉克,那就太不地道了。况且,我正是在他的葡萄园中(尽管这些葡萄园是属于我母亲的,而她的也就是我的,不过这个不可抗拒的资本主义式逻辑在当时还没有出现在我的脑子里),在他的身边,或是他的工人费尔南·拉维尼尔的陪伴下——可惜呀,书中鲜少提及这个名字——熟识葡萄树,最后彻底爱上葡萄的。同样,我也是在他的发酵桶边、在酒窖中一发不可收拾地爱上了葡萄酒,而酒的味道之于我也愈发动人。朱利安的试酒碟和试酒管可谓是我的启蒙工具——当时的试酒管还不是那种需要人为在管子末端吸气,把葡萄酒从桶中吸出的橡胶管子——在成为一名严谨的行家以前,我在很长一段时间里都是个目瞪口呆的旁观者,顾自开心地模仿着那些大人,把舌头转来转去,弄的咯咯作响(对于那些在葡萄园中成长的青年人来说,初吻的技巧比起在麦田、牧场或是城市中生活的同龄人要熟练的多)。

杜拉克好用方言逗趣挖苦别人,算得上是个有才华的教导者。他对我哥哥的影响很深,甚至还想让哥哥继承他的衣钵。

曾有一次,就那么一次,我看到过他落泪。那时还是个孩子的我感到很惶恐,根本无法想象这个满手老茧、像一棵扎根于乱石堆中的老葡萄藤一样无所畏惧的男人,怎么可能会有脆弱的时候。

当时，我们站在工人休息室和酒窖入口中间的屋檐下，黑压压的天空发出震耳欲聋的响声。突然间，成千上万的冰雹倾盆而下，敲打着大地。接下来的几分钟里，会有多少居心叵测的白色小冰块落到周围的葡萄园中呢？几周后收就是葡萄采收季，满园硕果就这样被打的稀碎。朱利安伯伯用他的格子大手帕擦了擦眼角，然后让我保证，不对任何人提起他曾哭过。

我在《费加罗报》创立餐厅点评专栏时，曾用他的姓氏“杜拉克”作为自己的笔名。

咕噜咕噜

我要通过朱利安·杜拉克——当然还有亨利·雅耶和让-夏尔·皮沃——向全体葡萄酒农致敬，以表感谢，无论他们的酒出名与否、来自名庄或是合作酒窖、选用大木桶灌装或是“纸盒桶”灌装(bag-in-box)、是米其林三星餐厅酒单上的推荐品或是小酒馆黑板上的特选。暂且不理论他们酿造地葡萄酒质量如何，我钦佩的，是他们以“创作者”自居的那份骄傲。我们见过有作者否认自己作品的，却从没见过哪个葡萄酒农说自己葡萄酒的不是的。

● 亨利·雅耶，让-夏尔·皮沃，坎希耶-博若莱

水(Eau)

1981年,我受莫里斯·德努齐耶尔[①]之邀,赴默尔索参加他在柏雷奖(le prix de la Paulée)的领奖仪式。我和他的责任编辑让-克洛德·拉忒(Jean-Claude Lattès)乘坐同一辆车南下,到今天,这位在吕贝隆坡拥有20公顷葡萄园的优秀庄园主和我已是40多年的老友了。

到了默尔索入口,一个警察示意我停车。我心里一紧——是交通违章了?——于是把车沿路边停好,摇下了窗户。

——“您好,先生,”警察满脸严肃地跟我打了个招呼。“您不能再往前开了”……

——“什么情况?怎么了?”

——“您看到您后窗板上放了些什么?”

我转过头一看——一瓶矿泉水!

——“在柏雷奖颁奖期间,水在默尔索是违禁品,”警察半认真半开玩笑地说到,“您等我一下……”

一会儿的工夫,他拿了一瓶葡萄酒回来,把酒放到后窗板,没收了我的矿泉水……

现如今很难想象一个警察敢开这样的玩笑,做这样的举动,恐怕就算在勃艮第也难得一见。相反,若在车上看到的是水,反而会得到警队的称赞,立马颁给他一个国家功勋奖章吧。

几个世纪以来,人们都约定俗成地认为,喝水的人不爱喝酒,喝酒的人讨厌喝水。这种愚蠢的宗派主义、酒神巴克斯式的传统主义促生了一种低迷文学,在这类作品中,水受尽嘲讽和鄙夷。那些说水会溺死人、能让铁生锈、使人变得软弱之类的笑话不胜枚举,跟小

---

① 莫里斯·德努齐耶尔(Maurice Denuzière,1926—),法国小说家。——译者

酒馆里那个溺水之人被“两杯酒”[①]搭救的段子一样，广为流传。

在此引用一首《酒徒的诅咒》，给大家提个醒：

> 可恶的运水工，你方才是否向我那可敬的上帝挑起了战争？
> 是他将葡萄酒灌满了我的木桶。
> 闪开吧混蛋！别靠近我……一切美满……
> 看到水桶，我会逃到海角天边。
> 若你想让我满意，
> 切毋带水走到我眼前，
> 只留一些来洗我的酒杯，才是明智之选。
>
> 《年迈的巴克斯》

至少有两种原因可以解释这种“厌水症”或是“恐水情结”（hydrophobe，狄德罗在他的小说《宿命论者雅克》[*Jacques le Fataliste*]中曾经用过这个词）：长期以来，医生对水的评价并不高，哪怕是泉水和井水也一样。直到现在，我在吃饭的时候喝水还是会被母亲严厉呵斥。并不是因为拥有博若莱血统，母亲才视水为敌人，而是单纯的因为她确信这种行为对孩子们的健康有害无利。（百年战争时，伟大的费雷[②]在杀了4个英国人后过世，死时汗流浃背，就是因为生前喝了太多凉水。母亲曾多次援引这位中世纪勇士的故事，教导我对争吵、流汗、喝水这些事都要多加小心。）

爱酒之人痛恨“水泵堡”或“雨伞汁”的另一个原因，就是在正经酒庄的葡萄酒中掺水的现象比比皆是。向优质的葡萄酒中掺

---

① 原文di-vin，作者把divin，即“神”一词分开来写，同时将神和酒两层含义包含其中。——译注

② 伟大的费雷（Grand Ferré，1330—1359），英法“百年战争”时期皮卡第地区的英雄。——译注

水，不说是犯罪，至少有违常理。但在劣质酒中掺水，不过是把药水般的合剂稀释一下罢了，有何不妥呢？

现如今，瓶装水——无论矿泉水、纯净水还是气泡水——所享有的声誉足以让大部分食物、饮品羡慕。从前，水是可疑的，非必须的，而如今却成了有益的必需品。“爱水者”步步为营，餐厅也不例外，尤其是在中午时分，矿泉水几乎取代了葡萄酒。2003 年葡萄酒博览会的那个星期天酷热难耐，官员、展销商、消费者和参观来宾们围着 10 多张桌子吃午饭，当时我数了数，所有餐桌上总共就只有两瓶酒放在冰桶中待人品用。其余都是气泡水的天下！

现在人们终于承认，餐桌上喝水用的杯子并不仅仅是个摆设。只要不用同一只杯子喝葡萄酒和水，那么这两种杯子是可以在一餐中共存的。红酒专家和最挑剔的品酒师也有可能是注意饮食的爱水之人。彼时猫与狗水火不容，如今却有越来越多的猫狗能和平相处、彼此宽容，水和葡萄酒也是一样，终归在消费者的心里肚中达成了和解。

随着水的社会地位逐渐上升，葡萄酒的地位常常受到威胁，这其实是荒谬的，因为现如今葡萄酒的质量越来越好，而自然状态的水质却越来越糟。让-克劳德·卡瑞尔[①]曾这样写道：“水失去了纯净清澈的特质，葡萄酒反而多了些个性、风味、荣耀、多样性。”（《葡萄新酒》[*Le Vin bourru*]）。但随着矿泉水的到来，人们开始倡导健康饮食，追求小腹的绝对平坦，害怕体重超标、警察酒测，水帝国的版图——无论含气泡与否——就这样扩张开来。一如有人嗜葡萄酒、啤酒、可乐成瘾，现如今也有喝水成瘾的人。一个世纪前的阿方斯·阿莱[②]是否就是因为想到了这些人，才说了这句：

---

① 让-克劳德·卡瑞尔(Jean-Claude Carrière，1931—)，法国作家、编剧、词作者。曾获多项奥斯卡提名，其著名编剧作品有《白日美人》《资产阶级审慎的魅力》等。

② 阿方斯·阿莱(Alphonse Allais，1854—1905)，法国记者、幽默作家。——译注

“我若是个有钱人，一定尿个不停”？

地理学家和经济学家认为，再过几年，地球会进入缺水状态。水会变得越来越稀有、越来越珍贵。人们是否应该考虑淡化海水呢？在这段看似还较为漫长的等待期中，葡萄酒已在全球范围内出现生产过剩的现象。市场上的葡萄酒越来越多，买来喝的人却越来越少。水的价值飙升，而葡萄酒的价值却在下跌。水就这样打了个漂亮的翻身仗。在2086年版《迦拿的婚礼》上，耶稣估计会把葡萄酒换成水吧。

咕噜咕噜

酒渍水果——不论是梨，是草莓或是蜜桃——长久以来都不被学院派人士所推崇。帕拉丁公主①曾这样写到：“御医法贡先生认为，水果配水比配葡萄酒要健康，因为水不会让水果在胃中发酵。”但是几句话后，她就把健康饮食抛到九霄云外，准备了一顿这样的宵夜：“……小鹌鹑腿两只，搭配四分之一的生菜，幼桃五只，搭配巴哈啦葡萄酒和白糖。”

● 阿道克船长，默尔索柏雷奖，罗伯斯庇尔

葡萄酒颂歌(Éloges du vin)

① 此处指巴伐利亚的伊利莎白·夏洛特，路易十四弟媳，奥尔良公爵菲利普一世的第二任妻子。——译注

吉姆·哈里森[1]：

开酒，这一简单动作给人类带来的莫大幸福感，胜过这个星球有史以来任何政府的作为。

《流浪美食家的冒险》

保罗·塞尚：

有种烦扰一直跟我形影不离，只有在某些时候我会忘记这忧愁，那就是在我能喝上一杯的时候。如此，我爱葡萄酒，越来越爱。

《给埃米尔·左拉的一封信》

夏尔·波德莱尔：

葡萄酒如人：人们永远不知道能够尊重它、鄙视它、爱它或恨它到什么地步，也不知道它能做出何种恢弘壮阔或是罪大恶极的行为。所以不要对它比自己更残忍，还是将其一视同仁吧。

《人造天堂》

拉伯雷：

我们坚持认为，笑不是人类特质，喝才是，这里的喝不是单纯地喝，绝对地喝，因为动物也会喝，我所说的喝，是喝清爽

① 吉姆·哈里森（Jim Harrison，1937—2016），美国作家、诗人、小说家。著有《燃情岁月》等作品。——译注

优质的葡萄酒。

《庞大固埃》

皮埃尔·维耶泰：

只要人们尚能够走进一家陌生的咖啡店，点上一杯不知出处的葡萄酒，一饮而尽后并不觉得亏待了自己的肠胃，还能给出中肯的评价，那就不该对人类失望。

《葡萄酒，万事课堂》

路易·奥里泽[1]：

人类将所有美好赋予了葡萄酒：勇气、欢愉、信义、坚定、爱、乐观。

自然亦将所有美好传递给葡萄酒：热情、力量、光明、色彩、神秘。

《透过水晶杯》

罗贝尔·吉罗[2]：

你的酒叫什么名字？

——它不用叫的，而是用吹的（一饮而尽）。

《小酒馆之光》

---

① 路易·奥里泽（Louis Orizet，1913—1998），法国农业工程师、作家。——译注

② 罗贝尔·吉罗（Robert Giraud，1921—1997），法国诗人、记者、作家。——译注

博絮埃[1]：

葡萄酒有能力填满一切真理、知识和哲学的灵魂。

（布鲁塞尔欧共体“议员餐厅”酒单上题词）

罗贝尔·萨巴捷[2]：

人应该努力在年轻时活得如博若莱新酒般朝气蓬勃，再如勃艮第酒般老去。

《微笑的荒谬书》

瓦罗（又名马库斯·特伦提乌斯·瓦罗，古罗马百科全书作家，古罗马公共图书馆创建者）：

没有什么能比葡萄酒喝起来更让人惬意：葡萄酒被造来为人解忧，它是好心情的美味源泉，能保证各场宴会都其乐融融。

《梅尼普斯讽刺集》

马塞尔·朱利安[3]：

友谊、寒冷、暗夜、疲劳、有葡萄酒的咖啡馆、酸黄瓜三明治、再加一瓶博若莱，毫无疑问，这些构成了某种意义上的

---

① 博絮埃（Jacques-Bénigne Bossuet，1627—1704），法国神学家、历史学家。——译注

② 罗贝尔·萨巴捷（Robert Sabatier，1923—2012），法国诗人、小说家，曾获法兰西学术院诗歌大奖。——译注

③ 马塞尔·朱利安（Marcel Jullian，1922—2004），法国作家、编剧。——译注

文明。

《流浪之罪》

保罗·克洛岱尔：

葡萄酒是品味的老师，他在引导我们练习内省的同时，亦解放了我们的精神世界，成为智慧的明灯。

阿兰·席弗勒①：

有权威研究表示，我们有幸生活在了一个葡萄酒防治百病的年代。我每天第一杯葡萄酒为了心脏健康而喝。第二杯为了预防癌症。第三杯为我的健康。其余的就是为了寻开心了。

《小幸福私人词典》

热拉尔·德帕迪约②：

只有葡萄酒能够让我兴奋到勃起！

2004 年 1 月 26 日《快报》

罗兰·巴特：

葡萄酒被视为法国的一种特有财富，能够与其平起平坐的是 360 多种法国奶酪和法兰西文化。它是一种图腾式的饮

---

① 阿兰·席弗勒(Alain Schifres，1939—)，法国记者。——译注

② 热拉尔·德帕迪约(Gérard Depardieu，1948—)，法国著名演员、电影制作人、葡萄庄园主。——译注

品，如同荷兰的奶制品、英国皇室礼数繁复的茶一样。

《三星》杂志 2005 年 1 月刊

贝尔纳·弗朗克：

马尔罗认为，一个成熟的年轻人应该能够读懂柏拉图，并且会跳伞。我斗胆加上一条：还应该知道如何分辨拉菲和尚蓓坦-贝泽园(chambertin clos-de-bèze)的葡萄酒。

《二十年前》

爱一度让我深陷其圈套中；
如今葡萄酒才是我的主宰；
一杯在手，葡萄藤下游走，
命运的终极审判，我在等候。

(贝西埃尔①将军的后人所作。在办公室工作了 30 年后，这位先生在小镇阿让过上了退休生活；这首四行诗被刻在了他前门的三角楣上[斯卡潘杂志，1886 年 11 月]。)

① 让-巴普蒂斯·贝西埃尔(Jean-Baptiste Bessières，1768—1818)，法国军人、拿破仑麾下的元帅、帝国近卫军司令。——译注

酒标[①](Étiquette)

在王公贵族华贵造作的宴会上，曾有这样一种为人斟酒并加以介绍的礼节仪式。司酒官这一名号甚是动听，且有着府邸官员的头衔，他们学习侍酒的艺术与仪态，将主人的佳酿斟满与宴宾客的酒杯。司酒官们不会上桌斟酒，而是在餐具柜或是宴会厅的备餐桌上进行，且通常会在餐会伊始和结束这两个时间段上酒。

侍酒师就是共和国时代的司酒官。他们少了些对仪式的关注，转而将注意力投放在那些真真切切必不可少的酒标上，这些酒标一般都贴在瓶身正面，有的酒则是在颈标和背标上标注这款葡萄酒及其酒庄的相关信息。通常，为了推介那些三流劣酒，这两处标签也是被葡萄酒商们拿来写些无甚营养的赞歌的地方。总而言之，酒标就是葡萄酒的身份证。也可以说是按照规章制度所生产的名片。酒标上必须提供葡萄酒产区、酒精含量、厂家名称和地址等相关信息。对于一瓶未开封的葡萄酒来说，酒标有如签证，充满了各种可能性；而空瓶的酒标则像是纪念铭文，哀婉悲恸。

酒标是庄园主和葡萄酒商们艺术品味的见证者。这一纸酒标将人和酒绑定于酒杯中，从买酒那一刻起直到滴酒不剩，二者被紧密地联系在一起，形影不离。我就是通过酒标爱上波尔多葡萄酒的。那时，勃艮第和博若莱葡萄酒的酒标常用哥特字体书写，看上去感觉既繁重又浮夸。与之形成对比的波尔多酒就优雅太多了。不光是因为它的瓶体更修长，让酒标看起来比在近邻勃艮第葡萄酒那敦实的酒瓶上显得更为得体，更是因为吉伦特的庄园主们为求吸引顾客，一直以来对酒标的美观都有很高要求，而这一点我们在金丘产区是不常见到的。在波尔多，对英国人的讨好在酒瓶上

---

① 多义词，还有标签、礼仪等意。——译注

展现得淋漓尽致。波尔多记者皮埃尔·维耶泰曾这样说过："对于一瓶葡萄酒来说，酒标的任务就是在葡萄酒入口前，把与其相关的文字简介给传递出去。"

华丽的酒标是否能够掩盖一瓶葡萄酒的平庸呢？答案是肯定的，一如人们会用华服掩饰灵魂的阴暗。在我看来，相较葡萄酒而言，这种欺瞒行为在人身上出现的频率要高很多。一般情况下，葡萄酒的风格和酒标的风格往往是相契合的。所谓的"餐酒"，酒标直白庸俗；名庄名酒的酒标则高级优雅，这些都是显而易见的。对于图形设计师和版面设计师来说——这两个词出现时，那些精品香槟、波尔多和勃艮第上等佳酿的酒标早已尘埃落定了——他们喝过的葡萄酒，无论优劣，似乎都是灵感的来源。

滴金堡优雅简洁的酒标设计无人能及(正如1975年吕·萨吕斯家族[Lur Saluces]被赋予的特权一般，这项特权允许酒庄将必不可少的法律声明单独写在一条横标上，贴在酒标下方)。从1945年起，木桐酒庄每个年份都会与一位知名艺术家进行合作，大师之作也因此诞生。收藏家们最想要的当属1924年，出自艺术家卡吕①之手的一款酒标，这款酒标诡谲精妙却过于繁复。而在此之前的酒标，则因质朴简洁的图形和字体获得了更多的赞赏。

我的朋友莫里斯·夏普朗②曾断言，大作家和大艺术家们都会经历"由扭曲到平直，由繁复到简朴"这一过程。然而，若从菲利普·巴勒斯的收藏来看，波尔多的一众酒标并未遵循这一规律，比如李奥维勒酒庄(léoville)、碧尚男爵酒庄(Pichon-longueville)、拉菲酒庄、布朗康田酒庄(brane-cantenac)、宝玛酒庄(palmer)、波菲酒庄(léoville-poyferré)的酒标们都历史悠久，华贵明丽。不过，这

---

① 让·卡吕(Jean Carlu，1900—1997)，立体主义设计师、插画家。——译者

② 莫里斯·夏普朗(Maurice Chapelan，1906—1992)，记者、语法学家、散文家、电影编剧。——译者

些葡萄酒商的酒标确实是在相关立法规定出台前就已经存在了。

侯伯王、欧颂、拉菲和玛歌酒庄现在使用的酒标都还不错，但也只是不错而已。柏图斯的酒标就比较糟糕了（我刚刚写的这句话会让有些人觉得骇人听闻且不可原谅，就如同我说拉辛毁了《英国人》这本书一样）。但这些酒标都是历史性的纪念。有如那些被列入古迹保护名单的墙面，是不可碰触的。

虽说近30年以来，法国其他地区的葡萄酒农们对酒标的审美已有很大的提升，但与最古灵精怪的意大利人相比，其创新力度并未冲撞到传统，因此，波尔多和香槟地区在酒标这个领域依旧是最出众的。

● 菲利普·德·罗斯柴尔德

叶或页[1](Feuille)

葡萄叶也好，一页纸张也罢，二者都是诺言的象征。前者是葡萄和酒的承诺，后者则是文与字的誓言。它们都需要人们的辛苦劳作，也都会给人们带来欢愉：畅饮与酣读。葡萄叶孕育出酒窖和酒铺；纸页孕育出书店和图书馆。“叶”与“页”在关于酒窖的书中汇合，或是在关于葡萄与葡萄酒的书中相遇。至于这本书，需要涂黑多少页纸才能完成呢？我曾有位在索恩河美丽城开打印店的女性友人，她在茱丽娜有一座被葡萄藤环绕的房子，一天，友人让我给她的拉布拉多幼犬取个名字，我毫不犹豫地脱口而出：叶儿（页儿）。

有一种纸的规格被称作“葡萄”（50×64cm），因为创造这种纸的纸商曾在这款纸上印下了葡萄样式的水印。如此说来，我是不是应该在这样的纸上写作，这样就是真真切切地“写葡萄”了？

人们并不是一直都在正确地使用纸张。无聊小报、广告传单、散播仇恨的印刷品、味同嚼蜡的文章……意大利特伦托会议后[2](concile de Trente)，葡萄叶被赋予了一项卑劣的活计：用来遮盖画作和雕像中男男女女的性器。一阵神迹般的风拂过，多少亚当和夏娃原初的那话儿就这样被各式各样的葡萄叶贴了起来。人们把这种经过修改的画作戏称为“开裆裤”。长久以来，葡萄叶被视为造作、伪善和审查的象征，然而它也在守卫着葡萄，为那段溢满丰收和喜悦的情欲序曲保驾护航。

---

① 多义词，亦有纸页之意。——译注

② 在特伦托和北意大利的波隆那 1545—1563 年间召开的大公会议。——译注

伦敦泰特现代艺术馆有一幅弗朗西斯·毕卡比亚[①]的画作，名为《葡萄之叶》(*La Feuille de vigne*)。一个如皮影般通体墨黑的男性赤裸着身体，右脚踩在一个同样乌黑、类似地球仪一样的球体上。他的胯下遮了一片巨大的葡萄叶。达达主义者毕卡比亚的这幅“开裆裤”讽刺意味十足，他自己更是乐在其中。

① 弗朗西斯·毕卡比(Francis Picabia，1879—1953)，印象派、立体派艺术家。——译注

盖亚克和卡奥尔[①](Gaillac et Cahors)

盖亚克的葡萄酒农们自诩该产区是法国历史最为悠久的葡萄产区之一，这一点得到了葡萄酒工艺考古学家们的证实。或许就是在格雷希尼这片为两地提供橡木桶原料的森林附近，人们才第一次明白，葡萄酒和树林合理共生能给大家带来怎样的福利。而葡萄酒越陈越香醇这一传奇的想法，同样是源于盖亚克地区。

盖亚克和卡奥尔的葡萄酒颇受大众赏识，它们的竞争对手个个战战兢兢，就连波尔多人都仰仗着英国皇室(后期转而依靠法国)所赋予的特权，将两地葡萄酒的出海时间限制到最短，还附上其他条件加以约束。葡萄酒农和酒商们非常愤慨，遂奋起抗议，发出各类警告、宣传册、请愿书，声称波尔多商人要将他们置于死地。这种情况持续了 5 个世纪之久！最终，在 1776 年，杜尔哥[②]废除了波尔多人所享有的各种特权。

但在 1803 年，波尔多人要求重拾特权，认为那些本来就是属于他们的权利。卡奥尔议会的盛怒得到了正视，这份请求也被驳回。雷蒙・杜梅写到："波尔多酒农们的理由值得人们注意：他们宣称自己的葡萄酒需要特殊保护，卡奥尔的葡萄酒之所以这么受欢迎……是因为那里的天气太好了！而自己产区边上的加龙河雾气太重。我们常常称赞英国人有幽默感，这种幽默感该不会是波尔多人首创的吧？"

卡奥尔的葡萄酒色泽光艳，溢满凯尔西的地区风情，酒中香味繁复，丰厚的单宁则是这里葡萄酒长寿的保证。出生于洛特地区

---

① 盖亚克和卡奥尔均为法国南部地名。——译注

② 杜尔哥(Anne Robert Jacques Turgot，1727—1781)，劳恩男爵，法国在 18 世纪中后期古典经济学家。也是经济学上重农学派的重要的代表人物之一。在今天他被视作经济自由主义的早期倡导者之一。——译注

的克莱蒙·马罗①曾为卡奥尔的葡萄酒吟过颂歌。然而由传统葡萄品种奥丁克(ondenc)、莫扎克(mauzac)、兰德乐(len de I'el,又名"眼不见"[loin de l'œil])、杜拉斯,混以新生代的梅洛、赤霞珠、品丽珠,再加上相近品种聂格列特(négrette)和密斯卡岱(muscadelle)所酿制而成的盖亚克葡萄酒,岂不充满更多惊喜,更加迷人,也更富诗意么?

高卢人(Gaulois)

虽说从前有人尝过希腊的葡萄酒,但对于高卢来说,罗马入侵者们带来的葡萄酒才是他们的最爱。很快,高卢人就得了个"嗜酒如命"的名声。战士们常常豪饮,以此为自己鼓劲打气,所以在战场上看到酩醉的战士也并不新鲜。说高卢人野蛮,主要是因为他们喝起酒来没有节制,且酷爱高纯度的葡萄酒。希腊人和罗马人喝的葡萄酒里是加了冷、热水的,正因如此,他们才能够在一场宴会中从头喝到尾,不会过快醉倒。但凯尔特人对这种惺惺作态的餐桌礼仪表示不屑,对他们来说,不兑水的葡萄酒要好喝得多,酒从双耳尖底瓮中倒出时是什么样的,倒在酒杯中就应该还是什么样。我们的高卢祖先们认为,纯正无添加的酒比混合勾兑的酒更美味,是他们让葡萄酒的口感得以提升,也让人们对葡萄酒的要求上了一个台阶。这样回想来看,到底谁才是野蛮人呢?

高卢人贸易收支的赤字很严重,一个重要原因就在于大批量进口希腊和意大利的葡萄酒。我们为什么不能自给自足呢?当年精打细算的经济学家们提出了这样一个问题,那时还没有财政预算部官员这一头衔。从马萨利亚(Massalia,今马赛)起,高卢的葡

---

① 克莱蒙·马罗(Clément Marot,1496—1544),16世纪法国诗人,开创了16世纪法国诗歌的先河。——译注

萄树常年生长在当时的纳博讷地区(Narbonnaise,今朗格多克)。它们想要向北、向西扩张,于是蔓延到罗讷河谷,在多菲内(Dauphiné)、奥弗涅和勃艮第扎稳了脚跟,又一路沿着卢瓦尔河向北延伸至奥尔良,最终抵达巴黎,后东至埃佩尔奈,北至诺曼底;途径盖亚克后还绵展到阿基坦及其他大西洋海岸的土地上。整个进程缓慢,断断续续,但却不可抗拒。卢格杜努姆(Lugdunum,今里昂)成为了葡萄酒进出口的贸易大河港。河港的码头仓库为马萨利亚的繁荣立下了不小的功劳。双耳尖底瓮的产量开始增加。时至今日,这些瓮有的保存完好或近乎完整,有的只剩残片散落在墓穴,就是它们,向葡萄酒工艺考古学家讲述着一段段关于葡萄和葡萄酒的过往。

阿洛布罗基斯人①(Allobroges)酿酒用的葡萄散种在维埃纳、多菲内和萨瓦地区,他们生产的葡萄酒征服了罗马。其葡萄种植技术和酿酒技术一直在进步:葡萄种植面积越来越广,向北推移;木质酒桶和酿酒缸取代了双耳尖底瓮,高卢也因此成为了葡萄酒大国。

要问到了古典时代晚期(公元3、4世纪)发生了什么?

大家都心里有数:过度生产!危机出现!尤其是在纳博讷地区。生意萧条,酒市行情暴跌,葡萄田被削减并被转种谷物。人们开始寻求法律援助:勃艮第的葡萄酒农们要求减轻赋税,以便拔除老葡萄树,种上新苗!

补助津贴有如一株源产自凯尔特的藤蔓植物,它在适应法国各地风土后,繁茂地布满了整个欧洲。

咕噜咕噜(Glouglou)

“咕噜咕噜”是一个拟声词,用来形容液体由一个容器干脆

① 居住在伊泽尔、罗讷、北阿尔卑斯山附近的高卢人。——译注

地流到另一个容器中所产生的声响。“他（戈迪萨尔）对女仆笑容满面，要么搂住她的腰，要么打动她的芳心；饭桌上他会用手指在鼓起来的腮帮上弹来弹去，模仿瓶子倒酒时咕噜咕噜的声音……”（巴尔扎克，《大名鼎鼎的戈迪萨尔》[*L'Illustre Gaudissart*]）。

当葡萄酒品鉴会的高阶负责人或是大司酒官将巨大的试酒碟递给申请人时，在场的其他人会一起唱诵“……咕噜，咕噜，咕噜！”为其加油鼓劲。最后，申请人会把试酒碟翻过来，向大家证明他喝得一滴不剩，值得成为“我们的人，他干了这杯酒和我们是一样的人……”（一段流行的副歌）。

因此，“咕噜咕噜”说的不是细品慢尝，而是开怀畅饮。这与我的风格相差甚远。但“咕噜咕噜”这个拟声词听上去解渴，平易近人，欢快不乏热情，所以我弃用学院派的“附言”（post-scriptum）、“注解”（nota bene），而是选了它，作为这本《私人词典》中各词条的扩充和开始。

咕噜咕噜

甜美柔淑，
漂亮的酒瓶，
甜美柔淑，
您乖巧的咕噜咕噜；
我会心生嫉妒，
若您一直满溢。
啊！酒瓶，我的爱人，
您又何苦，掏空自己？

（《斯加纳雷尔之歌》，莫里哀，《屈打成医》）

尼亚弗龙(Gnafron)

有人说，木偶剧里尼亚弗龙跟吉尼奥尔(Guignol)的关系等同于阿道克船长和丁丁的关系，这是不准确的。因为后者从没让他的酒鬼朋友带着自己喝酒，而吉尼奥尔和他的朋友尼亚弗龙却从未停止过碰杯，那个红红的酒糟鼻就是他贪杯的最好例证。

吉尼奥尔、尼亚弗龙和同伴们是木偶剧家洛朗·穆尔盖于19世纪初创造的木偶形象，他们是里昂民间精神的象征，是绝对自由主义者的代表。同里昂的纺织工人一样，他们一身正气又放浪不羁，会为红十字山上受到警察欺凌的小人物们出头，痛打警察，而每次出手的往往都是吉尼奥尔。虽说口音听上去像个街头混混，但他反应敏捷，言辞犀利，有时候杀伤力超强，是一个能让当权者难堪，亦能用小把戏让孩子们哄堂大笑的纺织工人。

相比吉尼奥尔，我更喜欢尼亚弗龙，可能是因为后者说话更加随性，还常常把笑话挂在嘴边(开些轻浮的小玩笑；我母亲觉得那些“小年轻”们——笨拙幼稚的小男孩——并不讨喜)。在我看来，尼亚弗龙对博若莱酒的满腔热情为他增添了不少魅力。吉尼奥尔的妻子玛德珑是红十字山上最爱说三道四的女人，她讨厌尼亚弗龙，觉得尼亚弗龙喝酒没有节制，带坏了自己的丈夫。尼亚弗龙最爱挂在嘴边的粗话，就是这句："唉哟我的桑波特啊（cenpote）！"（桑波特[cenpote]是百桶[cent-pots]的缩写，指 150 升的大酒桶）。他靠修鞋为生，为穷人修理破旧的鞋子。在里昂人的俗语里，鞋匠也被称为"尼亚弗勒"（gnafre）、"尼亚弗"（gniaf），我们这位讨人爱的酒鬼就是因此而得名。

博热是博若莱旧时的首府，在这里为尼亚弗龙建一尊雕像自然无可厚非。第一尊雕像于 1931 年 7 月 14 日的周末竣工，雕像中的尼亚弗龙正站在酿酒缸上碾压着葡萄。这让人想起某次吉尼奥尔建议尼亚弗龙放弃换鞋底的工作，转行去卖葡萄酒，还引来对方的反对。

"——我当葡萄酒商？门都没有！葡萄酒能用来买卖么？如果我有葡萄酒，我会卖掉它们？

——不然你要干什么？吉尼奥尔问道。

——当然是自己喝掉，尼亚弗龙回呛到。葡萄酒可以拿来喝，或是拿去送朋友，但要拿来卖，那可真是太招人烦了！"

● 阿道克船长

木塞味（Goût de bouchon）

在餐馆用餐，我们会退掉这瓶酒；在朋友家吃饭，我们会小心谨慎地告诉大家这个坏消息；在自己家，我们仔细品尝后会把它放置一旁——如果我们遇到了一瓶有"木塞味"的酒，就会这样。

木塞味真是可憎可恶，让人无法忍受，且这味道还很多样，会因木塞材质、腐败状况、葡萄酒的种类及酒接触空气后变质的程度而产生变化。这种味道——葡萄酒工艺学家雅克·普赛将这种味道形容为"软木味"——在开瓶的一瞬间就能闻到，几分钟后会消散不见。但奇迹并不会总是降临。这个时候，要怎么做才不会惹到鼻子没那么灵敏、自尊心却很强的主人呢?

在礼仪规范和木塞味葡萄酒中,人们往往需要选择前者,这就意味着需要喝(一些)后者。我与前德国总理赫尔穆特·科尔喝酒时就遭遇过这样的经历。我曾邀请他的爱人汉娜洛勒·科尔来佩里格的"国际美食图书沙龙"(Salon international du Livre gourmand)参与一档有关"烹饪爱好者"的节目。当时她的新书《德国美食之旅》(*Un voyage gourmand à travers l'Allemagne*)正在法国出版发行,所以我们有十足的把握能够把她请到直播现场。总理夫人身形纤细瘦小,相比之下,魁梧健壮的总理代言美食似乎更有说服力。于是我请求对总理做个访问,她欣然同意了。我们在法国二台工作人员的陪同下来到了小城波恩。科尔总理热情和善、不拘小节,在摄像机前就德国的美食美酒侃侃而谈,并称自己爱葡萄酒胜过啤酒。而后他便邀请整个工作团队到他的办公室,品尝一瓶雷司令葡萄酒。

餐厅领班先是给总理倒了一杯,总理品后点头示意领班给大家都倒上酒。然而,这瓶雷司令的木塞味可不是一星半点。记得当时我心里就涌现出一个不合时宜且很强烈的想法——那股木塞味已经浸到骨子里了!若是有人让我品评这瓶酒,我肯定毫不犹豫地应酬对方:这瓶酒是个无辜的受害者,一定是五氯酚或其他不开眼的脏东西溜进去玷污了它。但我要怎么说,才能在不改变总理意见、不让他觉得尴尬难堪的前提下告诉大家,这瓶雷司令风味不佳呢?

假设他对木塞味多少有些察觉,那么能够解释他当时反应的原因就屈指可数了。他在开始试酒的时候喝得太快,以至于宾客们都开始举杯了他才对这恼人的味道有所察觉,所以觉得已经没有退路了?或是他知道,他偌大办公室的冰箱里已经没有其他的葡萄酒了?再不然就是觉得我们都味觉失灵,没勇气提意见吧?

继埃姆斯密电事件[1]后，法德两国会不会因为一个波恩的软木塞再次开战呢？

冰雹(Grêle)

霎时间，一片片乌云由西边逼近，劲风越吹越烈，推搡着涌动的云团。很快，乌云密满了苍穹，巧合般地压在了我们的头顶之上，驻足不再向前。电光闪，雷鸣响……我们开始期待这只是一场单纯的大雨。万籁俱静。是谁扼住了那呼吸？是天空或是大地？是恶魔或是人类？为什么群鸟也匿了身影？为什么突有寒意来袭？开始有几滴雨水落在屋顶发出了声响，那雨滴一定足够大，才能砸出"喀喀"的动静。接着，纯白色的珠子弹向大地。雨水很少，几乎全是雹粒。现在，它们成千上万地掉落下来。这嘈杂的声响啊！地面很快被铺了满满一层。明天的《进步报》一定会这样报道：冰雹粒之大，有若鸽子蛋和乒乓球。摧毁一株葡萄苗、一颗葡萄树、一整个村庄、一片葡萄园，需要几分钟的时间呢？

老人们谈起那次世纪性的冰雹灾害，就像殖民地的医生们谈到传染病一样。1931 年 7 月，天空展开猛烈攻势：森林受袭，树木被劈断，残破不堪，部分葡萄酒农们不得不将葡萄苗拔掉重新种植。

如何对抗天空的险恶用心，抵挡这个肆意妄为的气象凶手呢？

几个世纪以来，修道士和神甫们鸣钟以惊飞鸟，这是另一种嘈杂声。然而人们又可曾见过哪片浮云惧怕教堂的钟声呢？

从 18 世纪起，人们开始用炮弹抵御入侵者，马孔人更是以强大的火力著称。然而，夹冰带雹的阴云们并未因此偏离轨迹。至

---

[1] 普鲁士首相俾斯麦利用埃姆斯密电，以激起两国民族仇恨的外交事件，促使法国对普宣战，发动普法战争。——译注

此，这些阴云除了恶毒，又平添了一股凌人的盛气。

1950年间，博若莱地区的大部分山地都配备了防雹炮。战时，德军的装甲列车从平原向留守于林中的抗德游击队员们开火；现在，轮到人们在山脊向天空开炮。烟火形成了屏障，那些装着碘化银的炮弹，就是要将塞满了致命冰雹的积雨云们消解成水。炮手们需要瞄得准，还不能打得太多。云没被完全打散不要紧，但倘若把云推去别人家了，炮手们反而要遭到指责。由于这个方法太过昂贵，人们最终弃用了山区的防雹炮。

后来采用的新科技，是利用小型飞机将碘化银撒向积雨云的正中心。“黑带”①中闪过的电光越多，暴风雨就越激烈，人们也越敬佩飞行员们的勇气。他们坐在如大胡蜂般敏捷好斗的飞机里，身体力行地向苍穹发起了挑战。让我们为这景象鼓掌吧。

新型科技的性价比再次引发争议。首批冰雹保险大受人们追捧。最终，葡萄总产量增加，受灾的倒霉蛋们能够向未受雹灾影响的庄园主购买收获的葡萄。于是，飞机也都飞向他方。目前，法国没有任何地区再配备防范冰雹的科技设备了。

● 朱利安·杜拉克

战争与葡萄酒(La Guerre et le vin)

滑铁卢战役后，德国人养成了洗劫我们酒窖的习惯。尤其是在香槟地区。跟我们一样，德国人也喜欢开一瓶香槟，浇灌胜利的喜悦。他们或就地举杯欢饮，或带着成千上万的好酒归乡，待到和平时日，这些酒作为战利品，价值还会更上一层楼。1814—1815

① 黑带(pot-au-noir)，指热带辐合带，又称为赤道低压带，是活跃于赤道的低气压带，南北半球副热带高压带间气压最低的风带。热带辐合带里蒸发旺盛，有大量降雨，如果热带辐合带滞留某区过久，会造成当地水灾、他地旱灾的灾害发生。——译注

年间,60万瓶酩悦香槟被运至莱茵河彼岸,直达莫斯科,俄罗斯人也一样,是胜利者,也是起泡酒的爱好者。

二战期间,香槟产区是所有葡萄酒产区中被掠夺得最严重的,大牌酒厂的酒窖无一幸免。至于那些万中有幸未遭洗劫的酒窖——基本没有——也并不会因为这遗忘和忽略而感到自豪。希特勒的外交部长约阿希姆·冯·里宾特洛甫[1]就因对法国香槟热爱有加,才娶了德国极富盛名的起泡酒酒庄汉凯(Henkell)家的千金为妻。

除了不甚爱酒的希特勒之外,第三帝国的达官显贵们几乎个个都是葡萄酒收藏家,且酒量极佳。大块头戈林[2]是波尔多派,偏好拉菲酒庄的红酒,当时我们没有藏好这些宝贝,贝当政府[3]也没有;他的第二个心头好就是罗斯柴尔德酒庄的酒。伶牙俐齿的戈培尔[4]是勃艮第派,最爱夜丘产区的葡萄酒,对科通-查理曼、尚蓓坦,当然还有沃恩-罗曼尼的上品酒藏也情有独钟。这两位大魔头到底私吞了多少美酒,又喝光了多少呢佳酿?

这些暴君和战犯们可以畅饮那些精致的美酒已经让人无法忍受,更糟糕的是,他们所获得的乐趣相较那些优雅的爱酒者、堂堂正正生活的人们而言,其实无甚差异。文学、绘画和音乐领域的佳作被强盗们读过、看过、听过后并不会减少。那些喝了1928年的卡尔邦女(Carbonnieux)、1913年的尚蓓坦、1929年的李奇堡

---

① 约阿希姆·冯·里宾特洛甫(Joachim von Ribbentrop,1893—1946),纳粹德国外交部长。战后,里宾特洛甫被英军抓获。——译注

② 赫尔曼·威廉·戈林(Hermann Wilhelm Göring,1893—1946),是纳粹德国的一位政军领袖,与希特勒关系极为亲密。——译注

③ 贝当政府(gouvernement de Pétain),法兰西第三共和国最后一届政府。总理菲利普·贝当于1940年向入侵法国的德国投降,至今在法国仍被视为叛国者。——译注

④ 保罗·约瑟夫·戈培尔(Paul Joseph Goebbels,1897—1945),德国政治家,纳粹德国时期的国民教育与宣传部部长,擅讲演,被称为“宣传的天才”,以铁腕捍卫希特勒政权和维持第三帝国的体制。——译注

(Richebourg)、1928年的拉图、1913年的滴金、1911年的堡林爵香槟的暴徒们，也不会削减这些名酒的华贵，只不过在这座人类共拥的大酒窖中少了成百上千的美酒——被恶棍消耗的美酒。总有一些民族文化资产被卑劣的人掠夺、品尝、咽到肚里。对于那些被侵略者窃取画作，我们尚还抱有一丝希望能够追回，但对于葡萄酒来说，被喝了就基本没什么盼头可言，回不来了①!

对于酒神巴克斯来说，想要找到二战期间所有美酒的藏身之所可是件大工程，那时的葡萄园主、酒堡主、餐厅老板和平民百姓们为了让自己的窖藏免遭敌人毒口，可谓绞尽了脑汁。每个人都尽可能把酒藏在最安全秘密的地方：巧妙障眼的酒窖尽头、地下室的密洞、封死的通道、枯井等等。有的酒被埋在牧场、菜田，或是藏在秸秆、牧草和柴垛下面，还有的被安放在封口堆满荆棘灌木的山洞中……人人都有自己的妙招，但对于那些拥有多个或是一连串酒窖的人来说，最有效的办法还是把最远的酒窖封死。银塔餐厅的主人安德烈·特雷尔就是用这个办法——在酒窖前巧妙地砌了一堵墙墙——保全了上千瓶独一无二的波特酒、白兰地、马雅邑白兰地、波尔多葡萄酒等等。要知道，那时德军早已涌入巴黎了。

当年揭发举报犹太人、共产党员和抵抗运动成员的案例比揭发酒窖的要多得多，当然，这也并不是什么值得骄傲的事。

咕噜咕噜

曾几何时，在咖啡馆或是餐厅里常会听到客人举杯高呼："总比被敌人占去要强!"，或是"再来一杯，让他们没得喝!" 这是用一

---

① 在此有一些特例。罗兰百悦盛世香槟集团的监事会主席贝尔纳·德·诺南古(Bernard de Nonancourt)曾在菲利普·勒克莱尔将军指挥的法国第二装甲师中任中士，并有幸第一个进入希特勒位于贝希特斯加登的那座无与伦比的酒窖，并主持了窖内尚存葡萄酒的运输遣返工作。(《战争与葡萄酒》[*La Guerre et le Vin*]，唐·克拉斯托和佩蒂·克拉斯托著。)

种爱国的方式来提醒大家,外国军队有喝光我们酒的习惯,警惕“蛮族”侵入我们的家酒窖。

这种表达方式可以追溯到滑铁卢战役失利的时期。那时这句话是针对敌人们说的:“再来一杯,让普鲁士人(或是俄国人、奥地利人、英国人)没得喝!”

战争也为获胜国的酒带来了一些正面影响,它保证了那些酒的品质,并让它们成为市场的主导。“葡萄园不是被十字镐耕种出来的,而是由剑尖划出来的”,雷蒙·杜梅如是说,他提醒我们,波斯的酒、希腊的酒和罗马的酒,都是仰仗那些将军们的神通才得以发扬光大,不论将军本人嗜酒与否。几个世纪以来,法国的葡萄酒都受惠于国家军事、经济和文化力量的影响,这一点毋庸置疑。国力的衰落定会对产区形象、酒庄名声和葡萄酒交易的权威性产生影响。美国站在世界统治的最高点,能够生产出精品佳酿自然不足为奇,对外输出“美国品质”也可谓合情合理。只是我们也有权力不就范就是了。

阿道克(船长)(Haddock [capitaine])

我对阿道克船长一直颇有微辞。不是因为他常常喝到大醉,而是因为他喝的是威士忌。埃尔热[1]在创作时,大概是觉得这款烧酒的英文名能给这位大胡子航海家平添一抹异域风情,而且在当时那个年代,这个创意显得别具一格。威士忌就像可口可乐一样——遍布世界各地。有时因故事情节需要,脾气暴躁的船长需要在几分钟之内就喝醉,相比喝光几瓶葡萄酒而言,让他干掉一瓶威士忌显然更为妥当。

不过,他还是有喝葡萄酒的时候,这种情况非常少见,因为他和其他酒徒一样,只要含酒精的都来者不拒。他甚至还喝过波特酒和香槟。但那都是因为在那一刻,他没有亲爱的威士忌可喝。

埃尔热到底施展了什么魔法,让这个酒鬼海员变得人见人爱,还在没有激起教育业者和家长们的愤怒和争议的情况下,让他成为了《丁丁历险记》的主要人物之一的呢?在那个年代,我们是否相信,孩子们只要看到酒精对阿道克船长的不良影响就能够了解酒精的危害呢?这些危害包括前言不搭后语、记忆失常、视力下降、举止荒诞且易怒、过激言行等等……

---

① 埃尔热(Hergé,原名乔治·波斯贝·勒米[Georges Prosper Remi,1907—1983]),比利时著名漫画家。代表作漫画《丁丁历险记》享誉全球。——译注

阿道克船长的粗言粗语让他名声大噪。埃尔热选择的词有的简单(蜂窝饼模子脸,面条身材……),有的繁复造作(19世纪的土耳其野兵,人猿……),还有的稀奇古怪([软弱无能的]刺猬油乳膏……),不过都很有趣,而且并不算真正的粗话。

在阿道克船长口中,水是最伤人字眼。“淡水水手”和“淡水海盗”尤其严重。跟大多数酒鬼一样,阿道克船长常把别人叫做酒徒、醉鬼,最有创意的当属不渴也喝的家伙了。

葡萄根瘤蚜!这个词在我看来,是他词典里最棒的词了。

咕噜咕噜

葛朗台老爹由桶匠摇身一变,成了索米尔最富有的庄园主,当他得知女儿欧也妮毫无保留地把金币都给了她堂弟的时候,气得直跺脚,破口大骂。巴尔扎克写道:“接着,他叫嚷着:‘我用我父亲的截枝刀都没法砍断你我的继承关系,挨千刀的酒桶啊!但我要诅咒你,你的堂弟,还有你的孩子们!’”(《欧也妮·葛朗台》)。这句“挨千刀的酒桶!”若是让那位酒鬼海员阿道克船长说出来,效果应该也不俗。

● 水,醉,啪

哈姆雷特(Hamlet)

“把这几瓶酒放在桌子上”,国王克劳狄斯在第五幕最关键的一场戏里如是说。

哈姆雷特难逃一死,雷欧提斯的剑尖早已浸了毒汁。倘若对手没有碰到自己——事实上哈姆雷特赢了前面几剑——他可以喝酒解渴。克劳狄斯在其中一杯“放入了一颗比丹麦四代国王戴在王冠上的还要贵重的珍珠”。其实,那是颗蘸了毒的假珍珠。“国王为哈姆雷特祝饮”,那个叛徒兼凶手说道,并邀他同为国王举杯。

我们的年轻人将这份欢愉暂放一边。如此一来，反倒是剑毒先行发作了。在这里有必要强调下，高贵的哈姆雷特并非死于毒酒，

那这杯酒会是什么酒呢？故事发生在13世纪前的丹麦。彼时那里的人们已经开始种植葡萄了么？若把我们的猜想合理化，那应是来自英国或德国的葡萄酒。哈姆雷特在第一幕就提到了德国，他说国王把酒寻欢，纵情玩乐之际，喝的就是莱茵河的葡萄酒。

在一次有莎士比亚的同乡们参与的午餐会上，我问了这样一个问题："若这出戏是在我们这个世代上演，大家认为，哪一款酒最符合这最后一幕的哀恸气氛呢？"在场众人都觉得，只能选红葡萄酒。白葡萄酒会让人想到喜剧，粉红葡萄酒会想到轻歌剧，香槟则与喜歌剧十分相配。但具体要选哪一款呢？夜丘的勃艮第葡萄酒与梅多克酒庄的葡萄酒相比，前者似乎与悲剧的沉重感更为契合。一个出言不逊的家伙还惹恼了我，他说他要选择博若莱，这样就不用在酒中加毒药了。大家基本把目标锁定在德国，而不是西班牙和意大利。同时，大家也都认为，这个已经谋害了哈姆雷特父亲性命的丹麦国王，应该也不敢再选教皇新堡、金钟堡或是主恩酒庄(château la-grâce-Dieu)之类的酒来毒害新的受害者。

一位英国出版商认为是波特酒，得到了众人一致赞同。我们想要找的就是一瓶颜色深邃的陈年佳酿，一瓶历经沧桑却色味不改、阴晦气质不变的红酒上品。用杜罗河畔(douro)老波特酒的甜蜜滑腻来遮掩罪犯那酸戾的手，还有什么能比这更诱人、更富微妙邪魅的气息呢？

我把这场有关莎士比亚的讨论讲给才华横溢又有独到见解的歌剧导演罗贝尔·卡尔森①听，他激动地大叫，并不赞同波特酒这

---

① 罗贝尔·卡尔森(Robert Carsen，1954—)，加拿大籍歌剧导演。——译注

个选择:“你们忘了那场打斗持续了多久,有多么触目惊心。王后说哈姆雷特‘汗流浃背,喘着粗气’。经历了这样一番打斗,像波特酒这样的高度酒才不会被拿来当做解渴的选择。况且那颗珍珠应该几秒就溶到了酒中,这样说来,清爽略带酸味的葡萄酒应该比甜葡萄酒更加适合。”

如此合情合理的观点令人无法反驳。我们一直在追求寓意,却忽视了细节。

那么,所以呢? 若发生在当下,要选什么酒呢?

一瓶解渴的干型白葡萄酒或是粉红葡萄酒。鉴于国王对德国的葡萄酒偏爱有加,那就选一瓶德国产的酒吧。(毕竟普罗旺斯粉红葡萄酒跟莎士比亚也不是搭啊!)

我会向卡尔森提议,要么选择产自摩泽尔(Moselle)的艾伯灵(Elbling)干白,这款面向大众的干型酒够酸也够涩;要么选择德国东部萨勒-温斯图特产区(Saale-Unstrut)生产的雷司令或是米勒-图高(müller-thurgau),这两款酒要更精致些,酒体也足够紧实。

下面,就让我们举杯,敬哈姆雷特的“高贵之心”……

咕噜咕噜

在雨果的舞台剧《卢克雷齐娅·波吉亚》中,卢克雷齐娅善妒的丈夫阿方索老爷给了她两个选择:要么他的手下当场用剑刺死年轻俊朗的热纳罗,要么她亲手给他倒一杯毒酒。这酒是来自西拉古斯(Syracuse)的葡萄酒。她选择了下毒,因为她身上带了解药。第三节的最后一幕,费拉拉的内格罗尼宫(Negroni)里,年轻的领主们在笑意满满的美女陪伴下寻欢作乐。一个黑人侍从手里拿了两瓶酒走了过来:“先生们,”他问道,“请问是要塞浦路斯的葡萄酒还是西拉古斯的?”——“要西拉古斯的。那儿的酒是最棒的。”马菲奥回答说。这是个不明智的选择。卢克雷齐娅在里面下了毒，而她并不会给他解药。

● 唐·璜，什么酒？

吉姆·哈里森(Harrison [Jim])

美国作家吉姆·哈里森以爱吃著称。无论是在他密歇根的农场、在他作家朋友热拉尔·欧贝尔雷[①]或莫尔望的家中、还是在洛杉矶、纽约和巴黎，他都要大快朵颐。哈里森有一本写满美食地址的小册子，随时准备好添加新的地址进去。他有一种能够把平凡和高雅相融于餐盘之中的天赋。

这位曾为美食杂志和菜谱写评论的“贪吃的疯子”(这是他自己给自己的定位)热爱法餐，喜欢在各色小酒馆或是三星餐厅里，用精彩绝伦的欢宴故事来赞颂法式的美味珍馐。这位精力充沛的猎鸟人最爱的活动，就是去四处探寻哪里藏着烩烤野丘鹬、布雷斯松露小母鸡、油封鸭、炖煮雏鸡。当然，在他的菜谱中还有尼斯酿肉(这道菜出自其法国出版商克里斯蒂安·布尔古瓦[②]爱妻之手)、“无与伦比的焖肉”(这名字是让-弗朗索瓦·雷维尔[③]取的)、什锦砂锅、鲜鹅肝、牛颊肉、炖烤狍子腿等等。

和大多数高雅的美利坚食客一样，哈里森也是个葡萄酒爱好者，且对各地美酒来者不拒。“品味这东西是个谜”，他这样写到，“而毫无疑问，它在酒的选择中体现得最为明显。”暴风雨搅乱了苏必利尔湖的宁静时，他打开了一瓶罗讷河的利哈克红酒(lirac)，

① 热拉尔·欧贝尔雷(Gérard Oberlé，1947—)，法国作家。——译注

② 克里斯蒂安·布尔古瓦(Christian Bourgois，1933—2007)，法国出版商，拥有同名出版社。前妻是设计师 Agnès b.，其名中“b”为布尔古瓦(Bourgois)的首字母。——译注

③ 让-弗朗索瓦·雷维尔(Jean-François Revel，1924—2006)，法国作家、哲学家、记者。著有《僧侣与哲学家》(*Le Moine et le Philosophe*)。——译注

以度这扰人的喧嚣。当直升机驾驶员把飞机驶入密歇根湖上空的风暴中心时，他有一瞬觉得自己已然命悬一线，到家后的他浑身颤抖，愤怒不已。“我从酒窖里找了两瓶露露·贝侯的当比耶酒庄(Domaine Tempier)产的葡萄酒：一瓶密古瓦(migoua)，一瓶杜尔庭(tourtine)。当时我一边慢慢品着这两瓶佳酿，一边琢磨那架飞机的行为——基本可以构成犯罪了。哪怕是经验老道的飞鸟都知道不该向风暴飞的道理呀。”

天朗气清的时候，哈里森也会喝上几瓶上好的波尔多或勃艮第，最近更是迷上了罗讷河丘的佳酿。某日，机缘巧合之下他得了少量私藏的精品红酒，其中有1967年的拉图，1953年的李奇堡和几瓶不同年份的大依瑟索(grands-échézeaux)。当然，现在应该是一瓶不剩了。

有一次，哈里森在巴黎接受了一连串的采访后心生厌倦，遂离开酒店，去了蒙巴纳斯附近的“至选”咖啡厅，那里是他的心头好。“我喝了一瓶简单又美味的布鲁伊(哈里森就算是一个人也会点一整瓶葡萄酒，而不是一杯)。摸了摸咖啡馆的猫，我的怒气就烟消云散了。接着我一歪头，令人无法抗拒的一幕映入我眼帘，那是一双立在大厅角落的女人的美腿。自此以后，只要我一喝布鲁伊，就会想到女人的大腿。”

咕噜咕噜

在哈里森心中，这位既是作家、学者、古董书商、出版人，又是类文学、被遗忘的诗歌及非精确科学的专家，同时还是美食家和厨师的热拉尔·欧贝尔雷，可谓是他在法国的最佳导游：餐厅、酒馆、葡萄酒样样在行。这位不走寻常路，追求稀有、独到和趣味性的百科全书式作家，文笔轻盈又耀眼，他写过一本独一无二的书，题为《巴克斯与科摩斯的大事记——丛书中的古今欧洲饮食史》(*Les Fastes de Bacchus et de Comus ou Histoire du boire et du manger en Europe, de l'Antiquité à nos jours, à travers les livres*),1989年由贝勒丰出版社出版。这本书以概述的形式,丰富细致的笔触,将1181本特选美食书做了汇总,并对各书的主要作者——尤其是古代作者——做了介绍(欧贝尔雷曾是希腊语和拉丁语教授)。4年后,他又有新作《酒神巴克斯的书房》(*Une bibliothèque bachique*)问世,由路德美出版社出版。如今的我甚是后悔,未曾邀请过这位住在莫尔旺的阿尔萨斯人录制过我任何一档节目,他博览群书,饮遍好酒,应该不会是个平庸之辈。2006年9月,欧贝尔雷会有一本新书《烈酒之行》(*Itinéraire spiritueux*)问世①,讲述他与酒精的故事。

埃米塔日(Hermitage)

一些历史学家认为,法国最早的葡萄园并非在纳博讷地区,而是在这里——罗讷河左岸的丹-埃米塔日(Tain-l'Hermitage),出现时间比穿着丝绒短裤的小耶稣降生的日子早了600多年!确实,若弗凯亚人②(Phocéens)想要找一处日照充足的地方种植葡萄,埃米塔日这片开阔闲置的向阳山丘乃是不二之选。

西拉红酒是西拉葡萄的女儿,她承衍了西拉葡萄那浓烈的香气和南部的妖娆风情。待其成熟,便可将她"许配"给那些毛羽丰盈的"追求者"们:雉鸡、野兔或是狍子……

我承认,无论是拿来单喝或佐餐,我对埃米塔日白葡萄都没有招架之力,而用来搭配松露,更是堪称一绝(啊!不管是白松露还是黑松露,只要是松露煨饭,我都爱!)。最特别的是埃米塔日白葡萄酒不怕大蒜!这话出自大名鼎鼎的菲利普·布吉尼翁之口,他

---

① 本书问世时(2003年),热拉尔的新书尚未出版。——译注
② 弗凯亚,小亚细亚古地区名。——译注

是1978年度法国最佳侍酒师，也是“洛朗”餐厅的主管。他说：“它(埃米塔日白葡萄酒)能够搭配大蒜的这种特质是值得自豪的，要知道其他任何一种葡萄酒都没有这种特异功能。(……)年轻的埃米塔日葡萄酒所散发出的干草香和鸢尾花香，与地中海料理中独有的调味料味道可谓相得益彰，不论里面是否添加了普罗旺斯香料或是罗勒蒜泥酱。”(《完美相融》[*L'Accord parfait*])。他还建议人们尝试用这款酒搭配蒜蓉意面。

有朝一日我们会尝试看看的。夏日午后，开一瓶埃米塔日白葡萄酒放到冰桶中，听我们罗讷河彼岸的邻居——阿尔代什的让·费拉[1]唱上几曲。

> 没人再开葡萄酒来品尝，
> 那瓶酸涩劣质的酒不是佳酿。
> 只有百岁老人心中有数，
> 如何酿出好酒，不让您晕头转向。
>
> 让·费拉，《山》

● 教皇新堡，孔得里约，坡与丘

---

① 让·费拉(Jean Ferrat，1930—2010)，法国歌手、作曲家、诗人。——译注

醉(Ivresse)

在人们眼中,我并不是酒醉的信徒和拥护者。太多罪行,太多事故,太多野蛮行径,太多骇人的言行,太多的疯狂无理、呆滞,还有太多人自我迷失,仿若另外一个暴躁、口水肆流、摇摇晃晃的蠢材溜入了一具荒废的身体,胡作非为。蒙田说过:"人最糟糕的状态,就是其失去自我意识和控制力的时候。"

狄德罗说:"酒醉夺走了理性所有的微芒。它把理性——那能将我们与野兽区分开来的细小微粒、神圣火花——彻底浇熄;它将理应在人类社会中被传递的满足与温柔,彻底摧毁。"

*烂醉与遭罪的回忆。*我只有在十四五岁的时候喝醉过一次。那次之所以喝了个昏天暗地,是因为葡萄农们早已合计好要灌醉老板的大儿子,并且他们也轻而易举地做到了:先是在晚餐的时候喝葡萄酒,以解一天劳作的疲乏;餐后继续以葡萄酒为伴,共度轻松愉悦的夜晚。

因为骄傲自信,酒农们都来围攻我,而我则因为自尊心作祟,一直硬撑着不愿倒下。"我打包票,你根本不能喝……咱俩谁能先干了这杯?……我还以为你酒量不错呢!……身为博若莱小伙子,你这喝得还不够……来,再来一杯我们就睡觉去了……"

先是我的反应变得迟钝,紧接着,在被猛灌了两个多小时之后,酒劲儿就上来了。我那年轻的小身板不堪负荷,只能边走边吐,晃晃悠悠地移向厕所,而那些刚刚为难我的人都在一旁看我的笑话。最后,他们不得不把我抱到床上,我就那样吐了一晚,肚子里翻江倒海,肠胃就像着了火一般。第二天我严重宿醉,觉得很是丢脸,不得不卧床休息。我很生气自己被人当菜鸟耍得团团转。而我当时也确实是个菜鸟。

这次不幸的遭遇却带来了正面影响:它给我打了一剂酗酒的预防针。后来,我多次遇到能畅饮而醉的场合,可每次只要喝到一定程度——差不多还有量继续的时候——脑内就会有个声音提醒我，再喝就危险了，我的身体也会压制一切想要继续喝下去的欲望，好像钉了个门槛，一旦超越便无乐可享。

词汇。酒徒、酒鬼、醉汉、醉鬼、醉猫、嗜酒的、酒迷、买醉的、酗酒的、喝挂的、喝高的、喝不停的、不停喝的、不醉不归的、酒葫芦、吸酒海绵、酒袋子、不渴也喝的、馋酒的、喝大的、断片的、对瓶吹的、无酒不欢的、贪酒的、讨酒的、小口舔的、大口灌的、酒箱子、蒸馏器等等。形容嗜酒之徒的词汇真是数不胜数，令人迷醉！

还有一些是用来形容酒徒酩酊前的词，也颇具魅力。比如微醺，人们往往在事成后或是刚喝多的时候，能够体会到那种飘飘然的幸福感或是私密内敛的兴奋感。速度能让人微醺，金钱亦能使人微醺。在所有的酒中，香槟是最容易让人达到微醺之态的，因为最容易上头的就是它。

我也很喜欢“有些微醉”(un peu pompette)的这种表达方式。这说法出自巴贝尔·多尔维利[①]笔下。“微醉”(pompette)一词虽短但很有趣，不过依照《小罗贝尔词典》的解释，一个“微醉”的人其实已经有些“醉”(ivre)了。如此说来，一个人若是微醉，不过是有一点点要醉的意思……所以还是足够清醒让自己停杯的。

酗酒费。在瑞士埃格勒城堡(château d'Aigle)内的葡萄酒博物馆中，有一个“酗酒程度与成本计量表”。这是咖啡馆老板根据客人酒醉程度来收取的一笔费用。费率如下：

微弱的感觉　　1.95 法郎

---

① 巴贝尔·多尔维利(Jules Barbey d'Aurevilly，1808—1889)，法国作家、小说家、诗人。——译注

一点上头	2.35 法郎
彻底上头	2.80 法郎
微醉	3.35 法郎
半醉	3.90 法郎
有些负累	4.45 法郎
满醉	4.70 法郎
大醉	5.40 法郎
酩酊大醉	5.85 法郎
烂醉如泥	7.25 法郎

这份计量表的作者是沃州的幽默作家，他还在表上加了一句："旅店、咖啡馆和酒馆老板们所征收费用严禁高于费率表中所标示额度。"

文学。"奈带奈蔼[①](Nathanaël)，我要你聊一聊醉"，纪德在《地粮》中如此写到。接着，纪德透过美那尔克(Ménalque)这位臆想导师之口承认说："我知道一种醉，它使你相信自己比固有的要更完美，更伟大，更可敬，更善良，更富有，等等——而我们本非如此。"

波德莱尔："我认识一个视力欠佳的人，他在酒醉中重获本是锐利无比的视力。葡萄酒把鼹鼠变成了雄鹰。"(《人造天堂》)

下面这段话依旧来自这位最伟大的葡萄酒诗人波德莱尔，他的奇思妙想、光怪陆离的笔触无人能及："应当永远迷醉。这就是一切：是唯一的问题。为了不再感受到来自时间那压断肩膀、使人弯伏向大地的可怕重荷，就应当无休止地迷醉。

但要怎么做呢？通过酒，诗歌，或是美德，任君选择。能够迷

① 纪德书中人名，亦是耶稣十二门徒之一的名字，此处取盛澄华版译名。——译注

醉就好。"(《巴黎的忧郁》)

我们会发现,酒比诗歌容易让人迷醉,比起美德又更甚一筹。

魏尔伦:"啊!我举杯饮酒,是为了喝醉,并非只为品尝……"(《今与昔》[*Jadis et nauguère*])。

阿波利奈尔用一首名为《葡月》(*Vendémiaire*)的长诗作为《醇酒集》(*Alcools*)的结尾,赞颂对葡萄酒的渴望,这份无法抑制的渴望由法国蔓延至欧洲,最终溢满整个宇宙。

饮下了天地万物,我已迷醉
堤岸边,看潮汐流淌,船舟沉睡
请倾听我,我是巴黎的喉
若我心欢喜,再饮下整个宇宙

请听,我这万物迷醉之歌

《醇酒集》

我们应该把那些在作品中描绘凶悍的醉汉、家喻户晓的酒鬼的作家——如拉伯雷,巴尔扎克,大仲马,左拉——与那些数不过来的酒精成瘾、嗜酒成性、醉酒专业户的作家们加以区分,在人们眼中,无论是法国作家还是他国作家——说的就是你,布考斯基!——这些嗜酒的作家和那些不写作的酒徒其实没什么区别:他们喝酒,无非是因为对自己绝望或是过度自信、生活或凄惨或富足、或卑躬屈膝或颐指气使、或胆小怯懦或玩世不恭、或异于常人或麻木不仁。又或者最简单的,就是因为他们爱这一口(葡萄酒、啤酒、威士忌、伏特加等等)。因为他们想要达到醉的状态,他们的身体和精神也都深陷其中无法自拔。

然而,除了上述这些众所周知的原因以外,写作与酒精之间还存有一种神秘的联系,值得人们细细品味。那是一种独特的依存关系。居伊·德波[1]如是说:“写作应该会保持稀有状态,因为在著成佳作前,需要喝很长一段时间的酒。”仿佛字词会从酒中流出,文章会从酒瓶中淌来。对于一些作家来说,滴酒不沾的笔杆写出来的句子是乏味平淡、枯燥无聊的。

写作是一场旅行,醉亦然。二者都有一定的风险。它们带着那个冒失鬼穿梭在无边界的国度,在没有地图的丘岳,在未知的山谷,在过去或未来那不属于自己的年代,在熟识他的陌生人或不认识他的熟人家中。文学与醉都是消逝线,是通关密语,是品酒的日子,是溢满梦境的酒桶。您有没有发现,不少作家(即便是清醒的作家)和醉汉都常常在别处么?

人们也愿意相信,世上存在一种关于醉的形而上学,正如波斯和阿拉伯的庆酒诗人所证实的那般。司酒官,请再给我斟上一杯酒,我终于快要破解这个被所有名如其实的作家们追捧的、繁复永恒的谜题:时间之谜。上帝隐藏的谜底总是要喝到最后一杯才能知晓……

我从未刻意探寻这谜底,可能因为我并非是个作家。所以,我也不会向醉字让步。

双重身份。“……波兰人看到喝醉的孔蒂亲王一定觉得想笑,因为他一喝酒就变得非常有意思。他会以为喝醉的不是他,而是另外一个人。去年(……),我去见他的时候他已喝得大醉。这人走过来对我说:‘我刚刚见了议员,他磕(喝)了酒,醉得稀里糊涂(……)。’这句话让我笑个不停。‘可是表哥啊,’我说,‘会不会刚好是您磕碎(喝醉)啦。因为您现在精神头太好了。’他笑着回答我说:‘啊!您跟王太子、沙尔特先生和孔蒂公主他们一样,都搞辍(错)了。他们都觉得我喝醉了,还不愿意沉认(承认)喝多的其实

---

[1] 居伊·德波(Guy Debord,1931—1994),法国哲学家、马克思主义理论家、国际字母主义成员、国际情境主义创始者、电影导演,代表作《景观社会》。——译注

是议员。’若不是我和我的儿子上前阻止，他已经跑去问议员是在哪里喝醉的了……”(《帕拉丁公主信札》，1679年11月3日)

可爱的酒鬼。虽说多数酒徒都暴躁凶恶、阴森危险，但也不乏一些亲切可爱之流。这些酒鬼们酒没少喝，可也没有因此毁掉那欢乐不羁的存在主义哲学。葡萄酒让他们心生愉悦，并想要和同餐好友甚至路人一起分享这感觉。他们会扯着嗓门大唱不入流的祝酒歌，常常五音不全却也不停止。他们的手开始不太老实，却也知道分寸。

我在里昂也遇到过几个很有趣的人：他们身材瘦高，脸色苍白神情严肃，身着一袭黑衣配领带，对着摩根和希露薄葡萄酒的空瓶子大谈柏拉图、忒奥克里托斯[①]、帕斯卡和阿纳托尔·法郎士[②]，然后在背诵到瓦莱里的《年轻的命运女神》(*La Jeune Parque*)时，突然就晕过去了。

酒鬼们红扑扑的脸颊值得我们尊敬，那是经葡萄酒从内部精雕细琢、晕染而来的。其力度似乎和酒精浓度有关。脸中央就是个大大的鼻子，它正午时色如朱砂，午夜时色如锦葵，像个泛着磷光的人造标示。这些人从不会鼻塞，只不过有时会被软木塞味呛到，仅此而已。

一些酒鬼的脆弱也使得人们不得不对其释出善意。他们那种潮湿的忧郁有着神秘的原因，他们面对混乱时所展示的优雅，就算是心酸地打肿脸充胖子，也还是带着一丝潇洒的气魄。我们这两位令人难忘的朋友——来自诺曼底海岸，如斗牛士般嗜酒如命的康坦(Quentin)和富凯(Fouquet)——就是如此(安托万·布隆丹，《冬天的猴子》[*Un signe en hiver*])。终日泡在加州一间老式意大利咖啡馆里的酒鬼尼克·莫里斯(Nick Molise)也一样，他是家人

---

① 忒奥克里托斯(Théocrite，前261)，古希腊著名诗人、学者。西方田园诗派的创始人。——译注

② 阿纳托尔·法朗士(Anatole France，1844—1924)，法国作家、文学评论家、社会活动家。——译注

的负累，人们对他又爱又恨，最终他在读者们的同情与怜悯中长眠于世。(约翰·芬提①，《葡萄兄弟情》[*Les Compagnons de la grappe*])。

蒙田如是说。"……村中有一个贞洁的寡妇，觉得自己有了怀孕初期的症状，便对邻居说，若是丈夫健在，那自己一定是有喜了。她的疑虑日日加深，最终成了事实。她在教堂主日讲道的时候上台宣称，若是有人愿意承认此事，她保证可以原谅对方。若对方愿意，自己还可以嫁给他。一个年轻的农工受到这番话的鼓舞，表示在某个节日当天看到酒醉的寡妇在家中熟睡，一时动了淫念，爬上了她的床。

二人婚后一同生活到如今。"(蒙田，《随笔集》，卷二，第二章，《论酗酒》)

咕噜咕噜

据说，"杜布赫伊老爹"酒馆里的吧台正好在巴尼奥雷镇和丁香镇的交界处。他在酒馆大厅喝酒时，常调侃老板说：我啊，我在丁香镇喝醉，再去巴尼奥雷醒酒。

罗贝尔·吉罗，《小酒馆之光》

保罗·隆巴尔律师曾认识一位共和国检察官，因为太爱喝酒，被人称为"检察总长"。

● 安托万·布隆丹，查理·布考斯基，啪

① 约翰·芬提(John Fante，1909—1983)，美国作家，著有《问尘情缘》(*Ask the dust*)等多部小说。——译注

亨利·雅耶(Jayer [Henri])

他是一个标志,也是一个传奇。甚至可以这样讲,自 1995 年酿完最后一批年份葡萄酒宣布退隐至今,他从未像今天这样获得过如此多的赞誉,所酿的葡萄酒也从未有过如此高的身价。在葡萄酒拍卖中,依瑟索葡萄酒的价格,尤其是署名亨利·雅耶的克罗·巴朗图(cros parantoux)葡萄酒,跟罗曼尼·康帝和柏图斯的价格是不相上下的。一份英国的葡萄酒杂志将他誉为全世界最优秀的葡萄酒农,还专门为他写了一本书(《致勃艮第优质葡萄酒》[*Ode aux grands vins de Bourgogne*],杰克·里格)。曾有一位来自东京的日本人带了一瓶 1971 年署名亨利·雅耶的李奇堡到法国,这酒应该是他从拍卖会上买到的,因为雅耶从未向日本出口过自己的酒。为了表达对这位勃艮第大师的敬意,他与雅耶共享了这瓶美酒……尽管雅耶在夜丘遭人妒忌、饱受非议,他享有的盛誉还是让博讷济贫院产区的红墙绿瓦都黯然失色。

在人们的想象中,这位可敬的长者应该是和他妻子玛尔赛一起住在一所布尔乔亚风情的老宅中,有马道、庭院、石子路,还有木筋墙加固,外邻一片被百年石墙圈起的葡萄田。然而事实完全不是如此:夫妇二人住在沃恩-罗曼尼郊区,他们的别墅和周围其他建筑一样,都坐落在通向镇中心的公路旁,并不是很起眼。那房子让人联想到是城市扩张,而不是勃艮第文化遗产。他们的酒窖也相当朴实,不求艳惊四座,完全为了存酒——酒桶都是由特龙赛森林新伐的橡木所制——酒藏中小产区的酒居多,其中不乏租赁产区的葡萄酒,还有些许李奇堡。

布鲁利(brûlée)、博梦(beaux monts)、依瑟索也在其中。然而,他的杰作其实是来自另一个风土区块,即克罗·巴朗图一级园,虽然只有 72 公亩,不过已经占了该区块 3/4 的面积了! 这个一级园位于李奇堡产区上方，曾因根瘤蚜虫害被弃置，后在二战期间被人们用来种洋姜。亨利·雅耶买入这块地后重新开垦，使其变得适合种葡萄的种植。这里的土壤中嵌有不少石灰岩，质地很硬，雅耶不得不用炸药炸出一个个洞来种葡萄。据这位“爆破葡萄农”回忆，当时炸地炸了有400次之多！

亨利·雅耶饱受赞誉，是因为他反潮流而行，具有先锋派的精神。

不跟风的他弃用钾肥，拒绝大量施用化学肥料，只有在必要时使用适量杀虫剂，尊重土壤本身和地下的生态系统，且坚持控制产量。有优质的葡萄才能酿出优质的葡萄酒。所以一个优秀的葡萄酒酿造师，首先必须是个优秀的葡萄农。

他想法前卫，筛选桌的投放使得那些熟度不够或是长了的腐败霉菌的葡萄们被无情地淘汰。正是因为他在酿造过程中不急于求成，也不愿在发酵中投机取巧——这个人是肯定不会用工业酵母的——他的葡萄酒才有红宝石般闪耀的色泽，馥郁的香气，单宁感也恰到好处，不会过于涩口，在嘴里留香绵长，适于长期贮存。他的葡萄酒不澄清也不过滤，因为这些仪式对于他均衡又澄澈的酿造材料来讲，没什么作用。

亨利·雅耶很睿智，他只采纳科学进步中适合自己的部分。一直以来，葡萄酒酿造对于他来说都更像是个哲学问题，而非简单的物理学课题；属于感性范畴，而非酿酒学。这些原则在酿造初期还是要适当听一听的，毕竟哲学这东西是不会冷凝酿酒槽的，也不会促进乳酸发酵的。米歇尔·普拉蒂尼①曾说过，待到科技发展成熟时，人们可以用灵感踢足球。雅耶对于葡萄和葡萄酒抱持同样的论调。

---

① 米歇尔·普拉蒂尼(Michel Platini，1955—)，法国著名足球运动员，雅号“足球场上的拿破仑大帝”，与齐达内并列法国历史上最佳足球巨星。——译注

产地小、收成少、产量少:雅耶的酒价格确实高昂,然而这价格与酒的稀有度、出名度和优秀品质却是不成正比的。只要他愿意,完全可以将依瑟索和克罗·巴朗图的价格翻倍后,全部卖去美国。可他的选择,是限制每家餐馆、每个人的藏酒量,并且只有特定人选才有资格买他的酒。多亏乔治·杜宝夫的力荐,也或多或少因为电视公众人物的身份,我没过等待名单那关就直接上了正式名单,一呆就是 15 年。有个错误可千万别犯:因为这一年的年份不如去年好,就找个唬人的借口跳过不买。要知道,年份越不佳,雅耶的表现越会让人跌爆眼球。在雅耶看来,这些年份是“酒农的年份”,酒农的本领不同,带来的结果也是大不相同的。

议价也不是明智之举。一收到订单,看着那张用小字写着瓶数、产区和价格的小纸片——一般是 3 打,有时候运气好,能拿到 4 打! ——我就觉得自己有了某种特权,这种特权一边刺激着我的味蕾,一边给了我填支票的欲望。我认识一些尚不是亨利·雅耶顾客的葡萄酒同好们,他们日思夜想地盼着能上雅耶的名单。受此启发,我还写过一篇名为《等候名单》(《阅读》,1986 年 12 月)的小说。三个不同的城市中发生了三起谋杀案。警员盖尔皮雍在调查时发现,受害者们有一个共同点:酒窖里都藏有亨利·雅耶的葡萄酒,遂前往沃恩-罗曼尼一探究竟。他找到一个当地的葡萄酒农,那三位受害人生前都曾是这个酒农的顾客,酒农对三人的死感到惊讶。经详细盘问,他为警员提供了一个在等候名单上的名字,这个人总是在谋杀案发的第二天打来电话,想要在以后能够以死者之名来购买雅耶的葡萄酒……

雅耶的朋友们在沙尼的拉姆鲁瓦兹餐厅设宴,为他庆祝八十大寿。皮埃尔·特鲁瓦格罗①说,伟大的葡萄酒农就如同他们所

---

① 皮埃尔·特鲁瓦格罗(Pierre Troisgros,1928—),特鲁瓦格罗家次子,美食家。——译注

酿之酒一般。这句话用来形容这位克罗·巴朗图的酿酒之星尤为贴切：紧实的身体，圆润的脸庞漾着愉悦，一口勃艮第乡音让“地区(terroir)”一词中的三个“r”听上去格外响亮，谈吐之中，他把作为酒农的经验和科班出身的专业酿酒技术自然而然地结合在一起，要知道他也是第戎大学科班出身的呢！

● 乔治·杜宝夫，朱利安·杜拉克，黑皮诺

汝拉省和萨瓦省(Jura et Savoie)

是时候坦诚我的不足和失礼了：我不喜欢黄葡萄酒。我也曾想过要好好品尝它，接受它。随着时间的流逝，人们的口味在改变，好奇心也愈发敏锐，或许酒的味道也发生了一些变化吧？但我和它的每次相遇都不欢而散。夏隆堡产区(château chalon)的黄葡萄酒在弗朗什-孔泰人们的记忆中算得上是年份佳酿，可我从没在其中喝出什么乐趣。那是一种油腻腻的侵略感，一种由强烈的坚果味、过熟的葡萄味、咖喱味和蘑菇味拼凑而成的怪异组合……然而，我并不打算因为自己的偏见就在《私人词典》中诋毁某一类葡萄酒。我要承认，若不那么严苛的话，这酒还是可以用来调配羊肚菌煨鸡肉的酱料的。

黄葡萄酒是法国最有活力的葡萄酒，因为没有任何一款酒能像它一样引发诸多论战。人们要么厌恶它，要么爱它爱到不行。那些被征服、有幸喝出这酒的美妙的人们，都成为了它的笃信者和传教士。黄葡萄酒成就了他们的信仰，给了他们布道的热忱。其中是否有某种形而上的维度被我忽略了呢？抑或是存在某种诗意，造就了让-克洛德·皮洛特①这位热情的“司酒官专栏作家”？

① 让-克洛德·皮洛特(Jean-Claude Pirotte，1939—2014)，比利时作家、诗人、画家。——译注

下面就引用一段值得一读的：

> 在那一片片丰沃富盈的产区和风土区块里，没有哪一处能如夏龙堡产区般完美惊艳，让人叹为观止。萨瓦涅葡萄是叛逆又脆弱的，它盘绕在石灰岩块上，扎根于赫维蒙拿的蓝色泥灰岩中，经受烈日与冰霜的轮番洗礼后被绞车无情采收——哪怕是雪天也不例外。唯有这种独一无二的葡萄所产的汁浆，才能无时无刻在最昏暗的酒窖里抛开一切葡萄酒工艺学的条条框框，酿出这款强烈的葡萄酒——没人知道个中过程到底是怎样——让其他所有葡萄酒相形见绌，让它的追随者们欢呼雀跃。
>
> 生而为人，确实值得好好活着，因为在这生命中会不时涌现出黄葡萄酒之味啊！
>
> （《葡萄酒童话选》[*Les Contes bleus du vin*]）

黄葡萄酒单由一种葡萄酿造，那就是萨瓦涅。对它我虽称不上了解，但也知晓其强烈且不寻常的个性。它是一个雄辩家，口才了得。了解它的人补充说：在酒桶中“深思熟虑”6 年 3 个月后，葡萄原浆会“毫厘不差”①（ouillage）地呈现出一场色彩斑斓的演说……我不会因为自己不能感同身受，就把“黄葡萄酒之味”从酒徒们的美食乐趣榜单中剔除。

正如卢梭和巴斯德是汝拉精神的代表，我在阿尔布瓦（Arbois）②葡萄酒中也喝出了一番趣味。这种酒由当地葡萄（特卢梭[trousseau]，普萨[poulsard]，汝拉人常将其写作[ploussard]）酿

① 此处指葡萄酒陈酿时由于水分和乙醇的蒸发损失产生的消耗量。又称空据、缺量。——译注

② 阿尔布瓦是法国汝拉省的一个市镇。同名葡萄品种又译作阿布娃。——译注

制而成，看似易入口，实则后劲足。我对麦秆酒并不反感，只要普萨葡萄多于萨瓦涅葡萄，占绝对优势就行！

很早以前，我就通过家父的一个朋友了解到了柔美的萨瓦胡塞特（roussette de Savoie）和该产区其他酿于高纬度的红、白葡萄酒们，那些名字听上去就像是一个个背包远行的承诺：阿普尔蒙（Apremont）、希尼安（Chignin）、希尼安-贝尔热龙（Chignin-Bergeron，同埃米塔日一样，都由瑚珊葡萄所酿）、阿比梅（Abymes）、艾泽（Ayze）、夏比涅（charpignat）……如今当地的葡萄品种是否还和从前一样多呢？萨瓦人曾一度酷爱涩口涩喉的梦杜斯葡萄酒。如今的酒农们在保留其原本覆盆子香调的同时，把这款酒调教得温和了许多。远足归来喝上一瓶从冰桶中拿出来的梦杜斯红葡萄酒，还有什么能比这更提神醒脑，惹人欢心的呢？或是选一瓶比热（Bugey）的白葡萄酒？若是胆子够大，来一小瓶塞尔东丘（côte du Cerdon）的葡萄酒可能也是个不错的选择。

咕噜咕噜

在小说《巴黎红酒》（*Le Vin de Paris*）中，马赛尔·埃梅①构想了一个名为费里希安·吉力欧的人物，祖父两辈都以种葡萄为生，他自己也不例外。然而费里希安却不爱葡萄酒，也不爱自家田里那些恼人的阿尔布瓦葡萄。这个丢人现眼、不可与人说的秘密只有他妻子知道。看似荒唐的主人公就这样陷入了荒诞的境地：在这样一个葡萄酒小村中，随时随地都能有喝一杯的可能，他要如何向自己的一众亲朋隐瞒自己对葡萄酒的厌恶之情呢？

● 什么酒？

---

① 马赛尔·埃梅（Marcel Aymé，1902—1967），法国小说家，被誉为“法兰西伟大的短篇怪杰”。著有短篇小说集《穿墙记》（*Le Passe-muraille*）。——译注

朱朗松(Jurançon)

在镇上上小学的时候，我第一次听说了除博若莱酒以外的葡萄酒。我的老师是卡泽纳夫先生，也就是我们口中的“卡泽纳夫老头”、“柏图斯”（我和我的发小保罗·杰弗里已经忘了为什么给他取了这么个绰号了，不过肯定跟那个波尔多红酒没关系，因为当时我们俩和老师都不知道这酒）、“围巾哥”（他一年四季都带围巾），他在课上提到亨利四世的时候，给我们讲起了他自己的出生仪式：用蒜瓣擦拭嘴唇之后，在舌尖滴上一滴朱朗松葡萄酒。我想他应该还说了朱朗松是一款来自法国西南地区的酒，但他应该没有细说这款酒的产区位于波城附近，且毗邻的几个产区名字叫起来都像唱歌：伊卢雷基（irouleguy）、贝恩丘（côtes-de-béarn）、马迪朗（madiran）、维克-比勒-帕歇汉克（pacherenc du Vic-Bilh）、圣蒙丘（côtes-de-saint-mont）。那时我们差不多八九岁，还不了解博若莱各产区的名字。啊，刚刚忘了提厄热涅莱班的图尔桑产区（tursan）——以白葡萄酒著称——米其林三星主厨米歇尔·热拉尔就是在这里实现他厨师-旅店主-葡萄酒酿造师的三重身份的。

与主要由大满胜葡萄（gros manseng）酿造的朱朗松干白相比，噢！天知道我有多喜欢小满胜（petit manseng）酿的朱朗松甜酒。小满胜葡萄的皮简直跟贝恩酒农的皮一样厚。在如此厚实的外皮包裹下，葡萄果肉不断熟化，汁液得以浓缩，直到“自然干缩”[1]（passerillage）的过熟态。不过葡萄成熟的速度不尽相同，所

---

① 通常指葡萄采摘之后酿造之前的一段时间里，将葡萄风干并皱缩，从而提高其中糖分的浓度。通常在干燥、通风良好的区域进行，以避免腐烂。——译注

以需进行多次采收。每次入园采摘，都需要分拣。

大满胜和小满胜在定居贝恩之前，是否曾在热带地区漂泊过一阵子，所以才带来了那股异国水果的香气呢？

朱朗松名字中的软音符(ç)就是个开瓶器。相比而言，马孔产区的酒就没那么方便了。

咕噜咕噜

……年轻时，我认识了这样一位激情满满、蛮横骄纵、跟所有情圣一样不忠诚的王子：朱朗松。6瓶酒过后，我对它的故乡充满好奇，从来没有哪位老师能让我迸发出如此浓厚的兴趣。

科莱特，《麝香葡萄藤》[*La Treille muscate*]

● 坎希耶-博若莱

K

库克香槟(Krug)

就像雪铁龙的车迷们从不会开其他车一样,在库克香槟迷们眼中,没有任何一款除了库克以外的香槟能有资格登上自己的餐桌。这些人倒不至于出门在外也对宝禄爵或是路易王妃香槟说不,他们还是会谦逊地称赞这些好酒。雪铁龙迷也一样,若是为他们安排了雷诺或是欧宝,他们还是会欣然上车。但库克迷与雪铁龙迷(或是法拉利迷)的狂热和偏执可谓不分伯仲!

贝尔纳·布罗神甫就说过,他从没在朱利恩·格林家喝过除了库克以外的香槟。这位美籍法裔作家就是个库克迷。海明威和保罗·莫朗①也是,这几位作家都是打碎过香槟杯的人。尽管库克香槟和沙龙香槟一样价值不菲,但库克迷的圈子还是越来越大,一直延伸到了日本。

从库克香槟创始人约瑟夫·库克(Joseph Krug),到身兼葡萄农、酒窖管理师和葡萄酒手工艺人的亨利,再到他那身为库克香槟批发商兼代理人的弟弟雷米,库克香槟一直特立独行,认为自己高端的品质和有限的产量值得世人瞩目,也配得上在大多数行家出的高昂价格。说他们是香槟工业家?那肯定是不对的。是香槟工匠?他们对方法和精神很有要求。是艺术家?他们又没到那个程度。不过,亨利曾出版过一本小书名为《库克的艺术》。书中他将库克陈年香槟(Grande Cuvée)比作交响曲,将库克罗曼尼钻石香槟(Clos du Mesnil)——一款量少精致的库克年份香槟,由单一品

---

① 保罗·莫朗(Paul Morand,1888—1976),法国著名作家,法兰西学术院院士、外交官,被誉为现代文体开创者之一。著有《香奈儿的态度》《威尼斯》等。——译注

种葡萄酿制而成——比作了奏鸣曲。不少当代艺术家——尤其是杨·沃斯[①]——都曾以热情洋溢的现代感画作，赞颂过库克香槟中的"K"字。为庆祝库克香槟这40年来的调配、酿造和创新，雷米在巴黎音乐城为哥哥亨利和巴黎文化圈的名流们准备了一场奢华的晚宴（佐宴酒单：1988年库克年份香槟、库克桃红香槟和库克1979珍藏香槟）。晚宴以小提琴家劳伦·柯西亚[②]的独奏作为开场，同时向罗斯特罗波维奇[③]和让娜·莫罗[④]等艺术家们赠送了专门为此次盛宴所创造的沁爽香槟酒。库克欣赏这些艺术家的天分，也借此机会巧妙地和艺术家们建立了联系。

显然，库克两兄弟所有的包装策略和商业考量都围绕在创新、艺术和文化层面的稀有性上。这无疑会遭人嫉妒和算计，然而他们并不在乎。以非典型香槟的优秀质量为保障的"库克崇拜"，可是一项噼啪作响的事业呢。

● 香槟，唐培里侬，凯歌香槟

---

① 杨·沃斯(Jan Voss，1936—)，德国画家、雕塑家、陶艺家。——译注

② 劳伦·柯西亚(Laurent Korcia，1964—)，法国杰出小提琴家。——译注

③ 罗斯特罗波维奇(Rostropovitch，1927—2007)，俄罗斯著名指挥家、大提琴演奏家。——译注

④ 让娜·莫罗(Jeanne Moreau，1928—)，法国女歌手、演员、导演。曾出演特吕弗的《祖与占》和安东尼奥尼的《夜》等知名影片。——译注

阿尔封斯·德·拉马丁(Lamartine [Alphonse de])

拉马丁是南勃艮第人,那里靠近里昂,离第戎稍远些。他的名字和诗作与马孔葡萄产区有着很深渊源(尤其是《米利,故土》[*Milly ou la Terre natale*]和《葡萄与家园》[*La Vigne et la Maison*])。拉马丁一直十分渴望能在这个产区里当一名运筹帷幄、生意兴旺的庄园主,后来他从父辈遗产中继承了 3 个酒庄及其产区,几个产区以马孔为起点(拉马丁 1790 年出生于此),组成了拉马丁的朝圣之路。密特朗总统也曾踏上这片土地。

拉马丁偏爱米利(即现在的米利-拉马丁镇)和蒙梭(Monceau)两地,可能是因为这里十几公顷的葡萄田造就了一片富饶景象,至于剩下的圣普安(Saint-Point)则基本被土地、草坪和森林环绕,葡萄产量和收益都是最少的。产区共有 30 多位葡萄佃农,生性慷慨大方的拉马丁常常给他们分发金路易①,再加上庞大的生活开支,这一切都让人相信他是个富裕的乡下贵族。然而事实并非如此。继承了地产的拉马丁需定期向姐妹和连襟们支付一笔可观的钱财,需要为受益人支付终身年金,还需要为这些新得的土地支付合约贷款。我们的领主大人总是目光长远,心存美好愿景。他对这片土地爱得如此热切,才会一生负债,任凭这葡萄园吞噬他的版税。收成不好的年份,他还需要再借贷新款,而且款项常常都来自高利贷。若不是压力所迫情非得已,他是不会妥协卖地的。1860 年,70 岁高龄的拉马丁遭遇了前所未有的困境,绝望之余,他不得不将自己珍爱的米利转让给了克吕尼的有钱人。

大多数年份,拉马丁酿的红、白马孔葡萄酒都卖不完,所获利润也不够支付葡萄园维护费和新苗种植费。拉马丁是不是也像现

---

① 当时法国的一种金制货币。——译注

如今的演员、企业老板和星级主厨一样，希望自己作家和政客的身份能够给自己的葡萄酒带来附加价值，让客人毫不犹豫就买单呢？若是曾有过这样的想法，那么当时的市场肯定让他大失所望。与此同时还必须承认，他曾希望通过自己出资兴建的贸易公司把自家红酒出口至美国，也是个灾难性的决定，这一举动消耗了他大笔金钱。

但这些都没能使他气馁。他跟克吕尼的葡萄一样倔强，不论在巴黎或是在旅途中，他都关心着自己的葡萄园和葡萄酒的销量。这一点从他的书信、票据和写给产区主管“亲爱的雷维庸”的小纸条中可见一二：“请您严格监管米利和蒙梭两地的酒农工作，每周至少入园两次，视察农活，看一看灌木长势，等等。”他还写信给姐姐塞西尔和侄女们：“这是一封来自酒农的信。请照看好我那三个葡萄田收获的葡萄，把它们榨成葡萄汁。请提前支付酒农工钱，他们会需要这笔钱去买过冬的面包。如果可以的话，请帮我把这1800瓶或是2000瓶的葡萄汁都装到发酵桶中。”

这样看来，拉马丁还是更在乎葡萄田带来的收成，而不是酒的质量。

我曾买到过一张票据，还把它裱了起来。这张票据写于2月25号，具体年份不详，是写给谁的呢？

> 若是加利雄先生愿在4月份以60000法郎的现金购买650瓶年份不一的陈年葡萄酒，一次付清，请跟我说，我很乐于知道。
>
> 一瓶酒约85法郎多一点。现在我不太接受分期付款。
>
> 顺颂时祺
>
> 拉马丁
>
> 最近偶感风寒，离不开火炉。

这几行字有几点值得注意:计算错误,加利雄先生的每瓶酒约92法郎多一点;拉马丁对于找到买家来购买其“年份不一”的葡萄酒库存这点很是高兴,因为这些葡萄酒都是早年卖不出去的;对金钱持续不断的需求使得他常做亏本生意。

“我葡萄园的预产量有2000瓶葡萄酒,”这位酒农诗人在写给德·吉拉尔丹夫人[①]的信中如是说,“只要伟大的上帝——请怜悯我吧——少打雷,少下冰雹。”

咕噜咕噜

奇怪的是,葡萄带给我们的庄园主无限热情,却没给这位诗人带去太多灵感。在《米利,故土》中,葡萄只是一个背景,无他。在《葡萄与家园》中拉马丁和自己灵魂对话的段落,葡萄反倒比较引人注意:

你听,这葡萄丰收的呐喊
在榨汁的工作间,犹然升起,
你看,谷仓前那石子路面
被葡萄的血液染红,一滴一滴。

看那坍塌崩垮的屋檐:
一颗干枯的无花果把它倚靠,
生机盎然的葡萄藤向上攀卷
把这破碎的墙角缠绕!

我们必须承认,是水(《湖》)给这位马孔葡萄农带去了灵感,让

---

① 德尔菲娜·德·吉拉尔丹(Delphine de Girardin,1804—1855),法国作家、诗人、沙龙文学组织者。在其组织的沙龙中常见巴尔扎克、雨果、缪塞、拉马丁等人的身影。——译注

他创出了代表作。葡萄酒对他来说，并不是一种富有浪漫气息的液体。

● 霞多丽，孟德斯鸠

朗格多克-鲁西永(Languedoc-Roussillon)

有些葡萄酒及其产区会在某段时间掀起风潮，而后便悄声退场。1970 年间，博若莱酒曾独领风骚，接着是卢瓦尔红酒（都兰、安茹和索米尔）。从 1990 年开始，就是朗格多克红酒的天下了。

试问，当客人愿意做些新的尝试时，哪个侍酒师、酒窖管理师不会为其推荐一瓶朗格多克红酒呢？举个例子，我第一次喝鸽笼酒庄(Domaine de la Colombette)的红酒，是在"侯布雄餐厅"①，它给我的印象就像是一个操着乡音唱着歌的运动健将。当时我邀请的一位客人家里也有这款酒，可他并没有喝出来。不过，身处那样一个万众瞩目的美食殿堂，发生这种情况是完全可以理解的。这款来自里布隆丘(Coteaux du Libron)的地区餐酒经侯布雄餐厅的加持后，瞬间给我的这位朋友和他的酒窖增添了某种神圣的附加值。

整个朗格多克产区的酒都上了一个档次，不断被巴黎的侍酒师拿来推荐给客人。这一切都是值得的。因为法国最广阔最古老的葡萄园（纳博讷地区）——与其说这里不断生产销量差的红酒，不如说因为消费者整体素质越来越高，要求也越来越严格——已经成为顶级佳酿的有力竞争者了。他们开始附庸风雅地使用的新橡木桶，聘用精致讲究的葡萄酒工艺学家，如此一来，酒的价格也

---

① 侯布雄餐厅(L'Atelier de Joël Robuchon)：米其林星级餐厅。主厨若埃尔·侯布雄(Joël Robuchon)是目前全世界旗下餐厅米其林星级总数最多的法国名厨。——译注

不再合情合理。现如今酒庄和产区不断增加，给顾客定的价格，又何尝不是一种用来昭告自己权威地位的手段呢？不要忘了，葡萄酒公司与其他公司一样，都是需要计算盈亏的。

朗格多克产区一直都是炙手可热的投资圣地，其风头不逊于当年的科罗拉多产区(Colorado)。不得不说，“淘金者”们不管来自何方，是何许人也，大都愿投入重金，研究葡萄酒的独特性(一种或多种葡萄酿造的地区餐酒)及质量，并取得了成功。同样，那些专注投资奥克产区葡萄酒的人基本上也都成功了。

朗格多克，“反差之地”(这是被所有新闻学校都禁用的陈词滥调)：一方面人们遵从传统，沿袭古风，过量生产；另一方面人们越来越善于打破常规，敢于创新，精挑细选。

奢华的莫利和温柔的巴纽尔斯(banyuls)都是源自歌海娜葡萄的佳作。里维萨尔特(rivesaltes)、圣-让-米内瓦(saint-jean-de-minervois)和科莱特最爱的弗龙蒂尼昂，则由天然甜美的麝香葡萄酿造而成。我青年时期的味蕾还记得这些味道。这会不会是普鲁斯特玛德莱娜蛋糕的鲁西永版本呢？不过是另一个被新闻学校禁用的陈词滥调罢了。

卢瓦尔河谷(Loire [Val de])

这里有法国最绵长、最多样也最独特的葡萄种植带。遭遇汛情时，卢瓦尔河的河道难以疏通；天朗气清时，卢瓦尔河安详又不失壮美，温静地蜿蜒流淌。这条河有如安稳而漫长的人生，两岸葡萄树绵延不绝，集结为一块块公爵和亲王的领地，形成了一个属于甜蜜又古老的法国标记。

这里的一些产区以城堡命名：菲乐堡(Fesles)、苏虹堡(Suronde)、沃古德里堡(Vaugaudry)、图米利耶堡(Turmelière)、努瓦耶堡(Noyers)，等等。然而，卢瓦尔河及其支流谷地的那些历史悠久且富丽奢华的城堡们：如昂布瓦斯堡（Amboise）、香波堡（Chambord）、舍农索堡（Chenonceaux）和布卢瓦堡（Blois），等等，却没有用自己的名号来加持任何一个葡萄酒产区①。啊，这些古迹可不是波尔多那些人称"陋室堡"的城堡，这里的名堡是旅游界和商界的荣光，他们才不会轻易让出这盛名。

卢瓦尔河谷的葡萄产区还有一个特色：产区中没有一个城市是经济政治中心。就像罗讷河和挂了它名字的"坡地"们一样，卢瓦尔河也化身为该流域 61 个产区的代表。与之不同的是，罗讷河畔的几大要都如维埃纳、瓦朗斯 、蒙特利马尔和阿维尼翁并没有让自己的名望惠及邻近葡萄产区，照亮那些默默无闻的小村镇。反倒是卢瓦尔河畔有几个以出产葡萄而闻名的城市，如南特、昂热、索米尔和图尔。

我们也可以沿卢瓦尔河溯流而上，从南特到罗阿讷细数那些如部落般簇生于两岸的各类葡萄：勃艮第香瓜（melon de Bourgogne，本土化的慕斯卡岱葡萄）、大普隆（gros plant）、白诗南（Chenin Blanc）、品丽珠、赤霞珠、果若（groslot，又写作 grolleau）、霞多丽、长相思（sauvignon）、马尔贝克、黑皮诺、灰皮诺、莎斯拉、佳美……历代法国国王都把这里当做享受生活甜趣的地方，当地人也因此备受鼓励，以君主制度为范本，增加产区、名号、领地和庄园的数量，再根据自身利益决定是否进行葡萄酒的调配。卢瓦尔河谷的葡萄产区与瓦卢瓦王朝和波旁王朝一样：有源可寻，有分支，有后裔，有礼节规矩，有混乱不堪的时日，有盛名在外的美誉，有卓越不凡的表现，有公爵也有乡绅。

我对柔和甜美的"公爵"们尤为钟爱……它们都是由贵腐葡萄酿造而成的。一粒粒白诗南葡萄曝露在安茹的阳光下，浸润在莱昂河与卢瓦尔河交汇时迸起的薄雾中，给人们酿出了名为卡特休

① 除雪瓦尼堡（Cheverny）外。

姆(quarts-de-chaume)和邦尼舒(Bonnezeaux)的乐享佳品(1921年的邦尼舒似乎更适合谨慎的人享用,它会让人飘飘欲仙,也有可能让人快乐至死)。若是莱昂丘遇上了秋老虎,也会给人们带来意想不到的惊喜。

巴尔扎克最爱的白葡萄酒武弗雷,是都兰地区的公爵。这款酒中白诗南葡萄依旧是主角,它的配合度之高创造了奇迹,用它酿制的武弗雷葡萄酒类型颇多:干型、半干型、甜型、利口型、甚至还有起泡酒,这一切都要视土壤状况、光照强度、年份、酒农和市场所决定。半干型的武弗雷葡萄酒——万分对不起,公爵大人!——对我来说有些不上不下;起泡酒又像个小丑。我还是喜欢您干爽、优雅、盛气凌人的青年时期;还有更胜一筹的,就是诞生于皇室太阳之年(即路易十四的年代)的您,在暮年的金光中所散发出的享乐主义幽香。

长相思葡萄在卢瓦尔河东岸两侧安插了桑塞尔和普伊两位白葡萄酒公爵。这两位备受追捧的贵族在他们的瓶塞上印上了徽章,远离城堡的他们曾通过投票的方式,要置国王于死地。普伊闻起来甚至还有些熏烤的味道,有别于焦糊味,是火石的味道,这点成就了它令人艳羡的独到特质。桑塞尔则毫不犹豫地和名为莎维尼尔(Chavignol)的奶酪商一起招摇过市,后者生产的克罗坦羊奶酪(crottins)味道鲜美。桑塞尔和熏普伊[①]成了民主化分配的大赢家,并在布尔日和维耶尔宗两地,成功培养了两名同样身着白色紧身上衣的乡绅(白葡萄酒),分别叫作坎西(Quincy)和勒利(Reuilly)。

在卢瓦尔河的另一端,南特这片土地已吸足了大西洋碘味十足的海风。相较身后的古堡,这里的人们更爱憧憬前方的灯塔,慕斯卡岱葡萄的柠檬香飘溢在各式各样的海味上,久久不散。

---

① 熏普伊:pouilly-fumé,即普伊-芙美葡萄酒。此处沿用作者前文对这款带熏烤味葡萄酒的拟人化描述,译为“熏普伊”。——译注

然而，卢瓦尔河畔最为出众的干白葡萄酒却是出自好人勒内一世[①]领地。他曾是巴尔公爵、洛林公爵、普罗旺斯伯爵、那不勒斯国王，也是安茹归属法国前最后一任尽心尽力的安茹公爵。除了拥有莱昂产区众多甜酒外，在离他城堡更近的卢瓦尔河右岸，还有萨弗涅尔干白(Savennières)。彼时昂热附近的酒单跟现在的应该大不相同，但没人会质疑以下两种特级卓越佳酿的悠远盛名：一个是僧侣岩(roche-aux-moines)，另一个是塞朗之流[②](coulée-de-serrant)，后者更是有幸获得科农斯基[③]的盛赞，被他纳入"法国五大最佳白葡萄酒"的排行榜单(同时入榜的还有夏隆堡、格里叶堡、蒙哈榭和滴金。)

卢瓦尔的保皇派们为法兰西培养的白葡萄酒公爵远多于红葡萄酒公爵，这是不是有些不正常呢？

红葡萄酒公爵们主要定居在都兰，分布在俙农、布尔格伊和布尔格伊-圣尼古拉，像架在阿泽-勒希都堡(Azay-le-Rideau)与朗热堡(Langeais)组成的弓弩上的箭。萨榭堡[④](Saché)就在一旁。我们身处巴尔扎克的家乡，拉伯雷的故里。都兰产区的葡萄酒和这两位伟大的作家是分不开的。

咕噜咕噜

武弗雷之夏
智慧之光
时间的浮尘

---

① 好人勒内一世(René Ier le Bon，1409—1480)，出身法国王室，拥有众多爵位。——译注

② 又译塞鸿河坡。——译注

③ 科农斯基(Curnonsky，原名莫里斯·艾德蒙·赛扬[Maurice Edmond Sailland]，1872—1956)，美食家、幽默家、烹饪评论家，被誉为法国的"美食王子"。——译注

④ 巴尔扎克故居，后被改为博物馆。——译注

缓缓崩裂的石灰华，蔓向那闪耀晶亮的黄色河川

武弗雷之秋
橙红色的音符
酒桶下是女巫之火
那里，你我的未来在歌唱，轰隆作响
路上的黄金开始融合……

让-马利·拉克拉夫提那[1]，《武弗雷》

咕噜咕噜

安茹的葡萄酒多次出现在《三个火枪手》和《二十年后》中。它是达达尼昂最爱的法国葡萄酒。米拉迪[2]很清楚这点，于是送了几瓶到拉罗谢尔的围城中。她原本盼望的是一场快刀斩乱麻的复仇，因为酒中已下好了毒。然而一个仆人喝了一杯后立即毒发身亡，也救了我们四个主人公的命。在我印象中，大仲马从没有具体写出深受火枪手喜爱的到底是安茹干型葡萄酒还是甜型。是不是我读得太快了呢？

● 保罗-路易斯·考瑞尔

① 让-马利·拉克拉夫提那（Jean-Marie Laclavetine，1954— ），法国出版商、小说家。——译注

② 达达尼昂和米拉迪均为大仲马小说《三个火枪手》中的人物。——译注

弗朗索瓦·莫里亚克(Mauriac [François])

41 岁的莫里亚克在家族的安排下,成为了马拉加尔(Malagar,曾作 Malagarre)的庄园主。他的宅屋坐落在加龙河畔,坚实又漂亮,虽然本身并不是一座城堡,却因园内出产波尔多葡萄酒而被贴上了相关的标签。庄园距朗贡 3 公里,位于格拉夫、苏玳、波尔多圣马盖尔(côtes-de-bordeaux saint-macaire)和圣克鲁瓦蒙(sainte-croix-du-mont)葡萄酒产区交汇处,隶属波尔多首坡产区①(premières côtes-de-bordeaux),出产的酒品包含一款红葡萄酒、一款干型白葡萄酒、一款粉红葡萄酒和一款利口白葡萄酒。毫无疑问,马拉加尔堡必然没有近邻滴金堡般响亮的名声。可莫里亚克在世的时候,我也从未听过他在《快报》和《费加罗报》的记者同事们称赞过他的酒,这又如何解释呢?难道那些人的评判标准被大作家的光环扭曲了(大家不希望看到一个各个方面都无人能敌的人)?

在作品《札记》中,莫里亚克常对马拉加尔的迷人魅力赞不绝口,悬于广阔葡萄田之上的露台更是深得其心。他在这里过得惬意,也热衷于回到这里生活,尤其是复活节和入秋之时。他喜爱这里的平和与宁静,也会对超音速飞机的轰隆噪声斥骂不停。跟所有庄园主一样,他会担心在丰收前遭遇冰雹和暴雨。“事实上,我只有在马拉加尔的时候在才觉得像是在自己家。”啊!葡萄枝蔓在壁炉中燃烧的味道,夜莺的鸣唱,轻盈的晨霭,葡萄田中的薄雾……

但是他没有提过葡萄农的工作,也很少讲到葡萄和收成。不过

---

① 自 2009 年 10 月 31 日起,波尔多首坡产区被划分为两处:出产红葡萄酒的波尔多坡卡迪拉克(Cadillac-Côtes-de-Bordeaux)和出产甜型白葡萄酒的波尔多坡(Côtes-de-Bordeaux)。——译注

还是有这么一段："今年的采收季较为短暂，酿的葡萄酒会非常精醇：前天的酒是23度。但接下来就不一定了。葡萄农们予我以葡萄的香气。我去阴暗的厨房探望他们以表感谢的时候，他们正吃在吃火鸡。"(1959年10月11日星期日)。1963年10月，他记录下了隔壁"新压榨机"的声音。除此之外再无其他。如此看来，朗贡的葡萄给这位吉伦特作家带来的灵感，远没有他儿时的朗德松树多，树丛高挑的剪影和沙沙作响的声音对作者来讲要浪漫多了。然而波尔多红酒却没少出现在他的小说里。举个例子，下面这段就很精彩："往昔的夏日在滴金堡的酒瓶中燃烧，流年的落日映红金玫瑰堡(le gruand-larose)的脸。"(《给麻风病人的吻》[*Le Baiser au lépreux*])

对了，莫里亚克喜欢葡萄酒吗？是否注重品酒的练习呢？这些他都鲜少提及，不由于让人心生疑惑：是不是他那无上虔诚的基督教节欲，使得他无法体会到美酒带来的欢愉。然而，他又和所有波尔多产区的庄园主一样，以酒庄身处世界闻名的葡萄产区而自豪。从酒庄到酒窖，到选酒，再到比照葡萄酒的年份……是他的儿子克洛德·莫里亚克——本身对葡萄酒的兴趣并不大——向人们透露了一个秘密："从我的叔叔们(尤其是皮埃尔)到莫里亚克家族的表兄弟，人人都在葡萄酒这个如此精神化的产物上了展现了大量的天赋、灵感和认知。相比来说，我父亲就少一些，这个必须要承认，即便可能会让人失望。"(《波尔多，葡萄酒的精神》[*De l'esprit des vins, Bordeaux*])

可谁会责怪《握手》的作者手里经常不拿酒杯，而是握着笔、捧着书和报纸呢？

● 欧颂酒庄，孟德斯鸠

梅多克(Médoc)

如果一个读者拿起最爱的法国葡萄酒百科全书，查阅1855

年梅多克红葡萄酒分级，那么在吉伦特三角洲左岸顺着河流入海的方向，他会相继看到有 21 个列级酒庄的玛歌产区，其中一级酒庄 1 个（玛歌酒庄）；接着是圣·朱利安产区，列级酒庄 11 个；波亚克（Pauillac）产区，列级酒庄 18 个，其中一级酒庄 3 个（拉菲酒庄、拉图酒庄、木桐酒庄）；最后是圣埃斯泰夫产区，列级酒庄 5 个，再加上稍远一点的上梅多克产区又追加了 5 个列级酒庄，总共 60 个①。

与波尔多人的预想恰恰相反的是，名镇名村中掺一些名气不大的地方，比如阿尔萨科（Arsac）、康德那克（Cantenac）、圣拉伦特（Saint-Laurent）、穆林、圣瑟兰（Saint-Seurin）、拉巴尔德（Labarde）、玛高（Macau）等等，会给外乡人造成困扰。不过，这些不出名的小镇中其实也有一些榜上有名的列级酒庄。

在坡地、丘林或是山岗中种收过葡萄的法国人一定常常听人说，向阳很重要，葡萄藤需要在坡地上攀爬生存，这样葡萄结出的果实才是合格的，才能充分吸收到养分。而梅多克产区一定会让人大吃一惊。什么鬼！海拔 0 度？全都是无聊的平原？好吧，我是夸张了一点：利斯特哈克镇的海拔有 43 米呢！这下肯定晕过去了。在这里到处都可以看到通向酒庄的路，路面上似乎有些极轻微的起伏（用“攀爬”来形容就有些牵强了）。嗯，没错，梅多克的海拔不高，也没有坡地，而这里所产葡萄酒的质量之优异可是与其地理上的海拔成反比的。

不过，这里有吉伦特河的河水。人们常说“最优秀的葡萄园都凝望着河水”，像是龙船酒庄（beychevelle）②，之所以得此一名，是因为当年水手经过这里都要降下船帆向法国大元帅埃佩尔农公爵致敬。家族和贵宾的往事、贸易上的轶事、来自王公贵

---

① 目前列级酒庄总数已增至 61 个。——译注

② baychevelle 与 baisse tes voiles 谐音，意为“降帆”。——译注

族和总统明星的感谢信函……所有酒庄都充斥着满满的回忆，都有用玻璃板装裱起来的文件和照片——没有装裱的，或许都存在了保险柜里。

还有海洋，墨西哥湾暖流也流经于此。另外，得益于大西洋海洋性气候，这里干湿度适中，使得成熟期较久的赤霞珠葡萄得以完美适应。

还有格拉夫地区几千万年间从比利牛斯山流蚀而下，堆向吉伦特河、多尔多涅河和加龙河的冲击层。多亏了格拉夫，把石灰岩和小砾石杂糅在一起，这样一来当阿基坦地区被海洋当成下水槽时，水质也得以过滤。梅多克和其他一些波尔多葡萄种植区从这贫瘠的第三纪土壤中，获得出了宝贵的财富。

最后，少不了要说一说梅多克葡萄酒的同一性和每瓶梅多克的独特性。即便来自同一个家族，其态度、性格和举止也会因为出身、教育而有所差别，并随时间的推移产生变化。这就是为什么梅多克葡萄酒的爱好者之间常常会无止尽地争论玛歌和波亚克哪个更优秀；是否喜欢圣朱利安甚于圣埃斯泰夫；或是因为极度迷恋某个五级酒庄酒甚至中级庄园酒，想要把一家让自己大失所望的二级酒庄酒的名号让给这个新宠。

除了品评和对比的乐趣外，这种打破酒堡等级的幻想游戏也别有一番趣味吧！

咕噜咕噜

没有人规定喝梅多克的酒就必须要喝列级酒庄的！降低价位，同样可以找到定位亲民的酒庄，比如玫瑰磨坊酒庄（château moulin-de-la-rose）（是谁说这个更优秀来着?），这款来自圣朱利安的酒曾在居伊·朗瓦塞的一本书中出现过。我也曾有幸在一家餐厅的酒单见过它的名字。

● 布尔乔亚，1855 年分级

法国农业勋章(Mérite agricole)

在法兰西共和国所颁发的众多勋章中，法兰西农业勋章是最受欢迎的。尤其是对于那些从没牵过马、没赶过牛，或是不知道动词“填缺量”和名词“葡萄部分果实僵化”为何物、没有拿奖资格的人来说，更是如此。当我们还是年轻记者的时候，都曾被记者培训中心的一位教授如此教导过：我们的言论自由可以通过小专栏或是那些只有编辑和编辑的家人们自己看的报纸来表达，只要我们在职，就不会跟荣誉勋章挂上钩。倒是可以去追求些别的东西，无伤大雅即可。

1960 年，我和《费加罗文学报》的一众同事们曾试图去证明这个缺乏尊重却也无甚大碍的说法。当时我不到 30 岁，同事们准备帮我赢得法国农业勋章，而我，则会尽全力让坎希耶-博若莱的市长拿到艺术文学勋章带子去装饰扣眼。到时候，葡萄酒农和文学专栏的记者就会面向自己的朋友站上同一个授勋仪式的领奖台，后者拿的其实是理应属于前者的勋章，反之亦然。

我的农业勋章申请步骤很简单。不过，一开始我很害怕自己搞砸，因为必须填写一份申请表，上面问了家里养了几头牲口，耕地面积多少平米。我犹犹豫豫地填了几个数：1(一只猫)和 250 平方米(郊区花园)。农业部部长埃德加·富尔[①]和他的办公室主任

---

① 埃德加·富尔(Edgar Faure，1908—1988)，法国政治家、散文家，曾两次担任法兰西第四共和国总理，是第五共和国时期最著名的戴高乐派。——译注

让·潘雄估计是种植“幽默”的吧:我的资格就这样被核准了。

而一旁的艺术文学部则完全是另外一番景象。首先,我们编了一本小册子来赞扬坎希耶市长乔治·拉瓦勒纳长期以来在图书馆和市立铜管乐队上投入的大把精力,强调这位低调的葡萄酒农对书籍的热爱,突出他为研究本市及博若莱地区历史的学者们所提供的便利,最后以乐于收到回应为结尾,点出这枚出人意料却又合情合理的勋章是值得落入葡萄酒之乡的——因为当地民众对除葡萄酒以外的各种文化也十分渴望,却鲜少收到来自巴黎和文化部的鼓励。非常巧妙,对吧?唉!殊不知艺术文学部的部长安德烈·马尔罗①和他办公室的员工们就跟七星文库里马勒伯朗士②的作品一样严格。经过一番详尽调查,我们得到如下结果:相比艺术文学勋章,葡萄酒农乔治·拉瓦勒纳还是更适合拿到农业勋章!

作为当事人,我和我在《费加罗文学报》的同事们都非常失望。我们从来不会放过任何一个开酒庆祝的理由,这个巧取而来的双授勋本应是个饮酒作乐的绝妙时刻。然而,大家都沉浸在恶作剧失败的懊恼中,没心情为我获得的农业勋章喝上一杯了。而这枚农业勋章,我也从没真正拿到手上过。

● 坎希耶-博若莱,品酒小银杯骑士会

弥撒葡萄酒(Messe [vin de])

唉!我们要再一次琢磨这个问题:什么酒?耶稣最后的晚餐

---

① 安德烈·马尔罗(André Malraux,1901—1976),法国著名作家,曾任戴高乐时代法国文化部部长,著有《人的命运》(*La condition humaine*)等多部作品。——译注

② 马勒伯朗士(Nicolas Malebranche,1638—1715),法国哲学家,他综合了奥古斯丁和笛卡尔的学说,认为上帝存在,并提出偶因论。著有《真理的探索》(*De la recherche de la vérité*)等多部作品。——译注

上摆的是什么酒？他用面包作为自己身体的隐喻，那么被拿来当做血液的隐喻的，是白葡萄酒还是红葡萄酒呢？三位福音书作者都没有明确表明，是哪种颜色的酒成就了耶稣的圣餐变体（第四位作者约翰则完全没有提到濯足节的晚餐），谁都没说！一些史学家和圣经研究学者曾尝试破解这个谜题，但没有成功。

从颜色上看，说红葡萄酒是圣餐变体显然更加合情合理。红色的血液，红色的波尔多……布满红血丝的脸，血橙……圣餐是个美丽而晦暗的奥秘，唯一符合世俗之人逻辑的就是把红酒当做血液。然而这么想就大错特错了！天主教的弥撒酒是白葡萄酒（东正教选用了红葡萄酒，难道是因为拜占庭的教堂更加的……理性么?）。不过，若是神甫因为便利、口感或是健康等原因选用了红葡萄酒，也不算是过失或罪孽。

有趣的是，教会法不曾提及葡萄酒的颜色，却清清楚楚地表明酿酒需选用“成熟紧实的葡萄”，“沸煮不可代替发酵”。对人们来说，神甫为弥撒选择一瓶得体的酒是理所应当的。“当酒已变酸或是腐坏，它就成了没有价值的东西；当酒开始变酸或开始变质，它就是非法的东西。”所以，教会不会禁止神甫选则法定产区命名的酒——恰恰相反——甚至还会鼓励他们挑选特级佳酿。红衣主教贝尼斯①就不会放弃这个特权。当人们问他为什么会选一瓶上好的默尔索作为弥撒用酒，他回答说：“因为不想让我的造物主看到我在领圣餐的时候因为喝了劣酒而挤眉弄眼。”

16世纪开始，因为法衣祭具储藏管理的问题，红葡萄酒渐渐被白葡萄酒取而代之。大家都知道，红酒会染色，甚至弄脏祭台上的衬布。它留下的印记清晰可见，与弥撒的神圣氛围格格不入，而

---

① 弗朗索瓦-若阿基姆·德·皮埃尔·德·贝尼斯（François-Joachim de Pierre de Bernis，1715—1794），外交官、文学家、法国主教。曾出任法国驻威尼斯大使、国务部长等职务。——译注

白葡萄酒印则非常隐蔽。如此，实用主义战胜了象征主义，省心省时战胜了费力洗涤。同样也是出于方便考虑，信徒们在葡萄酒下领圣体的仪式也没有被保留下来。

二战期间，我是坎希耶教堂童声合唱团中的一员，圣水壶常常归我负责，弥撒前需要分别在两只壶中倒满葡萄酒和水。那时的博若莱只出产红葡萄酒（时至今日白葡萄酒的产量也非常有限，不过呈上升趋势）。我记得那时我们的神甫用红酒做弥撒的同时，也常有几瓶白葡萄酒可以使用，那些白葡萄酒是酒农或者酒农太太带给他的，都是些本区主日弥撒的积极参与者。他们送给神甫的这种甜型白葡萄酒由那些被葡萄农遗漏或是在收割期因不够成熟而被有意留在藤上的葡萄酿制而成。我们把这种二次收割的葡萄叫做“晚收葡萄”。数量虽不多，却也足够酿出一小桶特别的葡萄酒专供自家享用。尤其是在晚上，当爱喝红酒的男人们玩儿起勃洛特纸牌的时候，女人们就一边织毛衣，一边享用着这种酒。这些都是陈年旧事了，那样的夜已不复存在，那款白葡萄酒也不再出产，甚至连“晚收葡萄”都没了踪影——除了少数收成欠佳的几年，比如 2003 年。

另外一只圣水壶中盛的水有两个用途：一是用来清洁神甫的手，一是用来兑酒。兑酒？顶多就是在喝之前往酒里滴上一两滴。教会法规定：“依佛罗伦萨大公会议决定，酒中只能掺入极少量的水（……）。极少量，以保证所掺水量不改变酒的品质，这显然取决于葡萄酒用量几何。几滴水足矣。”

依我看，酒中加入极少量水这一传统应是承袭自地中海文明。罗马帝国时代，除非自己想被当作野蛮人、乡下人，不然向酒中掺水是必要步骤。在东正教的仪式中，弥撒酒里的掺水量更为可观，比如科普特基督徒酒中的掺水量就达到了 1/3。

天主教教堂保留了这个滴水入酒的传统，并巧妙地赋予其一种象征意义：水滴，代表着与基督之血融于一体的人性。

● 众神与酒，水，什么酒？圣文森特

默尔索柏雷盛宴(Meursault [Paulée de])

我所认识的每一位默尔索柏雷奖得主都对那场盛宴的欢愉气氛满心怀念。获奖作家还能获得100瓶葡萄酒作为奖品，在家中延续这份喜悦。然而，真正让人头晕目眩回味无穷的，是那场在默尔索堡酒窖里举行的600人午餐。

对于一场宴庆来说，这可真是货真价实！酒美菜香人善良，奢华豪气的同时又不失淳朴乡村特色。这是庆贺的盛宴，是品味的盛宴，也是狂欢的盛宴。每一位默尔索的葡萄酒农都会携一二瓶精挑细选、年份不一的好酒前来赴会，而这些葡萄酒都将在宴会中被喝到一滴不剩。众多与会来宾里，获奖者受邀品酒的次数最多：默尔索的白葡萄酒、红葡萄酒，还有一些让酒农们自豪的勃艮第佳酿。若是试图拒绝则会让人大跌眼镜，差不多算的上是冒犯了。这也是为什么鄙人作为1994年的获奖者，一共品了62种葡萄酒之多（菜单附有几页白纸，以便大家做记录）。那确实是一场美味又丰盛的午餐，时间长到足以让每个人再次觉得口渴肚饿——或者更确切地说，长到足够给人们内心深处那生产欲望的小机器再充一充电。

肥鹅肝、肥鸭肝被源源不断奉上，还有默尔索葡萄酒酱汁盐烤狼鲈、栋布鹌鹑肉饼、野兔里脊肉，奶酪和甜点更是一样不少……从当时的笔记来看，有几瓶酒是我尤为钟爱的，一瓶1990年的默尔索-热内弗赫维埃尔(meursault-genevrières)，莹绿的酒光中泛着白色花朵的香气；一瓶同年份的默尔索，喝起来有浓郁的榛果味道；一瓶1978年的默尔索-沙尔姆(meursault-charmes)，它就是“欢愉本身”；一瓶1971年的沙尔姆（我在笔记里写到这酒我喝了两杯！）；一瓶1983年的邦马尔(bonnes-mares)（“葬礼有它相伴，野兔此生无憾”）；一瓶1964年的默尔索（好像是配甜点的？），我记录的评价是“温和，甘美”，然后还有两三条看不太清的……由于时间关系，对于那些趁我心意的酒，我大都只是在评论栏画了条横杠……我一边和邻桌聊着天，跟乡民代表及其家人们交流着意见，一边品评着酒单上的美酒，期间还有歌声在席中流淌不断。

餐后，头脑晕热的我依旧站得跟默尔索罗马教堂的哥特式钟楼一样笔直，身体挺得像个奥林匹克运动员。我没看到任何一位宾客摇摇晃晃地走出酒堡。劣质酒会让人膝盖发软，口无遮拦；优质酒则会让人脚下生风，妙语如珠。每一年，默尔索的五个庄园主都会等到柏雷盛宴尾声的时候再开启自己的窖藏，以便宾客不会太早散去。除非你打算残忍地浇熄当地人的热情，不然获奖者是不能免去下酒窖拿试酒管试几桶酒这个步骤的。我当时去了两三处，其中就有热内维弗·米什洛的酒窖——他们以我的名义捐了 100 瓶 1992 年份佳酿。后来，我在一个谷仓睡得像只睡鼠一样香甜。

1994 年“荣耀三日”的第三天就这样画上了句号。那么问题来了：什么是“荣耀三日”呢？

柏雷盛宴原本是葡萄采收季尾声时的传统庆收聚餐，现在每年 11 月的第三个星期一都会在默尔索如期举行。盛宴前一天，即周日下午，会在博讷进行博讷济贫院葡萄酒的拍卖会。还有，周六晚上，品酒小银杯骑士会要在伏旧园酒堡举行名为“荣耀三日”的例会。如此一来，这连续三天的节庆和生意交往就促成了勃艮第的“荣耀三日”。

我们把 1830 年 7 月 27、28、29 三天革命日也称为“荣耀三日”。同样的问题有两种答案。第戎和博讷高中的历史教授们会认可哪一个答案呢？给出两个答案的人会不会有奖励呢？

咕噜咕噜

自 1932 年以来，默尔索柏雷奖榜单上的勃艮第作家总是非常多，这其实很正常。比如其中就有著有《法国乡村史》的大作家加斯东·鲁普内尔[①](1933年)、博学多才的葡萄酒哲学家雷蒙·杜梅(1950年)、当然还有科莱特(1951年)、女诗人玛莉·诺艾尔[②](1958年)、雅克·德·拉克雷泰勒[③](1961年)和可爱的亨利·万瑟诺[④](1977年)。而1992年的获奖者则是来自勃艮第邻省弗朗什-孔泰的贝尔纳·克拉维尔[⑤]。

作为一个里昂人,我承认勃艮第葡萄酒给我带来了太多的奖励与甜蜜,也愿意以勃艮第人自居。

尽管加缪把自己受众最广的小说《局外人》中的主人公命名为默尔索,他还是与柏雷奖的光荣榜无缘。我猜可能是因为在评审眼中,小说主人公那致命的冷漠与葡萄酒的轻松愉悦格格不入吧。

在其处女作《幸福的死亡》[⑥]中,加缪本来选择的是"梅尔索"(Mersault)这个名字。七星文库版《局外人》的评注人安德烈·阿布写到,后来加缪之所以把主人公的名字换成默尔索,是因为他在1937年11月2号的《阿尔及尔回声报》上看到了这样一条广告:某文学奖声称其冠军可获得"3000瓶默尔索葡萄酒",阿布认为,也许正是这则广告激起了加缪"调侃的兴致"。勃艮第的默尔索?可能是某款阿尔及利亚白葡萄酒篡用了这个名字吧。

来自奥塞尔的女诗人玛莉·诺埃尔信仰基督教,同时也拥有

---

① 加斯东·鲁普内尔(Gaston Roupnel,1871—1946),法国历史学家、乡村调研者、法国荣誉军团勋章获得者。——译注

② 玛莉·诺艾尔(Marie Noël,1883—1967),法国作家、诗人。——译注

③ 雅克·德·拉克雷泰勒(Jacques de Lacretelle,1888—1985),法国小说家、法兰西院士。——译注

④ 亨利·万瑟诺(Henri Vincenot,1912—1985),法国作家、画家、雕塑家。——译注

⑤ 贝尔纳·克拉维尔(Bernard Clavel,1923—2010),法国诗人、散文家。——译注

⑥ 《幸福的死亡》(*La Mort heureuse*)是加缪的小说处女作,作品几乎完成时加缪停笔,开始构思《局外人》,并将前者中的情节描述借用到《局外人》中。该作品一直未被发表,直至1971年才经由伽里玛出版社出版问世。——译注

许多非信众的读者。她荣获默尔索大奖的那年因年事已高，身体状况欠佳，无法前去领奖，遂写了一篇细腻的致谢词请人娓娓代读，带领大家见证了另一个时代的葡萄种植文化：

> 在我才华横溢的老乡，伟大的作家科莱特与世长辞后，人们还能上哪儿去找一个知晓我童年时那些怪词的姑娘呢？"翻松"葡萄田、"开水沟"、"中耕"、"灌浇"……——只是我所说的这些都是奥塞尔方言，要是您住在别的产区，可能压根儿就没听过这些——我还是要重复一遍，人们上哪儿去找这样一位姑娘：从小就和这份"苦差事"的秘密与忧愁缠匿在一起；比我还要担心5月的冰雹、幼虫、蛾卵；因听闻在圣灵降临节时，白粉病和霜霉病这两大夏日的怪魔就要秘密发起大举进攻，所以茶不思饭不想；走在土坡上，凭借着地上那恼人的黄色葡萄枯叶，就能惊恐地判断出这株葡萄是遭了可恶的根瘤蚜害。这样的姑娘上哪里去找呢？
>
> 在那段压抑的年代，我也曾是一名稚嫩的葡萄农。

● 葡萄酒品鉴，圣文森特，品酒小银杯骑士会

年份(Millésime)

一段记录在罗马双耳尖底瓮上的文字，经葡萄酒工艺考古学家翻译，证实了葡萄酒有据可考的最早年份为公元前182年。老普林尼[①]称，纵观整个古代，最优葡萄酒年份是公元前121年。公

① 老普林尼(Pline l'Ancien，公元23—公元79)，全名盖乌斯·普林尼·塞孔杜斯，古罗马作家、博物学者、军人、政治家，以《自然史》(*Naturalis historia*)一书留名后世。——译注

元前 102 年也不错，特别是陈酿了 20 多年的法莱纳葡萄酒（falerne）。在希腊人和罗马人眼中，来自索伦托（Sorrento）、希俄斯岛（Chio）和莱斯博斯岛（Lesbos）的上好佳酿，应耐心等上 10—25 年，再待上餐桌供权贵们品鉴。然而，不少在双耳尖底瓮中陈放了一个多世纪的葡萄酒，被希腊和罗马的“收藏家”们开封畅饮后，却未得到任何评价。

葡萄酒之所以会出现在《记忆之场》这部皮埃尔·诺拉[①]编撰的法国文化遗产之集大成者当中，是因为葡萄酒的“年份”构成了其发迹、演变、波动和民心所向的定位标示。特优年份就如同打赢了与上天的战争，人们不断地引用这些年份，将其用作参考，并加以评述，因为这些荣光万丈的葡萄酒会慢慢地发生变化，充分成长，而后在某个不确定的时段达到美感与味觉的极致，持续时间或长或短，再如所有存于现世的鲜活躯壳一样，衰败没落。然而，就算这些酒因陈放太久变得不尽人意，无法饮用，甚至面目全非，可回想它们所经历的一切，这些惊世佳酿们依旧可以被人们视为艺术品、收藏品。它们是葡萄酒百年记忆的见证人，亦是投机商的猎物，就跟爱国人士的圣骨没什么两样。有人在拍卖会上拍得一瓶 1928 年梅多克一级特等酒庄的葡萄酒，仿佛自己拍到的是普鲁斯特的手稿或是戴高乐将军的军帽。1989 年，适逢法国大革命 200 周年，一瓶原属托马斯·杰斐逊[②]的 1787 年份玛歌葡萄酒在拍卖会上拍出了天价。负责编写《记忆之场》一书中葡萄酒章节的乔治·杜朗写道：“具有这种象征意义的酒已经成为了一种记忆，可是，它还能被称之为葡萄酒么？”

1630 年是个极优的年份，那一年有一颗彗星划过天际，所以

① 皮埃尔·诺拉（Pierre Nora，1931— ），法国历史学家，著有《记忆之场》。——译注

② 托马斯·杰斐逊（Thomas Jefferson，1743—1826），美利坚合众国第三任总统，同时也是《美国独立宣言》主要起草人。——译注

葡萄收成颇丰。在那个年代，收成好的年份会被视为奇迹之年。1811年，“彗星之酒”呈现出的质与量所向披靡。“您拿一小瓶1811年的波玛葡萄酒看看……那可是彗星之年[①]，公爵先生！15法郎一整瓶！国王喝的都没这个好呢！”（奥日埃[②]，《普阿里埃先生的女婿》[*Le Gendre de Monsieur Poirier*]）。凯歌夫人把自己布兹园（bouzy）的葡萄酒贴了个特别的标签：“1811彗星年布兹葡萄酒”。酩悦和其他几家香槟酒庄也用了同样的营销策略。时至今日，一些酒标上还能找到1811年的这颗星，唐培里侬香槟中尤为常见。

1893年，新一波追捧狂潮又被掀起，这次主要是在波尔多产区。那一年，波尔多的葡萄采收季于8月中旬早早到来，大批量汁多肉美的葡萄造就了这个大名鼎鼎的好年份。弗朗索瓦·莫里亚克将之称为“莱奥维尔（léoville）1893年的完美呈现”。

20世纪以来的优质年份酒与星星的关系就不太大了，因为1910年和1986年掠过地球的哈雷彗星并没有带来什么奇迹般的产量（尽管1986年的梅多克行情还是很优秀的）。与19世纪一样，20世纪的优质年份酒大都是先天优越的地区条件与适当合宜的风土区块所结合而生的产物——它们或多或少地保证了葡萄生长周期的良好态势。当然，葡萄种植者们的劳作也不可或缺，从剪枝到装瓶，中间还要经过酿造这一至上神圣的时刻——这可是份精细的活计，科学技术让越来越多的人接受了葡萄酒工艺学家的计划性酿造，酒农们依靠直觉的机会就越来越少了。总之，若是8、9月份没有高照的艳阳（尤其是9月），没

---

① 1811年的大彗星，肉眼可以直接观察彗星的时间长达260天，为当时最久的纪录，直到1997年的海尔·博普彗星（Hale-Bopp）才打破这个纪录。——译注

② 纪尧姆·维克多·埃米尔·奥日埃（Guillaume Victor Emile Augier，1820—1889），19世纪法国诗人、剧作家，法国风俗喜剧的代表人物。——译注

有热到需要葡萄农们天天戴着帽子干农活的程度，那就一定不会有丰厚的收成。

要是把上世纪葡萄酒的特优年份编成乐透号码（我们就选 12 个数字吧，因为真正的乐透是 49 选 6），那么幸运号码就是：21，28，29，34，45，47，59，61，89，90，96，2000。补充号码则是：11，66，78，83，85，88，95。上述大部分年份都会得到专家认可，也有一些有争议性的，要依具体产区来看：是波尔多、勃艮第、香槟还是罗讷丘等等。上天给的恩惠并不均等，我挑选的是大多数产区都有可圈可点之处的年份。因此在我的这份名单里，让勃艮第人痛心的 70 年和 75 年，或是只有卢瓦尔产区的葡萄酒名声大噪的 97 年，就不会被收录其中了。

品醴汇（Savour Club）等一些经销商，会为红酒爱好者们印制很实用的年份卡片，各产区的各个年份都会有一个评鉴分。卡片上的信息自然是主观的，所以卡片内容往往也会引发热烈讨论。一直以来，我对“剪风”餐厅的老板让-克洛德·弗理那所编写的年份卡片都抱有极大的信心。他还拥有与餐厅同名的酒窖，虽然我对他用朗格多克和普罗旺斯的葡萄酒替换博若莱酒这一举动表示不满，但他从来都不会弄错信息。再多说一句，这可不是小事！在整个 20 世纪，任何一款勃艮第的红酒或白酒都没有从他手中获得过 19 分的最高分（20 分满分），而 1945 年以来，其他几大产区至少都获过一次此殊荣。这个 19 分，勃艮第红酒直到 2002 年才拿到。可是，那一年真的是最值得拿高分的年份么？

咕噜咕噜

葡萄酒常会激发人们独特的爱好，给人带去别样的命运。弗朗索瓦·奥杜兹①就是这样一位对陈年佳酿充满了宝贵热情的人。他和自己红酒俱乐部的成员们会在妙手主厨精心准备的晚宴上开几瓶陈年葡萄酒，这些酒一般都是在拍卖会上拍得的。之后，他会发布一份关于品鉴感受的公告，寄送给“红酒晚宴”的常客们。从他的字里行间我们可以想象，每开一瓶酒，他都会屏住呼吸，静候奇迹，等待那份从时光中抽离出来的乐趣，等待女伶发出最后一声撩人的叹息，等待那独一无二的绝世风味。奥杜兹曾给一瓶1880年唯侬酒庄(rayne-vigneau)的苏玳葡萄酒写过如此评语：“色泽深邃，酒体流畅。气味强烈，有浓郁柑橘香。入口可辨，这瓶苏玳的糖分被吃掉不少，可能是受了些许贵腐菌的影响。因此，这基本上算是一瓶干型葡萄酒了，不过，其魅力却丝毫未减，依旧能够让人浮想联翩。它所讲述的，是关于异域水果和原始岛屿的历历往事。这是一瓶神奇的酒，在这漫长的岁月中，甜点一直都只属于它……”想象力就这样接替了酒鉴。

每每喝完一瓶陈年佳酿，弗朗索瓦·奥杜兹就会把自己变成了博叙哀。

● 欧颂酒庄，葡萄酒品鉴

葡萄修士(Moines-viticulteurs)

本笃会修士和西多会②修士，哪个才是种葡萄的能手呢？为

---

① 弗朗索瓦·奥杜兹(François Audouze，1943—)，陈年葡萄酒收藏家，自己发明了一套适用于陈年葡萄酒的独特醒酒方法，2013年《法国葡萄酒评论》杂志评选他为“200位法国葡萄界最具影响力人物”之一。——译注

② 西多会(Ordre cistercien)，又译西都会，熙笃会，天主教隐修院修会之一。——译注

表彰他们在人间的酿酒作业，上帝又会把天堂那片受永恒之阳光关照的山丘托付给谁呢？如果我是一位中世纪的葡萄修士，会不会被其优质的葡萄酒吸引，在圣本笃①的庇护下为克吕尼修道院（属本笃会）或是西多修道院（属西多会）奉献自己的劳力呢？

众所周知，相较于本笃会而言，圣伯纳德②给西多会修士规定的生活戒律要严苛许多，其修道院朴实无华的极简风格也在时刻提醒着众修士，他们在人世间的旅程就好比劣等酸酒，并非佳酿。而他没有禁止种植葡萄，也未封禁葡萄酒。即便是以严格著称的圣伯纳德也清楚地知道，人是不能单靠祷告为生的，而葡萄酒则是基督教神学中的一个组成部分。不过，那条现如今普世皆知的建议应该也是由他最先提创的：适度饮酒。

有专家称，彼时修道院酒库中的葡萄酒可能会让人大失所望，即便是那些被奉为佳酿的酒也一样。据估计，当时的勃艮第红葡萄酒颜色苍白，比较像现在的粉红葡萄酒。某种程度上说，算是现在的淡红葡萄酒（clairet）吧。本着基督教的仁爱精神，我就不赘述葡萄修士们在诺曼底这类“不利”产区做的那些所谓必要措施了，像什么用草、水果、蜂蜜来给葡萄酒增加香气啊，用奶增加甜味啊，还有用母羊血给酒增添活力的。

当代人的品味与前人不同；当今的科学与酿酒艺术与彼时的初级手工业亦不可同日而语；现代人追求的葡萄酒远不止是一款解渴醉人的酒精饮料。然而，正是这些修士推动了欧洲葡萄种植业的发展——不光是本笃会和西多会的修士，还有加尔都西会③

---

① 圣本笃（saint Benoît，480—547），又译圣本尼狄克，意大利罗马公教教士、圣徒，本笃会的会祖。他被誉为西方修道院制度的创立者，于1220年被追封为圣徒。——译注

② 圣伯纳德（saint Bernard，1090—1153），又译圣伯尔纳铎，修道改革运动的杰出领袖，被尊为中世纪神秘主义之父。——译注

③ 加尔都西会（Ordre des Chartreux），又译嘉都西会，该会是一个群居的隐修会，很少与外界接触，也并不派遣任何传教士。——译注

修士和生活更为简朴的多明我会[①]修士、加尔默罗会[②]修士及方济各会[③]修士——同时，他们也是宗教信仰和葡萄酒的推广者。

晨祷与晚祷间，修士们培育葡萄，酿造葡萄酒，同时也沉淀着自己的灵魂。待客有道的修士们深知，自己提供的葡萄酒越出众，来访的信众们出手就越大方。在中世纪，所有修道院周围都有片片葡萄田。这也就解释了为什么在英国和法国西北部一些并不适宜种植葡萄的地区也会有葡萄田出现。难不成劣质酒是一种博取宽容的手段吗？

但总的来说，只要是修士们酿造的酒，基本都被视为精品（按当时的标准来讲）。其中不乏唐培里侬等科学酿酒人，他们为葡萄酒这来自上天的额外恩赐改良了酿造方法和保存技术。修道院的声望几何，不光要看其建筑是否美观、修士修行是否虔诚，同时还取决于其葡萄酒的质量。不过，对于一个修道院的宣传来说，这三项都抵不过一个能吸引大量人潮的神迹来的实在。

修士酗酒的情况也时有发生。不少画都集中展现过这样的场景：肥头大耳的修士们喝得满面红光，他们要么坐在酒桶上，要么乐滋滋地瘫在酒席间，满眼淫欲。杯瓶壶罐前，一个年轻的女子一边斟酒，一边用手按住被撩开的裙子。

真正嗜酒的修士喝酒以桶计，随时准备好挽起袖子为上帝的伟大荣光大喝一场，这类修士是放荡文学中的传统形象。其中最受欢迎的有：罗宾汉[④]（Robin des Bois）的朋友塔克修士；最快乐的

---

① 多明我会（Ordre dominicain），又译道明会，布道兄弟会，天主教托钵修会（mendicants）的主要派别之一。此类修会规定会士必须家贫，不置恒产，以托钵乞食为生。——译注

② 加尔默罗会（Ordre du Carmel），又译迦密会，俗称圣衣会，是天主教托钵修会之一。会规严格，包括守斋、苦行、缄默不语、与世隔绝。——译注

③ 方济各会（Ordre des frères mineurs），又译方济会或小兄弟会，或法兰西斯会、佛兰西斯会，是天主教托钵修会之一。——译注

④ 英国民间传说中的人物，是一位行侠仗义的英雄。——译注

修士即神父高歇[1](Gaucher)——这个人太过放纵，以至于作者阿尔封斯·都德和小说中的修道院长都不让他参加弥撒，生怕他满嘴酒歌吓到人；还有最嗜酒如命的，乔叟[2]在《坎特伯雷故事集》中所描绘的修士形象。这类修士中最出名的，当属约翰·戴·安脱摩尔[3](Jean des Entommeures)，他与高康大和庞大固埃一起被拉伯雷派去寻找圣瓶，形象如下：

> 修道院内有一位修士，名为约翰·戴·安脱摩尔。此人年轻力壮、优雅乐观、机敏灵巧、乐于冒险、自由不羁，高大精瘦，阔嘴高鼻梁，祷文读得飞快，善于组织弥撒及早课，总之一句话，自打有了修道院的修士这一身份，他可谓一个真正的修士。经文祷句更是精通到牙齿。(《高康大》，第二十七章，皮埃尔·米歇尔版[Pierre Michel]，福里欧系列[Folio])

紧接着，读者就会看到约翰修士放下"神职工作"投身"葡萄酒保卫战"，毫不留情地歼灭了一众在瑟耶修道院的葡萄园里乱采葡萄的敌人。

这些满面醉态、荒淫好色的修士形象成群结队地出现在那些行文放荡、带有变革味道或无政府主义风格的文字作品中，画册和反宗教的讽刺段子里也比比皆是。那么，一个"葡萄酒形而上学"范畴里的问题就来了：为什么修士们喝的酒从不让人感伤呢？

---

① 出自都德小说《神父高歇的灵药》(*L'élixir du Révérend Père Gaucher*)。——译注

② 乔叟(Chaucer，1343—1400)，英国中世纪作家，被誉为英国文学之父。著有《坎特伯雷故事集》(*Contes de Canterbury*)。——译注

③ 《巨人传》(原名《高康大和庞大固埃》)中人物名，取自成钰亭版译名。——译注

一位社会学家冷冷地回答说，在当时那个年代，酗酒修士的数量与酗酒官员和军人的数量成正比。一位伦理学家补充说他们是更值得被宽恕的人，因为大部分的修士都不断地面对诱惑，而他们的工作和投入的精力使得这些诱惑变得更诱人。一位不负责任的历史学家（因为他说话没有证据）同时也是个心思缜密的心理学家，他为这充斥着红脸修士的章节画了个句点，断言本笃会的酗酒修士一定比西多会的要多，因为后者就是为了对抗前者堕落的享乐作风才成立的。

本笃会和西多会到底谁酿的酒才是最棒的，若想有个定论，也许可以把双方葡萄田的数量和占地面积拿来做个对比，甚至可以进行一番地理学上的较量，有的时候这种比试是非常激烈的。

双方的葡萄园都遍布欧洲，尤其以瑞士、德国和西班牙居多。他们在法国的葡萄园分布最广，发展也最为兴盛。其中波尔多地区较少，东南地区、罗讷河谷和卢瓦尔河地区较为常见（本笃会种的慕斯卡岱和普伊-芙美，西多会种的桑塞尔和坎西），勃艮第地区则随处可见，这里本笃会优势极为明显，他们最先到达该地，并率先成立了“葡萄修士”行会。除克吕尼附近的马孔产区外，他们还拥有沃恩-罗曼尼（其中就有罗曼尼·康帝酒庄的前身）、波玛、热夫雷、科通、萨维尼（Savigny）、贝泽园、桑特奈（Santenay）等多个葡萄产区。英国历史学家德斯蒙德·塞瓦德（Desmond Seward）拟了一个惊人的表单，其中列出了勃艮第地区所有被本笃会的劳作眷顾过的村庄和产区。不过，西多会也做得相当不错，他们的成果包括夏布利、默尔索、慕西尼、大德园（Clos de Tart）、邦马尔等产区，还有最值得一提的伏旧园！我觉得在中世纪声望最高的勃艮第葡萄酒产区表彰一下创立者，肯定错不了。

不过，如果算上本笃会的大花园——他们的垄断产业、代表作品香槟产区——，再加上本笃会修女在夏隆堡产区的神作黄葡萄酒,那么给西多会唱三遍勃艮第赞歌,再给本笃会唱上四遍,应该是比较公平的。

咕噜咕噜

下面是一段来自勃艮第的16世纪驱魔咒:

"以信仰为盾,借圣十字的力量,我数1、2、3,一切有害葡萄的虫蠕,即刻停止破坏、消耗、损毁、践踏这枝芽和果实,即刻弃用邪力,遁入深林之中,不再伤损信徒的葡萄果园。"(引自德斯蒙德·塞瓦德《修士与葡萄》[*Les Moines et le Vin*])

帕拉丁公主的告解神父对她说了一些无稽之谈,公主大笑并对回答说:"我的神父,您还是把这些话留着说给您修道院里那些坐井观天的修士们听吧。"(《帕拉丁公主信札》,1719年2月26日)

● 唐培里侬

孟德斯鸠(Montesquieu)

夏尔·德·塞孔达①(Charles-Louis de Secondat)是孟德斯鸠和拉布雷德的男爵,同时也是雷蒙、古拉尔德、比斯开唐等地区的领主。其著作《波斯人信札》和《论法的精神》远比他每年酿造的波尔多葡萄酒出名得多。不过事实证明,孟德斯鸠主要以经营葡萄园为生,思想和生活无拘无束,并在自家格拉夫葡萄酒的酿造和经营上展现出了极大的智慧与热情。

1716年,26岁的孟德斯鸠继承了拉布雷德酒庄这一瑰宝,并

---

① 夏尔·德·塞孔达(Charles-Louis de Secondat,1689—1755),人称"孟德斯鸠男爵",法国启蒙时期思想家、西方国家学说和法学理论的奠基人。与伏尔泰、卢梭合称"法兰西启蒙运动三剑客"。——译注

不断扩张其占地面积，力求做出品质最优的佳酿。最新一本孟德斯鸠传的作家让·拉古特[①]（《孟德斯鸠：自由收获季》，[*Montesquieu, Les Vendanges de la liberté*]，2003）是个即了解法国文学又懂波尔多红酒的学者，他认为孟德斯鸠之所以忠于这片土地并引以为豪，有一部分原因要追溯到其童年时期："那个穿梭于各个院校、大学、沙龙和酒庄之中，以敏锐波斯人的面孔行走在巴黎街上的孟德斯鸠，10 岁以前也曾是个穿着木鞋在酒窖和葡萄田中奔跑、吃着油酥馅饼和蒜泥面包长大、时不时挽起袖子说着葡萄农们专属方言的毛头小子。"

拉古特给出了一份让人咋舌的文件，在这份由当地学者发现的资料中，孟德斯鸠谦虚好学地提出不少与葡萄酒农这一职业相关的问题，并向人讨教如何才能做好这份工作。比如说："一株葡萄要留几条枝杈？每条枝杈上留几个芽眼？架葡萄藤的方法是什么？剪枝的最佳时间是什么时候？施肥培土要选什么样的肥料？"等等。

除了远游在外的那几年，我们的拉布雷德男爵从没错过任何一次葡萄丰收季。他会在产区监督剪枝工作，且作为一名身在巴黎的半工葡萄农，他对自家葡萄的长势和收成了如指掌。虽说孟德斯鸠对佃农和工人们的慷慨程度不及拉马丁，但他卖酒的功力可比那位马孔诗人强多了。实事求是的说，拉马丁的酒远不如孟德斯鸠的出名，更何况波尔多红酒当时风头正劲。在巴黎和波尔多，孟德斯鸠运用其上流社会的人际关系和作家与法官的身份为葡萄酒交易助力，给自己的葡萄酒定了合理的价格。他到伦敦时，《论法的精神》早已让他声名远扬。长久以来都将波尔多红酒视为世界一级佳酿的英国人，自然更愿意为他的红酒买单。也许，思维

---

① 让·拉古特（Jean Lacouture，1921—2015），法国新闻从业者、著名传记作家。——译注

敏捷又爱喝酒的读者们会在孟德斯鸠的政治哲学与他的格拉夫红酒中找到一些微妙的相似之处吧……

不过人们还是会有这样的疑问，孟德斯鸠是否如爱田地与葡萄一般爱着葡萄酒；是否在热衷于开发和占有葡萄园的同时也热衷于品酒；是否在享受葡萄酒贸易收益的同时也享受喝酒的乐趣——因为葡萄酒给他带去的文学创作灵感实在不多，除了那位名叫郁斯贝克（Usbek）的穆斯林（《波斯人信札》）给出过关于葡萄酒危险警告，以及一些从司法、经济角度对旅行中见到的葡萄田和葡萄酒所发表的谏言。孟德斯鸠并不算是一个热情健谈的葡萄酒农。诚然，他对非波尔多地区的红酒也持开放态度。不过，他在往来通信中从未对某一年份、某一瓶酒或是某个新发现发表过长篇大论（除了他的挚爱托卡葡萄酒）。

可话又说回来了，人们当真能把这位波尔多领主、法兰西学术院院士、亲英人士、严肃政治巨著《论法的精神》的作者当成一介纵情酒筹的诗人么？

咕噜咕噜

孟德斯鸠、他的葡萄园还有英格兰这片自由地之间，有着强韧又深刻的关联。这位拉布雷德领主晚年提出的计划或许是这份渊源的最佳见证。他在自己的葡萄庄园立了一座金字塔，并以奥维德[1]的风格撰写了铭文：

Stet lapis hic donec fluctus girunda recuset
Oceano regi gererosaque vina Britannis

---

① 奥维德（Ovide，公元前43—公元前17），古罗马诗人，与贺拉斯、卡图卢斯和维吉尔齐名，著有《爱情三论》（*Amores*）。——译注

这段拉丁文翻译过来是这样的：

> 愿这石碑永驻，
> 直到吉伦特河的水浪不再涌向海洋之王
> 直到波尔多富沛的葡萄酒不再涌向英格兰

让·拉古特

● 保罗-路易斯·考瑞尔，阿尔封斯·德·拉马丁，弗朗索瓦·莫里亚克

琼浆(Nectar)

这个词有些年头了，特指那些顶级甘美的佳酿，它们无可比拟、杰出不凡、独特优雅、近乎奇迹一般。“真可谓是琼浆玉液啊！”若是今天有人这么说，那应该形容的是像琼瑶浆一般芳香四溢的葡萄酒，或是一瓶年份上好、甜美可口的武弗雷，再或者是苏玳、卡特休姆、蒙巴兹雅克(monbazillac)、托卡等一切由贵腐葡萄所酿造的葡萄酒。滴金酒迷们更是常常无法克制地把“琼浆”一词挂在笔头嘴边。

在此情况之下，这个词又回归了本来的意思：远古众神的饮品、不朽的传奇饮料、仙人们的珍馐佳肴、绝妙的佐餐首选。确实，在所有葡萄酒中，优质甜型白葡萄酒的出身、色泽与风味，总是最容易让人联想到神之国度那盈实的甘美与香甜。

● 滴金葡萄酒

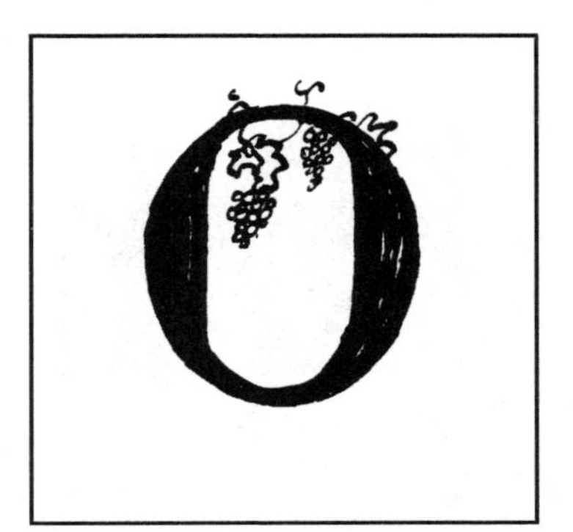

葡萄酒工艺学家(Œnologues)

庄园主们会将葡萄酒酿造和熟成的工作交给技术专家来打理。那些最严谨、最优秀的葡萄酒工艺学家不会在葡萄采收季的前两天才上岗，而是全年都在，无论事关葡萄园的土壤还是葡萄酒装瓶前最后的试饮，他们都会给出意见和建议。葡萄酒工艺学家(œnologue)一词来自希腊语(*onions* [*oeno*] 意为酒；*logos* [*logue*] 意为科学)，他们是科学工作者，需要不断地做研究，进行植物生理学、葡萄生物化学及微生物学的各种实验，还要对葡萄酒进行化学分析等等。

葡萄酒工艺学家们都是非常认真负责的人，他们为葡萄酒质量的提升做出了极大的贡献，在这方面他们的学识帮了大忙。是他们把葡萄酒证书带到了各大酒窖酒库，也是他们把"民间习惯"和"粗略估算"拒之门外。他们的声誉可以让葡萄酒名气大增、行情上涨。

在乔纳森·诺西特的影片《美酒家族》中，自大无礼的波尔多葡萄酒工艺学家米歇尔·罗兰塑造了一个令人厌恶的酿酒师形象。他的前辈埃米耶·佩诺则截然相反——学识渊博、经验丰富，也是位权威人士，却为人亲切审慎、有耐心且育人有方。让我惊讶的是，他同时被多家酒庄聘为酿酒顾问，尽管有的酒庄只是零星有些小问题咨询。虽说多样性和地方性是不可规避的，但是他是会否在不知不觉中被自己的品味所影响，重复酿造合他心意的葡萄酒，从而让"他的"葡萄酒味道变得统一起来呢？是否曾存在过一种"佩诺品味"，与今天的"罗兰品味"(即"帕克品味"，《美酒家族》中给出了证实)旗鼓相当呢？

埃米耶·佩诺给我的回答是，当然，从一个酒庄到另一个酒庄，他的见解和操作方法不会发生改变。若品酒师们足够用心，再加上极敏锐的味觉，是可以辨识出“他的”酒中那种“一致的结构”的。不过他太过重视葡萄酒的特异性，反倒不能给出证实这些特异性的方法。他把自己的酿酒哲学汇成了一句话：“在我的酿酒槽中，我总是试着把足够多的细腻情绪和不可或缺的几何特性搅拌混合在一起。”(《葡萄酒与时光》[*Le Vin et les Jours*])

● 盲品，风土条件

啪[①](Paf)

有几晚，我写着这本书的时候，就觉得有淡淡的微醺感袭来，那是一种柔美醉意刚降临的状态，是因为那些源源不绝浮现而出的葡萄酒相关字词所导致的。这些辞藻承载了酒精、香气和梦，它们扎根在我的脑海中，暂时驱走了那些日常词汇，促进了血液的循环。我确实有一点"啪"的迷醉感。若是这个时候对着酒精检测器吹气，会是什么结果呢？我的天呐，马尔蒂尼·夏特兰-古尔图瓦在创作《酒与醉之词》(*Mots du vin et de l'ivresse*)的时候得微醉过多少次啊？

用来形容酩酊和酗酒(soûlographie，这个词是巴尔扎克率先使用的)的辞藻不可胜计，实在是……让人晕头转向。人们对现有的词汇已经熟识，还不断地创造新词出来。隐喻在瓶中流淌，熟语词组溢满酒杯，各种表达方式撞击着舌头。现在，我们就来说一说这个短促又振奋人心的拟声词"啪"。首先，它曾是一款高度酒的名字。接着，其意延伸到动词"s'empaffer"，意为大吃大喝(这个词是不是由"s'empiffrer"[暴食]一词演变过来的?)，然后各种缩写就出现了："啪飞"(paffé)、"啪扶"(paff)，最后到"啪"、如梦如醉、彻底"啪"下，也就是喝到晕头转向、"啪"倒在地、烂醉如泥。

首字母大写并配以定冠词的"le Paf"，在 80 年代末期曾用来指代"法国广播电视总貌"(Paysage audiovisuel français)，即全国广播台、电视频道尤其是电视节目的整体风貌，这个说法现如今已过时。电视节目与酩酊大醉之间有相似之处，这点不假。时至今日，"法广电"(le Paf)依旧把自己"啪"得头晕目眩。

形容"酒醉"的辞藻可谓车载斗量，画面感十足。让我们在适

---

① 拟声词"啪"，同时有形容词"喝醉的"之意。——译注

量饮酒的前提下,玩一个多项选择的游戏吧。

1）当一个人喝得大醉,我们会说他满了(*bourré*),也会说他____?(以下选项只有一个表述有误,是哪一个?)

- 被枪毙了(fusillé)
- 冻住了(gelé)
- 被打倒了(rétamé)
- 被插刀了(schlass)
- 桶被添满了(ouillé)
- 被浇沥青了(bitumé)
- 被打穿了(défoncé)
- 跑路了(parti)
- 爆裂了(pété)
- 僵直了(raide)
- 生锈了(rouillé)
- 被揍了(torché)
- 变黑了(noir)
- 湿塌塌的(mouillé)
- 被烧红了(incendié)

答案: 被打穿(défoncé)。这个词只能用于形容吸毒的人。示例:"巴黎初醒的时候,所有无产者们一起,在这可憎的时刻迈向忧愁,大家都喝得昏昏沉沉(*noirs*),十三(Treize)应该还在药劲儿上(*défoncé*),他具体用了什么我不知道,也不想知道"(奥利维埃·罗兰[1],《纸老虎》[*Tigre en papier*])。

---

[1] 奥利维埃·罗兰(Olivier Rolin,1947—),法国作家,是1994年的费米娜奖(《苏丹港》[*Port-Soudan*])和2003年法兰西文化奖(《纸老虎》[*Tigre en papier*])的得主。——译注

2）形容一个喝醉的人，我们除了会说他圆得像个酒桶似的，还可以说他圆得像什么？（以下选项只有一种表述有误，是哪一个？）

- 大桶（barrique）
- 桌子（table）
- 树干（bille）
- 茶托（soucoupe）
- 铁锹柄（queue de pelle）
- 蛋（oeuf）
- 水盆（bâche）
- 猪血肠（boudin）

答案： 桌子。喝醉的人不会圆得像张桌子，而是在桌子下面打滚。

3）我们会说一个喝醉的人醉得（*soûl*）或者满得（bourré）像头猪，除此之外还可以说他像什么？（以下选项只有一种表述有误，是哪一个？）

- 大象
- 母牛
- 鸭子
- 火鸡
- 斑鸠
- 驴子

答案： 大象。总不能硬说酒鬼们能看到粉红色的大象吧？

4）形容一个喝醉的人，我们会说他鼻子被打了一下。此外还可以说他哪里被打了？（以下选项中只有一种表述有误，是哪一个？）

- 翅膀（aile）
- 木板条（lattes，有脚的意思）

- 烟斗(pipe,有喉咙的意思)
- 肝(foie)
- 方砖(carreau,有眼镜的意思)
- 马甲(gilet)
- 布袋(musette)
- 担架(brancard,有抬担架的胳膊的意思)

答案: 肝。然而对于那些常年酒醉的人来说,他们的肝脏也确实是承受了不少打击呢!

5) 以下动词中,只有一个不是喝醉(*se soûler*)的近义词。是哪一个?

- 猥亵(s'arsouiller)
- 变黑(se noircir)
- 涂沥青(se poisser)
- 梳头(se coiffer)
- 涂黄油(se beurrer)
- 上劲儿(se biturer)
- 使头昏脑涨(se fioler)
- 醒酒(se carafer)
- 痛饮(se pinter)
- 猛灌(s'empaffer)
- 吹瓶(se pivoiner)
- 挂了(pocharder)
- 断片(se poivrer)

答案: 醒酒(se carafer)。"醒"的是葡萄酒本身。在佳酿和陈年珍品前,我们要避免使用这个新词,以尊重其原本的品饮方式。

6) 以下习语只有一个不是喝醉(*prendre une cuite*,直译为"拿一个熟的")的同义词,是拿(prendre)什么?

- 内裤(culotte)

- 打鼾的(ronflée)
- 涂黄油的面包(beurrée)
- 鸭舌帽(casquette)
- 石磨(meule)
- 上衣(casaque)
- 喜鹊(margot)
- 响板(castagnette)
- 开心果(pistache)
- 木呆呆的(muflée)
- 发麻的(muffée)

答案：响板。别忘了左拉在《小酒店》一书中曾用过“翌日宿醉”(lendemain de culotte)这个表达方式，而“喜鹊”(与玛歌酒庄同音)则曾被用来形容生活不检点、酗酒乱性的女性。20 年前在巴黎流行的那个说法就是从这儿来的：“哎，昨晚你是不是弄了瓶玛歌喝啊？”

弗朗索瓦丝·尚德纳戈尔①(Françoise Chandernagor)在《房间》中有过这样的描写：“勒托纳有自己的‘良药’，是什么，就是买醉(ronflée)。”

7) 以下这些表达方式中，只有一个不是用来形容醉鬼的，是哪一个？

- 他在庇荫处晒着太阳(il a pris un coup de soleil à l'ombre)
- 他披着羽毛感觉很热(il a chaud aux plumes)
- 他的情况很严峻(il en tient une sévère)
- 他帆下生风(il a du vent dans les voiles)

---

① 弗朗索瓦丝·尚德纳戈尔(Françoise Chandernagor，1945—)，法国女作家，著有《前妻》(*La Première épouse*)、《深夜旅行的女人》(*La Voyageuse de nuit*)等。——译注

- 他大醉一场(il tient une bonne bersillée)
- 他蠢得可以(il en trimballe une bonne)
- 他捡了一个行李箱(il a ramassé une malle)
- 他油得像块露怡饼干(il est beurré comme un Petit Lu)
- 他从头到裤腰带都是软木塞味儿(il est bouchonné jusqu'à la ceinture)
- 他给自己捡了一幅画(il s'est ramassé une peinture)
- 他的桅杆彻底断了(il est complètement dématé)
- 他满嘴巧克力(il a la gueule en chocolat)
- 他阴沉得像方济各会的修士(il est gris comme un cordelier)

答案：“他从头到裤腰带都是软木塞味儿”。这句是刚刚现编的。值得一提的是，“bersillée”一词是由贝希(Bercy)这个名字演变过来的，那个街区曾是巴黎的葡萄酒转运处。“得了贝希病”就是用来形容酒鬼的，此外还有另外一种说法：“得了贝希热”。

- 醉

巴黎和法兰西岛大区的葡萄酒(Paris et Île-de-France [vins de])

我发现我很难把自己在蒙鲁日的房子、花园和那整个街区甚至整个城市想象成一大片被通向农场的小径分割开来的葡萄园，更难想像蒙马特(Montmartre)、沙隆(Charonne)、美丽城(Belleville)几大丘陵和圣女日南斐法山(Sainte-Geneviève)上布满葡萄架的样子。就连瓦莱里安山丘(Valérien)上也有葡萄园的身影，它们分布在沃日拉尔(Vaugirard)、伊西(Issy，当时这里还不是“莱穆利诺”[les Moulineaux])、旺夫(Vanvess)、叙雷讷、国玺

(Sceaux)、蒙莫朗西(Montmorency)以及巴黎北部、西部和西南边界处。在中世纪,巴黎人喝的葡萄酒就自于这座城市及其郊区。

巴黎也曾有过修士,可以说是有过很多修士,所以他们怎么会不用葡萄园和酒桶来赞颂上帝呢? 由于土地资源富足,中世纪的法兰西岛大区曾是当时占地面积最广、名声最响亮的葡萄酒产区之一。修道士们竞相讨王公贵族们的欢心,查理八世就曾沉迷于新城勒鲁瓦(Villeneuve-le-Roi)加尔都西会修士们所酿造的葡萄酒,还令人将酒运送到了卢浮宫。

医师们也不遗余力地推荐首都和近郊产区的葡萄酒,并且不忘诋毁外省的"入侵者"们。罗杰·迪翁援引了一篇尼古拉·德·拉·弗朗波瓦希埃尔发表的卫生保健类文章,他是当时最具权威的皇家御医之一。文中提到,当地葡萄酒有益健康的特质引起了亨利四世的注意:"巴黎地区及整个法兰西岛的葡萄酒……不同于奥尔良的葡萄酒,让人脑中溢满昏瘴之气"。

法兰西岛的葡萄酒并不需要通过医学界的帮助来提高知名度,享誉国内外。它们和那些优质好酒一样,早就做到了这一点,特别是出产自阿让特伊(Argenteuil)、克拉马尔(Clamart)、叙雷讷、塞夫尔(Sèvres)和默东(Meudon)等地的葡萄酒。

其中最好的红葡萄酒是莫瑞兰葡萄(Morillon)酿造的,莫瑞兰是勃艮第黑皮诺葡萄的别称,白葡萄酒则多由弗罗芒达(fromental)或弗罗芒多[①](fromenteau)酿造。然而,随着小酒庄不断增加,农民们酿的酒也多是自产自销,一些平庸的葡萄品种开始滋生。人们就这样激怒了葡萄园。日照不足时,葡萄不愿成熟,葡萄酒的酸味就会对牙齿造成刺激。早在 16 世纪,巴黎人就不止一次对这种酸涩的葡萄酒提出抗议,并将其命名为"酸汁"(ginguet),这种酒"回味较短",后来"舞酒馆"一词(guinguette)就是由此衍生

---

① 弗罗芒达和弗罗芒多均为瑚珊葡萄别名。——译注

而出的，它们是最先提供“酸汁”的场所。

然而，压垮巴黎及其近郊葡萄质量和当地葡萄酒农的并不是风土区块——谁会相信19世纪的法兰西岛能冷得过中世纪呢？——压垮他们的，是来自其他葡萄酒的竞争，是葡萄酒生产的世俗化，是工业革命，是城市化，是贪婪的空间扩充、土地合并，是历史……

蒙马特最出名的葡萄园位于圣文森特街，园区坐南朝北，每年采收季这里都会大张旗鼓地为即将上市的粉红葡萄酒做宣传，而酒本身反倒是没那么多亮点。位于巴黎市区内的蒙马特葡萄园一直都延续着庆酒的传统习俗，这一点是值得赞赏的。现在，它已不再是唯一。乔治·巴桑公园中有莫瑞兰葡萄园；沙隆街区，有用葡萄棚架搭建而成的梅拉克(mélac)葡萄园；美丽城公园里有200多株佳美葡萄；还有贝希公园里的葡萄藤架……

在郊区，葡萄园也四处安家，遍及叙雷讷、克拉马尔、默东、巴纽(Bagneux)、库尔布瓦(Courbevoie)、吕埃-马勒迈松(Rueil-Malmaison)、阿让特伊等地。伊西莱穆利诺的霞多丽白葡萄酒让人心醉。2002年，凡尔赛宫大花园里的皇后小村(Hameau de la Reine)种了近2000株梅洛和品丽珠！为了办好采收季的庆祝活动，多家葡萄酒行会都投入了心力，有些行会的会员人数可能比葡萄园的葡萄还要多……

法兰西岛上这股葡萄园回归的潮流很是让人欣慰，它为人们提供了一个漫步闲逛的场所：老一辈的乡愁(他们并不知道自己的城镇遍布葡萄园会是什么样子)与郊区青年的好奇心(他们在其中看到了从勃艮第或是卢瓦尔河谷来的新品葡萄)就这样交融在了一起。

随着全球变暖问题的日趋严重，有朝一日人们是否会发现，法兰西岛——尤其是在我蒙鲁日的花园中——竟会集了各种有利的风土条件于一身，变得适合出产佳酿呢？

咕噜咕噜

啊！这一小瓶白葡萄酒
葡萄藤下，我们把它品尝
女孩们打扮得漂漂亮亮
她们都来自诺让！

让·德利雅克这首1943年的歌曲是他最成功的作品之一。在婚宴尾声、受洗仪式和初领圣餐的时候，常常能听到很多家庭把这一段拿出来大唱特唱，我们家也不例外。

皮埃尔·佩雷：友谊和葡萄酒(Perret [Pierre] ou l'amitié et le vin)

若能得一挚友共享珍馐美馔，共品蒙哈榭、柏图斯这等绝世佳酿，当是多么惬意的事啊！而我只有在皮埃尔·佩雷家才能如此悠然自得。我鲜少得此消遣，不是因为皮埃尔不够大方，而是因为他常常都在巡回(不是在开胃酒中巡回，而是巡回演出)，不然就是在垂钓(钓三文鱼或是钓文章的句子)。

他的住所不是城堡，而是一个舒适可爱的乡下大套房。城堡，是他用来放酒的地方。这个人坐拥多家列级酒堡，他地下窖藏里那些张力十足、新颖多变的“节目”，都是由这位词曲创作歌手一手包办的。地上的“节目”也不错：有猪血肠、腊肠、火腿、野兔肉泥、野猪肉泥、仔猪肉酱和油渍牛肝菌等等，全都是自家手工制作！我早就盘算好，一旦红军攻占了西方粮仓，我马上拖家带口来找他，锁好门闩避难。这里储备的食物能让我们安心地吃上一年，储备的酒能喝上十年都有余。

人们都觉得，就算皮埃尔·佩雷家只有地区餐酒，我也会欣然赴约。

而真正的问题是这样的：对于那些吃喝只为填饱肚子、端上桌的东西既不能让他有满足感也没法使他打开"话匣子"的人，我能和他们成为朋友么？我觉得答案是否定的。不是因为在这样的饭桌上没什么精神层面的话题可期待，让人有想要分享的欲望，而是因为葡萄酒的缘故，见了鬼了！葡萄酒多健谈啊！它既可以是主语，也可以做动词。桌上若只有两个人，那它就可以充当第三个聊天者。它的座位极佳——在桌子上面。位于中间区域的葡萄酒像是一段链条，把人联结在一起，将人拉近，使人对立，也让人团结。它可予人清凉，也可让人燥热，还可予人清凉后再让人燥热。它和每个人都说着悄悄话，也不忘加入集体话题。它对哲学一窍不通，哲学却因它受益匪浅。无论低调朴素还是闻名于世，它都能开启交流沟通的大门。

长久以来，葡萄酒帮了爱情不少忙——"巴克斯的女儿，让你我舌尖相撞，为了维纳斯的荣光！"（皮埃尔·佩雷，《葡萄酒》）——其实，它为友情做的更是多得多。卢梭曾写道："它挑起一次过眼云烟的争执，也带来百场旷日持久的爱慕。"我喜欢埃蒂安·若拉[①]在卢浮宫的那幅《诗人皮隆和他的朋友瓦德与科莱在餐桌上》（*Le Poète Piron à table avec ses amis Vadé et Collé*）。皮隆丰润的双颊上泛着笑意，俨然一副东道主模样，看上去对瓶中白葡萄酒的品质相当满意。给两位朋友斟满酒后，他给自己也倒了一杯，科莱则用两指捏着酒杯脚将其置于光下，赞颂着餐桌上这第四位朋友——葡萄酒。

我曾目睹过多少段新生友谊是因对葡萄酒的兴趣大相径庭而破裂的呢？倘若那位懂得较少的朋友受了刺激后能够迅速提高自己的知识水平，有意识地维系这段尚且脆弱的情感，那么一切可能还有救。

人们是不会胡乱把自己的葡萄酒朋友介绍给别人的。他会按

---

① 埃蒂安·若拉（Étienne Jeaurat，1699—1789），法国画家，尤以绘画鲜活生动的街景闻名。——译注

资排辈，灵活调控，让自己酒窖里的朋友和餐桌上的朋友和谐相处。有时皮埃尔会邀请我和我们共同的朋友让-菲利普·德汉纳——著名肺科医生，畅销书《料理爱好者》(*Amateur de cuisine*)的作者——一起去家里做客，而我们俩都觉得，从他为我们准备的那些立正站好的葡萄酒和细颈瓶来看，我们在皮埃尔眼中的品鉴功底估计还不算太差。

咕噜咕噜

我一直以为波美侯产区最有名的佳酿柏图斯葡萄酒在行话中有鼻子的意思。说真的，有什么比这更符合逻辑的呢？皮埃尔·佩雷在那首《美丽假日营》中唱到了"柏图斯长满丘疹"的孩子们在"城市下水道汇流而成的小水道"中游泳。其实，"柏图斯"是身上另一个部位的常用代名词，也是两个字，屁股。不过无论如何，就算是柏图斯葡萄酒瓶子也是有"屁股"的呀。

● 爱情与酒

柏图斯(Pétrus)

柏图斯与勃艮第的罗曼尼-康帝一样，是个传奇、是段神话、是场迷梦、是个标杆、是种崇敬、是条通关密语，它是一种葡萄酒概念，是一支乌托邦佳酿。然而，对于大多数人来说，这些都只是传说罢了。什么传说？人们说，在所有专家眼中，这款波美侯产区葡萄酒的国际声望和市值已成功取代了梅多克产区各大名庄。人们说，它以贵气十足的奢侈姿态卸下了波尔多遍地可见的酒堡头衔，给自己取了柏图斯这么个平凡的名字，这一举动里亦不乏自傲在其中。人们说，其酒香之馥郁超乎想象，通体散发着强劲又丝滑的性感味道，口感圆润柔顺，就像是铺了一层厚实的黏土，稠稠糯糯，还有一些沙砾混糅其中，梅洛葡萄在这儿可谓是如鱼得水——这里的葡萄酒

95%都是梅洛葡萄酿制而成的，剩余5%是品丽珠。人们说，在柏图斯11.4公顷的葡萄园中，只有下午才有人来采收，因为只有等到那时，葡萄上才不会有晨露的印记。人们还说，让-皮埃尔·莫伊克和儿子克里斯蒂安采纳了葡萄酒工艺学家让-克罗德·贝鲁埃的意见，在制酒过程中追求创新和精细，把葡萄酒酿成了一件艺术品——虽然他们的葡萄酒流传度较广，却也不输杜布菲[1]、凯撒[2]或里查·塞拉[3]等艺术家所创作的那些独特的艺术作品。

与梅多克、格拉夫和苏玳这些美好又古老的表兄弟相比，柏图斯——这个被印刷工人特别添加了大写字母的酒庄——可谓一代新贵。20世纪是他的时代；19世纪是他表兄弟的时代。出身于利布尔讷(Libourne)的柏图斯征服了美国，不是杰斐逊、洛克菲勒[4]和亨利·詹姆斯[5]的那个美国，而是肯尼迪、安迪·沃霍尔[6]和杜

---

① 杜布菲(Jean Dubuffet，1901—1985)，法国画家、雕刻家和版画家，是二战后巴黎先锋派艺术的领袖艺术家。——译注

② 凯撒·巴达奇尼(César Baldaccini，1921—1998)，法国现代雕塑家。——译注

③ 里查·塞拉(Richard Serra，1939—)，美国极简主义雕塑家和录影艺术家，以用金属板组合而成的大型作品闻名。——译注

④ 约翰·戴维森·洛克菲勒(John Davison Rockefeller，1839—1937)，美国慈善家、资本家，1870年创立标准石油，是19世纪第一个亿万富翁。——译注

⑤ 亨利·詹姆斯(Henry James，1843—1916)，美国小说家、文学批评家、剧作家和散文家，是20世纪小说的意识流写作技巧的先驱。——译注

⑥ 安迪沃霍尔(Andy Warhol，1928—1987)，美国艺术家、印刷家、电影摄影师，是视觉艺术运动波普艺术的开创者之一。——译注

鲁门·卡波特①的美国。是事实还是错觉？是真实感受还是自我暗示？“柏图斯粉”们——他们可不是满大街随处可见的！——表示说，在柏图斯所具备的所有特质中，他们欣赏的是其现代性，或者说是某种当代性。他古旧的酒标很有欺骗性，不过，那种酒标也只能灌醉眼睛罢了！

波美侯。为什么勃艮第人对波美侯的喜爱往往要超过其他波尔多红酒？是因为波美侯产区跟自己的产区一样狭小？是因为梅洛是波美侯产区的主要葡萄品种，但不是唯一葡萄品种，而勃艮第人错以为这里跟自己的产区一样也是单一葡萄品种产区？还是为了招惹那些早就被新宠波美侯的光环烦得不行的梅多克领主们？都不是，说实在的，只是口感问题。在所有波尔多红酒中，波美侯果香最馥郁，其资质与勃艮第葡萄酒最为相似，波美侯尚年轻时就“牺牲”自我供人品评：先是紫罗兰、黑加仑和醋栗的香气进入鼻腔，随之而来的便是完满成熟的果香。

是不是因为与梅多克、格拉夫和圣·埃米利翁的葡萄酒相比，波美侯产区的葡萄酒性感有余，理性不足，所以人们才不会绞尽脑汁地给这里的葡萄酒酒排名列位呢？不过，这里倒还真有一个非正式的排名表。当然了，首字母大写的柏图斯依旧是名列前茅的那个。

● 欧颂酒庄，波尔多产区，皮埃尔·佩雷：友谊和葡萄酒，葡萄产区间的竞争

皮那(Pinard)

有很多字眼在人们的热情中应运而生，用来形容那些缺点大

---

① 杜鲁门·贾西亚·卡波特(Truman Garcia Capote，1924—1984)，美国作家，代表作有中篇小说《蒂凡尼的早餐》与长篇纪实文学《冷血》。——译注

于优点的劣质酒。在这些带着贬低、嘲弄、讥讽和恶意的名词中，我只讨厌一个词：皮那。因为它所指的是一战时期大量供应给战士们的劣质葡萄酒。它曾被当做战士们的精神支柱，旨在让那些尚未受伤或离世的战士们忘记这样的命运迟早会降临到自己身上。人们还厚颜无耻地发明了“皮纳神父”这一说法，法国大兵们借着酒劲唱着爱国歌曲，赞颂着英勇无畏的精神，却没有意识到这种无畏的精神是靠一壶壶劣酒支撑起来的。就连阿波利奈尔也不忘对此说道一番，他认为法国兵和“德国佬”的区别，就在于这“一壶皮那”。

诗人亨利·马戈(Henri Margot)是葡萄酒抒情诗的专家，他写过一首非常滑稽的颂歌，名字就直截了当地叫做《皮那》，下面是这首颂歌的最后几句：

> 你来自奥弗涅，或是阿尔及利亚，
> 你来自埃罗(Hérault)，或是布利(Brie)，
> 你来自西方，或是南方？东方，或是北方？
>
> 我不知道……但喝得尽兴，
> 你把我们的酒壶填满，
> 你让我们获胜。

“皮那”是由“皮那迪耶”(pinardier)一词演变而来的，意指贩卖劣质酒的酒商，同时也指装满烈性高度酒的葡萄酒运输船，不久前还有运酒船装了阿尔及利亚的酒回国，想借此让羸弱的法国红酒变得结实些。“皮那”和“皮那迪耶”给我们带来的是虚假和平庸。葡萄酒界的“皮那”就是电影界的“娜娜”(nanar，指蹩脚低俗的电影)。现如今，对于酒农、葡萄酒经销商和咖啡馆来说，没有什么比看到自己的名字、职业跟这个代表没信誉的名词联

系在一起更为难堪得了。从文学角度来说，这个词就是侮辱人的字眼。在巴黎法院第六轻罪审判庭上，有一位帝国诉讼人在1857年2月以违反公共道德及优良品行罪，将著有《包法利夫人》的福楼拜告上法庭，同年8月又以同样罪名状告《恶之花》的作者波德莱尔，这个讼诉人的名字就是欧内斯特·皮那(Ernest Pinard)。

“皮盖”(piquette)成为后人用来形容劣质酒的主要用词。不过在一战时期，人们还是更喜欢用“皮那”，因为“皮盖”也有惨败的意思……

咖啡店和小酒馆的人自己发明了一套语言，用来形容那些喝下去让人挤眉弄眼的葡萄酒，他们的这种发明令人目瞪口呆。就好像皮盖从灼热的字词中获取了能量，以拉伯雷式讽刺为受害者报仇。

“哈克拉”(râclard)一词已经消失了，泛着绿光、酸涩的“甘结”(guinguet)也不见踪影。皮埃尔·佩雷说，“狩猎兄弟”(chasse-cousin)一词——连昆虫都不愿靠近的劣质酒——还有人在用。像“脚夫红酒”(vin de chrocheteur)、“搬工波特酒”(porto de déménageur)、“搬工巧克力”(chocolat de déménageur)则已经淡出人们的视线，“邋遢鬼”(brouille-ménage)、“冒险者”(casse-gueule)、“烧脑王”(casse-tête，一款会引发偏头痛的酒)也都成了陈年往事。人们不会再说“这是一瓶拿来洗马蹄子的酒”。有连环杀人案发生的时候，人们会怀疑是“逼罪”(pousse-au-crime，指烧酒)在作祟，唉！这个习语还存在，依旧有人在用。

“皮克拉”(picrate)与“皮那”一样都是一战的幸存者，“比比那”(bibine)也常被人挂在嘴边。不过，就算这些词在当今语境下已不再用于形容劣质酸酒，而是多指那些普普通通的酒，“蓝酒”(vin bleu)、“细蓝”(petit bleu)、“粗蓝”(gros bleu)还是能找到它们的归宿。(“用餐时，布尔恭德给自己倒了不少冰凉酸劣[bleu]

的博若莱酒”，弗朗索瓦·努里西耶①，《云之帝国》[*L'Empire des nuages*]）。

如果说现在用来形容劣酒的词不如以前丰富，那只有一个简单的原因，就是现在的葡萄酒品质提升了。大多数的地区餐酒不再是劣质的拧肠酒(tord-boyaux)，50年前高产的粗红(gros rouge)也逐步减产。当然，这并不意味着所有葡萄酒都是佳品，不过酒吧不会再给客人们推荐那些粗劣的低品质红酒了，像是“红棕鬓”(rouquin)、“毁灭者”(destructeur)、“暴徒”(brutal)、“洗涤灵”(décapant)，等等，总之就是那些要有铁嘴铜胃才敢一喝的葡萄酒。

作为字词和红酒的倾慕者，我很难对涮桶酒(rinçure de tonneau)和其他类似的字眼在我们词汇表中的消亡感到遗憾，因为在我们的词汇表中，大多数词汇都是与美味相关的。所以，就算语言可能会变得匮乏，喝到好酒还是更重要一些。

- 战争与葡萄酒

黑皮诺(Pinot noir)

这是一种用来酿造勃艮第红葡萄酒的葡萄品种。它单枪匹马行动，孜孜不倦又谦逊低调，所产出的葡萄汁——请原谅它产量之少——被酿成了罗曼尼·康帝、尚蓓坦、沃尔奈、伏旧园……在这场自世界诞生之日起就存在的最佳葡萄酒评定比赛中，在这场环法红酒大赛里，来自勃艮第的黑皮诺身上散发着一股冠军的味道。

它在别处的光彩虽然稍弱一些，却也同样不容小觑。在卢瓦尔河谷、香槟地区、阿尔萨斯、汝拉等地都有黑皮诺的身影，它把自己的帝国扩张到了葡萄界的角角落落。每一年都有新的领地被其

---

① 弗朗索瓦·努里西耶(Francois Nourissier, 1927—2011)，法国作家、法兰西学术院小说大奖获得者(1965)、费米那文学奖获得者(1970)。——译注

攻克，即便是在遥远的美国俄勒冈州，在澳大利亚或是在新西兰，它都不会忘记金丘上那片温柔的丘陵——它就是在那法国乡村中的一隅长大、成名的。

之所以被称作“皮诺”，是因为它长得像某种松果（pomme de pin），而不是从米兰葡萄品种“皮诺罗”（pignolo）的名字演变过来的——吉尔贝尔·加利尔教授明确强调。在香槟产区和法兰西岛大区，它被称作“莫瑞兰”（因为它们跟摩尔人[Maure]一样黑），而在奥弗涅的圣普桑（Saint-Pourçain）它被叫做“欧维纳”（auvernat）。

下面我们就来看几个用勃艮第黑皮诺酿制的完美佳作（后文会有一单独词条来介绍罗曼尼·康帝）。

尚蓓坦。前不久，常会听到有品酒师拿着劣质酸酒紧锁双眉，然后惊呼一句：“哎呀！这才不是尚蓓坦！”在一般人心中，这款勃艮第特级庄园酒乃是佳酿至高无上的代名词。

这种说法虽然已经过时了，但尚蓓坦在勃艮第领地的名声依旧响亮，9 款特级庄园酒中，它是拿破仑最为倾心的一支——不过他是兑水喝的。冒着惹恼皇帝的风险，热夫雷-尚蓓坦①（Gevrey-Chambertin，1847 年以前都叫做热夫雷）的村民们每年都会选出一位“尚蓓坦王”。在评审团的举荐下，我曾荣获 1984 年的“尚蓓坦王”之称，那一年的评审团中有我的朋友吕西安·埃哈尔和罗杰·谷泽。我为他们作了一首亚历山大体诗以表感激之情，那首诗押了“尚蓓坦”的韵脚，里面出现的词包括了投票单、脆皮干、命运、宴会、还有我的电视专长：花言巧语②。

---

① 热夫雷-尚蓓坦：法国夜丘面积最大的酒村，其中以尚蓓坦产区最为出名，9 大特级庄园酒中亦带有“尚蓓坦”字样，如尚蓓坦贝日园（Chambertin Clos de Beze）、香牡-尚蓓坦园（Charmes-Chambertin）等。后文作者提到的尚蓓坦品鉴会，品的是热夫雷-尚蓓坦酒村所出产的不同葡萄酒。——译注

② 原文所选法语单词都押了“in”的韵脚。——译注

我还记得那场令人回味无穷的品酒会:在碧斯-乐华女士的家中——她的味觉之敏锐无人能敌,旗下酒庄更是在夜丘产区名列前茅——我们选了几个年份,对不同的尚蓓坦产区进行了平行年份品鉴。一众尚蓓坦特级园和一级园的佳酿(香牡[charmes]、马兹[mazis]、圣雅克[saint-jacques])就这样摆在了我们这一群无知者的面前,其中唯一能被我们轻易分辨出来的,就是格里特-尚蓓坦(griotte-chambertin)了,因为它真的是酒如其名,带了一股酸樱桃(griotte)的味道。这里从前应该是长了不少酸樱桃吧。不过,历史学者让-弗朗索瓦·巴赞指出,格利特(griotte)应该是由"科利特"(criotte)一词演变而来的,而"科利特"又被称为"科莱"(crai),意指多石的土地。所以这股樱桃的味道,是自我暗示的结果么?

尚蓓坦的葡萄酒和它们的名字很像:张力十足、粗犷有力、回味绵长。随着时间的沉淀,其口感也会变得愈发繁复微妙。

香波-慕西尼。这个村庄有着最美妙的葡萄园名称:魅力、爱侣(les amoureuses)、棕发俊男(beaux bruns)、后谷仓(derrière la grange)、醋栗(les groseilles)、小山洞(feusselotte)、林间小径(les sentiers)……这简直是一本小说!邦马尔是我最爱的勃艮第特级庄园酒之一。

记住,在香波-慕西尼与在沃恩-罗曼尼、夜圣乔治、莫雷-圣丹尼(Morey-Saint-Denis)和热夫雷-尚蓓坦一样,距74号国道越远,土壤状况和光照条件越佳,葡萄和葡萄酒的品质也越优良。特级园和一级园往往都是在半山腰。

夜圣乔治。"圣乔治坑洞广场"提醒着大家,曾有个月球上的陨石坑被阿波罗15号的宇航员们命名为了"圣乔治"。为表对夜圣乔治葡萄酒的纪念,儒勒·凡尔纳[①]在小说《环游月球》(*Voyage*

---

① 儒勒·凡尔纳(Jules Verne,1828—1905),19世纪法国著名作家,《海底两万底》和《八十天环游地球》的作者。——译注

autour de la lune)中为主人公们准备的庆功酒,也是一瓶夜圣乔治。

波玛(pommard)。原被拼做 pomard。两个 m 让这款本就沉稳扎实的博讷丘葡萄酒显得更为厚重,单宁感也更加强烈。它是耐心之酒、沉睡之酒、舒适之酒、欢愉之酒。波玛葡萄酒就像是一只肥猫,人们需要等待,静候它睁开眼睛抻懒腰的时刻。所有踏踏实实卧在柔软的靠垫上的胖猫们都应该被叫做波玛。

沃尔奈。波玛旁边的村庄。这两个村子组成了一对情侣,波玛是男方,沃尔奈是他的未婚妻——温柔细腻,带着阵阵果香。不过,在此耕作过的弗洛伊德却说:波玛有女性化的一面,而有些沃尔奈的葡萄酒也长了小胡子。

皮诺是个非常严肃的葡萄品种,不过有时也爱开些小玩笑。

● 勃艮第,罗曼尼-康帝

让-夏尔·皮沃(Pivot [Jean-Charles])

我的姐姐安娜-玛丽是德文教授,我是记者,很显然,我们家唯一的一位艺术家就是我的弟弟让-夏尔了,他在坎希耶-博若莱做了 40 多年的酒农。如何辨别一位艺术家,就要看一个人是否能把原始素材——比如油漆、青铜、陶瓷、布料、字词、音符等等——转换成一件艺术品(成功与否另当别论)。让-夏尔把自己种的葡萄当做原始素材,用天分和能力将其转换成为了葡萄酒——这期间他也摇身一变成了酿酒师——对我来说,出自他手的大多数年份的葡萄酒都是独到美味且值得赞颂的作品。与我观点相似的大有人在,特别值得一提的是让-克洛德·弗理那,他很早以前就开始在巴黎的"剪风酒窖"向顾客推荐这里出产的葡萄酒了。

所有的葡萄酒农都是艺术家。他们就和画家或诗人一样,有的糟糕透顶、微不足道、平庸至极;有的天赋异禀、足智多谋、追求完美。说到让我最为敬佩的酒农，要么是知名产区的佼佼者们，每一年都能让葡萄酒的质量保持在最佳水平；要么来自小产区，懂得精挑细选，工作起来任劳任怨，就为了提高产区葡萄酒的品质和牌价。我弟弟的才能一直都让我惊讶：在那些天阴气沉、葡萄瘦弱的年份里，他还是可以借着那穿透云朵的阳光，酿出可口美味葡萄酒。

他那套自成一派妥善对抗微薄收成的艺术或许与其童年经历有一定关系。那时，医生们曾建议我的父母尽快把他从城里带到乡下，刚好他自己也很喜欢乡下。从博讷葡萄农学院毕业后，他找了两份实习，第一份是在维列-莫尔贡——在那里他还负责照顾奶牛；另一份是在皮泽——有时里昂奥林匹代表队会来这里休息。23 岁那年，他成了我们父母的佃农(劳动果实共享)。对此，全村人都抱着怀疑的态度。在农村青年背井离乡奔赴城市的时候，这位来自城市的年轻人却选择了回归乡下。他回来可不是为了当那种嘴里叼着烟斗、双手插在条绒裤子里的庄园主的，而是要和妻子一起，亲手完成这 5 公顷葡萄园内的所有工作。据最乐观的村民们估计，这位业主的儿子 6 个月后就得回里昂。然而，从 1963 年至今，他从未离开。他是第一拨把酒装瓶贩卖的人，此前都是散装卖给批发商。与此同时，他还继承了父母的商人特质，开始了自己的红酒经营。

我弟弟之所以迅速被家乡的酒农接纳，或许还要归功于他的一个才能——检验这项才能的成果不需要一整年的时间——那就是他会拉手风琴。当年他常在各大舞会、家庭聚会和民俗节庆上表演。葡萄酒和音乐一直都是一对感性又快乐的艺术家伴侣。

咕噜咕噜

字典编纂专家皮埃尔·吉罗①曾写信跟我说，在 18 世纪军方

① 皮埃尔·吉罗(Pierre Guiraud，1912—1983)，法国哲学家、语言学家。——译注

行话里，pivoter① 一词有“不碰杯仰饮”的意思。如此一来，“皮沃”②(pivot)和“皮瓦”(pivois，所有人都懂的行话，指葡萄酒)之间的关系就有据可循了。皮瓦后来有多种变体：皮扶(pive)、皮扶通(piveton)、皮夫通(pifton)、皮夫(pif)。博若皮扶(beaujolpive)和博若皮夫(beaujolpif)这种粗犷的说法也是从这儿来的。皮沃(Pivot)出现在博若皮扶里，这算得上是一种同义叠用③了吧！

● 博若莱 2，博若莱 3，朱利安·杜拉克，坎希耶-博若莱

让·德·彭塔克(Pontac [Jean de])

《1855 年波尔多葡萄酒分级》中有个古怪离奇甚至有些失礼的存在：那就是除了 60 家梅多克产区酒庄外，还有第 61 家不同片区的酒庄——尽管它来自波尔多郊区佩萨克(Pessac)，隶属格拉夫产区，可还是被列入分级中，这就是侯伯王酒庄。它可不是被人勉为其难地掺到这份分级之中的。恰恰相反，侯伯王酒庄与梅多克酒庄的 3 个一级酒庄：拉菲、拉图和玛歌(木桐酒庄很久以后才被列入其中)是平起平坐的。

这倒不是因为梅多克人心胸宽广，愿意把最好的名次让与南边的竞争对手，而是侯伯王自身的品质与声望让人无法想象有谁敢妄想将其排除于榜外。让侯伯王酒庄免受驱逐的是波尔多红酒的最佳客户：英国人。在伦敦，“侯布莱恩”④的名声之所以无人能及，主要是一家小酒馆的功劳。这家小酒馆于 1666 年伦敦大火后

---

① 动词“旋转”的意思。——译注

② 名词“轴心”的意思，同时也是作者姓氏。——译注

③ Beaujolpive 一词中同时包含了“博若莱”与作者姓氏“皮沃”的词源，而皮沃家族与博若莱酒的关系更是密不可分，所以在此作者认为这是一种同义叠用。——译注

④ ho-bryan，侯伯王的英语发音。——译注

开业，精致优雅，常年受到顾客追捧，侯伯王的法国庄园主就是在这里独家贩卖自己的葡萄酒的。你在酒馆里还有可能遇到作家丹尼尔·笛福[①]和乔纳森·斯威夫特[②]。店名中更是有“彭塔克”一词（“彭塔克之家”），以表对让·德·彭塔克的敬意。

彭塔克、蒙田、拉·波埃西[③]是同时代人，且同在波尔多议会工作。这个了不起的男人在侯伯王酒庄的所在地——这块地部分是靠联姻获得的，部分是买入的——想出了葡萄酒城堡的概念：先在适宜葡萄生长的地方种植葡萄，然后在土壤状况堪忧的地方修建城堡。这种模式后来成了波尔多地区的典范。

格拉夫之所以被视为波尔多高档葡萄酒的源头产区，要归功于让·德·彭塔克和侯伯王酒庄的继承者们。一些历史学家发现，格拉夫在一份1640年的分级排行榜上是领先于梅多克的。后来梅多克反超了前者，并在自己的排行榜上将这位高贵的波尔多郊区葡萄酒列入其中，因为有了它，人们才会省下购买松露和野味的钱，拿来投资红酒。

● 波尔多产区，1855年分级，盲品

波特酒[④]（Porto）

——来点波特酒？玛丽斯？

——一点点……

——夏尔，你呢？

---

① 丹尼尔·笛福（Daniel Defoe，1660—1731），英国小说家、新闻记者。著有《鲁宾逊漂流记》（*Robinson Crusoe*）。——译注

② 乔纳森·斯威夫特（Jonathan Swift，1667—1745），大不列颠及爱尔兰联合王国作家、讽刺文学大师。著有《格列佛游记》（*Gulliver's Travels*）。——译注

③ 拉·波埃西（Étienne de La Boétie，1530—1563），法国人文主义作家、诗人。著有《论自愿为奴》（*Discours de la servitude volontaire*）。——译注

④ 作酒名多译为波特酒，作城市名则译为波尔图。——译注

——一根指宽就够了，就一指，别倒多了……

在同一天里，特别是周日，我可以从“上帝之手”落入“波特酒的指尖”[1]。波特酒是为大人准备的，上帝之手则指向众人，特别是指向我。我父母的朋友们常常在午餐前提议喝些波特酒，他们会把盛在水晶玻璃瓶中波特酒，一杯接一杯地倒入同款的水晶小酒杯中。这一刻是珍贵的，是稀有的，是价格不菲的。人人都沉迷其中，都冒着沉沦于异国情调的风险，因为彼时的波特酒是会出现在我们餐桌上的唯一一款外国酒。当时也有马德拉酒（madère），不过那款酒更雅致、更时髦，比波特酒更少见，至少对于里昂的小资产阶级来说是这样的。

波特酒闻名世界，在法国——波特酒最大的消费国——更是众人皆知。然而，波特酒却给大多数法国人出了道谜题。大家都知道，波特酒属于天然甜酒或是利口酒的大家族，就和我们备受欢迎的巴纽尔斯甜酒、美味的里维萨尔特和博姆·德·沃尼斯（Beaumes-de-Venise）麝香葡萄酒、暗哑的莫利红葡萄酒一样，柔顺松软得像块水果蛋糕，同时酒劲猛烈得像鲁西永的太阳。这些酒之所以能够保留新鲜的果香，是因为酿造添加的烧酒抑制了葡萄的发酵，这个巧妙的操作被称为“中途抑制法”。不过，人们通常都不太了解这几种波特酒的差别：红宝石波特酒（rubys）——3年以下的年轻波特酒；茶色波特酒（tawnys）——经橡木桶陈放的波特酒；年份波特酒（vintages）——有具体年份并在瓶中陈放的波特酒，也是最出色、最昂贵的波特酒。这个时代的浮躁气息使得人们乐于享用年轻的波特酒，可殊不知，放上二三十年的茶色波特酒和

---

[1] 文字游戏，doigt de Dieu 意为“上帝的手指”，doigt de porto 意为“波特酒的手指”。周日是的礼拜之日，也是作者家人喝波特酒的日子，所以在此作者说自己从上帝手指落入波特酒的指尖。——译注

年份波特酒所带来的馥郁甘美和感观享受，才是无人能及的。也是在它们身上，葡萄的天然香气和酒精的热火才得以融合，成就一片奇迹般的和谐。

白波特是唯一适合用来当开胃酒的。不过它鲜少让我满意，因为其中的烧酒成分完全无法与波特酒融合，反倒是傲慢无礼地凌驾其上。上桌前，最好还是选用一支熟成良好的红波特酒代替白波特酒吧，尽管这与路西塔尼亚①人的做法相反。用来搭配红波特酒的最好选择是蓝纹奶酪，特别是斯蒂尔顿芝士（stilton）——英国绅士们，谢谢你们敢于接受这种搭配！——也可以搭配甜点，尤其是巧克力蛋糕，前提是蛋糕保留了一些苦味。

那是5月一个微热的夜晚，在近11点钟的时候，阿尔布克尔克伯爵在雷阿尔城的城堡里为我们准备了一瓶尼伯特酒庄的茶色波特酒（10年陈酿）。这瓶酒被微微冰过，酒体很是莹亮，伴着香料面包的阵阵幽香，它为这巴洛克的一天——当然，比起波尔图圣克拉拉教堂的巴洛克氛围还差一些——画上了幸福的句点。在下午或晚上的时候，有人出其不意拿出波特酒来品饮是值得鼓励的创意行径。这和鼓励戒掉那个非常法式的旧习惯是一个道理——把倒入细颈瓶里没喝完的葡萄酒留上好几个月。在这种情况下，无论有没有瓶塞，氧化都会发生。波特酒的本质也会像背景音乐一样，悄然散去无踪影。

葡萄牙是个葡萄酒大国，但这并不等于说葡萄牙出产的都是至优佳酿——当然，优雅的波特酒和马德拉酒除外。这里自北向南分布着大量葡萄园——8个区块里有32个产区，其中包含马德拉和亚速尔群岛。葡萄品种近350种之多，阳光充沛富足，应该说有些过于充沛了。14度的杜罗河红酒（douro）既不能算是解渴之

---

① 路西塔尼亚（Lusitania），罗马帝国的一个行省，大致在今日葡萄牙和西班牙境内。——译注

酒，也不能供人品鉴。相较于这种酒，我更喜欢某些同样烈口又带有柑橘香气的白葡萄酒。或是那些不太酸的绿酒①（vinho verde）——白葡萄酒为佳——用它们搭配大西洋的烤鲜鱼，可谓不二之选。

波特（波尔图）和波尔多两城曾因葡萄园和葡萄酒的历史被配为姐妹城市。两地的酒窖都曾归英国人辖管，他们在这两座城市中留下了自己的资本、批发商、名字、技术——只是在开瓶器方面的——最值得一提的，还有他们那自信且挑剔的品味。没人见过哪个殖民城市对殖民者的抱怨比这两个城市还要少的。

波尔多人皮埃尔·维耶泰认为："如果说吉伦特易碎的石块让波尔多变得女性化，那么波特的花岗岩就是男性化的象征。（……）如果说波尔多是个单一线性的布景，出于忠诚迷恋原初典型，那么波特就是个喧闹的圆形剧场，完全没有测量尺度的概念。"换言之，波尔多夏特龙的堤岸多了几分优雅和低调，更具英伦风情，而在波特的比加亚新城沿岸，一个个闪亮的招牌争相比着谁更高谁更亮，像是希望人们从里斯本就能看到它们的光芒……此外，波特的旧城区总是飘着鳕鱼的味道，而波尔多人已经不再做橄榄油大蒜鳕鱼羹这道菜了。

会不会是因为这股鳕鱼的味道，我在杜罗河岸所感受到的大海的召唤，才比在加龙河边来的强烈？又或是因为波尔多离海更远——毕竟中间还隔了个梅多克，而波特的葡萄园就在海边——所以才把葡萄酒和游客们推向大海呢？

咕噜咕噜

曾有一个英国人费尽心思想要惹恼葡萄牙人和法国人，让波

① "绿酒"是葡萄牙米尼奥省的法定产区名，该产区不光出产白葡萄酒，还有红葡萄酒和少量粉红葡萄酒。此处"绿"意指"年轻"，并非"绿色"的意思。——译注

特和波尔多两地难堪,这个人就是纳尔逊将军。据说在特拉法尔加海战①前夕,纳尔逊要向西德慕斯大人汇报作战计划,他用食指在波特酒里蘸了蘸,把作战地图画在了二人刚刚用餐的饭桌上。

现任阿尔布克尔克伯爵的父亲曾接见过几位葡萄酒经销制造商,他们试图推出一款以伯爵城堡马刁士②(Mateus)命名的新款葡萄酒。当时伯爵对此心存疑虑,便让他们带些样品过来。试品后,他觉得这酒非常糟,没什么前途。这也是为什么他没有接受人们的建议,在每瓶酒的利润中抽成,而是用重金彻底转让了"马刁士"这个名字。这款糟糕的气泡甜型葡萄酒后来获得了巨大的成功,尤其是在美国。现在它在全球的年销量依旧有 3000 万到 5000 万瓶之多。

● 波尔多产区,雪莉酒

普罗旺斯(Provence)

普罗旺斯人为了酿出既解渴又有个性的葡萄酒可谓煞费苦心,他们算的上是最值得称赞的法国酒农了。普罗旺斯气候炎热,景致优美……英国记者、红酒专家奥兹·克拉克也曾拜倒在这散漫的幸福之下:"我已经放任自己在阴凉处懒懒散散了,面前摆着马赛鱼汤、橄榄油蒜泥酱和火鱼(多棒的开胃菜啊!),啜一口冰凉的白葡萄酒或是粉红葡萄酒,欣赏着粼粼波光的大海,如此怡然自得,让我丧失了批判的精神。"不过,这位专家其实并没有忘掉批判精神,镇定下来后。他大发雷霆地批评这里"大量的粉红葡萄酒都很拙劣,白葡萄没有果香,红葡萄酒干瘦寡淡"。

---

① 特拉法尔加海战(Bataille de Trafalgar),英国海军史上的重大胜利,使法国海军一蹶不振,迫使拿破仑放弃进攻英国本土的计划,而英国的海上霸主地位得以巩固。——译注

② 又译蜜桃红。——译注

然而，同邻近的朗格多克产区一样，雄心勃勃的年轻酒农们在此立业安家，为这些传统酒庄久负盛名的葡萄酒添加了一些极具个性的存在。来度假的人们花点时间在普罗旺斯-莱博（baux-de-provence）、普罗旺斯坡（côtes-de-provence）或艾克斯-普罗旺斯丘（coteaux-d'aix-en-provence）里选上一瓶葡萄酒是很有趣的事情。这里的葡萄种类众多，葡萄酒多是调配而成，因此比起村里的小超市，在酒庄中更容易挑到热情洋溢、散发着南法灌木丛雅致香调的葡萄酒。

为什么国家法定产区名称管理局要强加给帕尼奥尔（Pagnol）的酒农们——这不是一个新的产区名，而是那个普罗旺斯籍作家——一些复杂严格的葡萄酒调配规则，即葡萄品种比例规定呢？以邦多尔（bandol）举例来说——这不是作家名，而是普罗旺斯最佳产区之一，另外三个优秀的法定产区是卡西（Cassis）、贝莱（Bellet）和巴莱特（Palette）——一瓶白葡萄酒需中，至少有60%以上的成分是布尔布兰、克莱雷特和白玉霓葡萄（ugni blanc），剩下不到40%需留给赛美蓉（sémillon）、白歌海娜和侯尔（rolle）等葡萄品种。邦多尔红酒的规则更为严苛：在慕合怀特、歌海娜和神索三种必选葡萄中，西拉和佳丽酿（carignan）的含量不得超过15%。欧盟、市场、竞争以及创新的责任和渴望，这一切难道不是应该迫使政府去为各产区葡萄品种比例规定的枷锁解绑么？

咕噜咕噜

我是在读美国作家吉姆·哈里森的作品时，发现当比耶酒庄的邦多尔葡萄酒的。那是次不错的阅读体验。

● 吉姆·哈里森

什么酒？(Quel vin)

1848年2月25日，拉马丁来到了巴黎市政厅。雨果也在，后来他在《随见录》中讲到："他(拉马丁)掰开面包，拿起一块排骨啃了起来。吃完，就把骨头扔到了壁炉里。就这样他吃了三块排骨，喝了两杯酒。"是两杯什么酒呢？亲爱的雨果先生？

这件事搞不清楚真是让人沮丧。拉马丁喝的是不是他自己酿的马孔葡萄酒呢？还是勃艮第红酒？或者是巴黎的红酒？再不然就是在市政厅里放了很长时间，没什么新意的劣质酒？我不满雨果只是用了"酒"这一统称，没有明确写出拉马丁拿来配排骨的具体是什么酒。

每次我都会数落那些不用心把故事中的酒名写清楚，或忘了说小说中的主人公们喝了什么酒的作家们。

布莱斯·桑德拉[①]就是个例子。在《柯达》(*Kodak*)这部被视为"纪录片"的作品中，他列了个菜单，上面写了食物的出处，却没有写酒来自哪里。比如：

> 温伯尼的三文鱼
> 苏格兰绵羊火腿
> 加拿大皇家苹果
> 法国陈年葡萄酒

哪种法国陈年葡萄酒？哪个地区的？

在小说《黄金》中，桑德拉的一段描写让读者饥渴难耐："餐桌

---

① 布莱斯·桑德拉(Blaise Cendrars，1887—1961)，瑞士作家、诗人。——译注

上色彩纷呈。冷食拼盘,来自当地的鳟鱼和三文鱼,苏格兰烤火腿,野鸽、狍子腿、熊掌、熏口条,酥炸乳猪紫薯千层饼,绿色蔬菜、棕榈芯、秋葵沙拉,各式各样的水果,有新鲜的也有糖渍的,堆成山的甜点,还有几瓶莱茵河葡萄酒和一些环游了世界的法国陈年葡萄酒。不过因为人们照顾有加,所以没怎么变味。”

谁会不想知道这几瓶环游了世界、被人们照料抚爱过的“法国陈年葡萄酒”是来自哪个产区呢?大概是波尔多红酒吧,不过具体来自哪个地区,哪个酒庄呢?通常来说,桑德拉会列举出参考资料和详尽解释。不过他对酒却只字不提。可惜啊!

同样让人感到遗憾的是,多米尼克·罗兰[①]在《恋爱日记》中也没有写出吉姆(作家菲利浦·索莱尔斯)每周带给自己的波尔多红酒出自哪个酒庄。不过,她在里面描述了喝酒的仪式:“他捂暖了圆圆的瓶颈,仿佛那是个女人。他驯服了这嗜睡的血液,把它吻了又吻(突然间像个孩子一样)。我们碰杯,一饮而尽(……)。这让我们喉咙发热的酒,是一条珍贵的绸缎……”我的天!到底是哪个酒庄的波尔多红酒啊?真是绞尽脑汁也想不出罗兰有什么理由不把酒庄的名字写出来,至于索莱尔斯,就算他的名字没有白纸黑字的印在书上,多米尼克也给出了足够多的信息让人可以轻而易举地辨认出他就是小说中的人物吉姆,她的情人。相反,由于缺乏酒庄信息,人们可就无法依靠想象力在这对情侣的桌上摆上一瓶葡萄酒了[②]。

儒勒·罗曼[③]是个大赢家!他在1923年出版了一部小

---

① 多米尼克·罗兰(Dominique Rolin,1913—2012),比利时作家,1952年费米娜文学奖获得者。——译注

② 据飞利浦·索勒提供的信息,那是一瓶布朗康田酒庄(château brane-cantenac)的葡萄酒,属玛歌二级酒庄。

③ 儒勒·罗曼(Jules Romains,1885—1972),原名路易·亨利·让·法利谷勒(Louis Henri Jean Farigoule),法国诗人、剧作家。——译注

说——真是让人难以下咽——名为《维莱特公园的白葡萄酒》(*Le Vin blanc de La Villette*),其中记录了船闸工、煤炭工、卡车夫和码头工人等人,在维莱特的“大使馆”咖啡厅里所讲述的一系列故事。贝南和布鲁迪耶是书中的两位主要人物,二人请大家喝白葡萄酒以换取故事。喝的什么酒?唯一的提示就是:“贝南和布鲁迪耶从未喝过如此美味的白葡萄酒。”这点信息对于这个书名来说实在是太少了。

不管酒是优是劣,只要不提酒名,就是缺乏对酒的尊重,就是否认了每瓶酒的独特性。同时也放弃了一个有重要意义的细节,而正是这个细节让人物有了轮廓,让场景变得真实。

让我们赞美卢梭,感谢卢梭吧,因为他在《忏悔录》中详细写道,当他和神甫彭维尔就神学问题进行辩论的时候,自愿甘拜下风,原因就是对方为自己准备的“弗朗吉葡萄酒,喝起来甘美极了”。那个萨瓦省的小镇坐落在安纳西与安纳马斯之间,一直都在酿造着胡塞特葡萄酒,也就是弗朗吉胡塞特。

卢梭在图灵弃绝新教,改信天主教。他吃了些“粗茶淡饭”,喝了“几杯浓烈的劣质蒙特弗尔拉(Montferrat)葡萄酒”后,“好胃口”得到了满足。

在里昂,卢梭被聘为马布利先生家的家庭教师,期间他偷了几瓶酒“准备自己一个人的时候享受”。什么酒?卢梭给出了答案——他应该只是在用这瓶酒的诱人特质为自己的小偷小摸找理由罢了:“我无所顾忌地觊觎这一小瓶美丽诱人的阿尔布瓦白葡萄酒,在几个地方吃饭的时候我都喝过,那几杯酒把我迷得神魂颠倒。”

后来,卢梭在“退隐庐”①(Ermitage)的酒窖失窃,所有酒都被

---

① 由艾比奈夫人(Mme d'Épinay)为其建造,位于巴黎郊区蒙莫朗西。——译注

偷了。酒窖里都有些什么酒？唉！这部分他就只字未提了。

坎希耶-博若莱(Quincié-en-Beaujolais)

我不在这里出生，却在这里长大。伴着那份热情和葡萄酒的诺言所散发出的轻盈的快乐，我于此扎下了根。

坎希耶这座小村有1100人，地处谷地与高山之间，是博热的门关，也是博若莱的旧时首府。在它对面向东的另一个山坡上，是博若莱的第十个特级酒庄雷妮。南部是布鲁伊山，山顶有一间1856年建造的小教堂，小时候我们会去那里朝拜。布鲁伊和布鲁伊丘的守护神是布鲁伊圣母，会守护葡萄园免受白粉病的攻击。不过，对于雹灾她似乎没什么干劲。

坡地上的花岗岩质土壤造就了博若莱最佳的村庄酒之一。那是热情洋溢、慷慨激昂甚至有些鼓动人心的一天，爱德华·赫里欧先生将坎希耶认定为人间天堂，说道："诱惑第一个女人的不是什么苹果，而是我们的一串葡萄。我原谅她，也完完全全地理解她！"

我是在坎希耶学会读写的。大战时期，有5年时间，我是在镇上的学校度过的。那时的我就是个小反德分子，因为就是他们把我父亲送入监狱的。不过，这些德国兵们到了镇上也不敢造次，这里常有载满了抗德游击队员的11马黑色雪铁龙车队，从我们这群目瞪口呆、激动万分的学生面前全速驶过。我反倒难以解释对日本人的喜爱，出于对异国风情的偏好也说不定。后来是历史解除了我的困惑。

1945年的5月5日是我10岁的生日，这天是个大日子。上午11点的时候，有人在上课期间来学校找我。是我父亲回来了！母亲在我眼中从没有那么漂亮，那么激动，那么幸福过。然而，这个拥抱着母亲的男人，这个时而把我揽入怀里，时而把弟弟裹进臂弯的男人已掉光了头发，略显消瘦的身上披了一件让人生厌的灰绿色外套，背后印了 KG 两个大字——那是给战俘们（Kriegsgefangener）穿的制服。一瞬间，我有些不知所措，长久以来我梦想着盼回来的，应该是个魅力无人能敌的军人才对。总而言之，人们在市政厅发表演讲，举办了庆祝酒会，而后全家人一起在母亲的两居室里吃了一顿迟到的午餐——这两间房是她 5 年来在酒农家里的住所——父亲的面孔这才慢慢和战前的那些照片重合了起来。1945 年是勃艮第和博若莱葡萄酒极为优秀的年份，只不过这一年的葡萄收成很少，5 月 4 号晚上那场霜冻让一部分葡萄遭了秧，那一晚，正是父亲回家的前夜。

在种葡萄的地方，人们回首往事的时候不会把歌曲或电影作为参照物。他们会这样讲：我们订婚的那年天特别热，葡萄浆的酒精度都有 14 度多……她是 63 年出生的，我记得那年剪枝剪晚了，每天都下雨，我去诊所吻了孩子她妈和我闺女，然后就赶回葡萄田了……这个可怜的人是 57 年去世的，就在收葡萄前，那年收成不怎么样，就好像他是不愿意看到这景象才离开的……

1964 年，坎希耶举办了“捣蛋愚人大会”（Congrès des farces et attrapes）。恰逢圣灵降临节的周末，大家狂欢了 3 天。居伊·贝阿①被一群年轻的姑娘围攻，不停地重复唱着他为这个场合创作的《鞭炮歌》（*Le Chant du pétard*）。100 个巴黎人——以“法国捣蛋愚人协会”（IFFA）的代表罗伯特·萨巴捷和弗朗索瓦·卡拉德克②为首——一手拿酒一手拿着鞭炮，接受本地人的挑战。没有任何一个发言人或演讲者能把自己的稿子念完。人们奇迹般地从地里刨出了酒。草地上，奶牛身上被涂满了喜庆的颜色。数以千计的里昂人听到了广播通知，也赶来凑热闹。这些人给村民交

---

① 居伊·贝阿（Guy Béart，1930—2015），法国著名男歌手，女儿是电影演员艾曼纽·贝阿（Emmanuelle Béart）。——译注

② 弗朗索瓦·卡拉德克（François Caradec，1924—2008），法国作家。——译注

了入场费，却没玩儿尽兴。其实他们全都是一场恶作剧的受害者，等他们明白过来，早就为时已晚了。《时代》杂志刊载了一篇图文并茂的报道，还原了这场中世纪风的乡村狂欢。

上一届的“捣蛋愚人大会”是在科雷兹的小村庄拉罗克卡尼拉克。当时那里的居民们都吓坏了，纷纷闭门在家不出屋。后来是我跟法国捣蛋愚人协会提了坎希耶-博若莱，因为我确定，酒农们生性乐观，他们的幽默感定能在属于一群兴致高昂的巴黎人的狂欢周末里大展身手，甚至能陪他们一起干些疯狂的事。从拉伯雷时期开始，人们就知道葡萄酒会让友谊升温，令人身心愉悦。的确，从市长到市议员，再到消防员和首席音乐家，全村上下的人都像是入了“捣蛋教”的新教徒，热情地参与到了大会中来。

1968 年“五月风暴”前夕，我和我两个孩子的母亲、我的妻子莫妮卡在坎希耶买下了一幢一见即钟情的房子。它坐落在半山腰，周围环绕着参天苍木，面朝索恩河平原，背倚漫山攀延的葡萄园。这幢外部看起来颇具英伦-诺曼底风情、内部保留了 1900 年设计风格的屋宅建于 1893 年，它的建造者是位别具一格的画家、摄影师、音乐家，同时也是村里铜管乐队的创办人——康斯坦·塞夫，他的肖像现被裱挂于市政厅内。这幢房子被其命名为“美酒之悦”①(*Bonum vinum laetificat*)。这几个拉丁文以印、刻、绘的形式出现在在壁炉上、吊灯上、落地窗上、铸铁葡萄架上、衣架上、三角楣上……随处可见！我们把那些最具美感的“美酒之悦”留了下来，尤其是在环客厅壁画下的那几个。这幅壁画是当时的主人请艺术家到府上创作的，描绘了从耕种葡萄到丰收庆舞的全过程，看上去既优雅又欢快。

我们追随着屋主的脚步，为家里添置了些从跳蚤市场买的家具、碗碟、玻璃杯，上面都有葡萄的图案，还把墙上挂满了葡萄酒的

---

① 出自《圣经》诗篇第 104 章第 15 节。——译注

海报。我承认,在这种偏执的举动中,有对葡萄的痴迷,亦有文化上的局限。不过,被葡萄包围的我们,难道不是更该像前人一样,对葡萄之神和滕蔓之神敞开大门吗? 从苏美尔时期[①]起,它们的轮廓形状就一直影响着艺术家们手中的铅笔、羽毛笔、画刷、刻针和刻刀。“美酒之悦”出自“*Bonum vinum laetificat cor hominis*”这句完整的拉丁语,意为:“美酒能悦人心。”

在我看来,那些童年和青少年时期在葡萄园中度过的男男女女们,与其他人是不一样的。不是说他们更优秀或更糟糕,而是他们身上带的那一丝淡淡的矿物感的气质,异于旁人。风土条件于葡萄酒来说是至关重要的,对于成长于此的人来说亦然,尽管这一点无法用数据测量。在葡萄园和酒窖的骨子里,人们总是怀抱着一种连载作家的心态。下回分解! 未完待续,未完待续……说到葡萄酒,永远没有结尾。从剪枝到装瓶,章章节节纷繁曲折,环环相扣绵绵不断,反观那些小麦或果蔬的种植者,就没有这么长的故事可讲了。尽管我们自己并不是专业的葡萄农或酿酒师,却也能与这些人密切往来、谈天说地,一来二去我们便适应了他们的时间安排,无论晴雨,日复一日。最后,我们收获了美食和感性,或许在沟通上也受益匪浅,因为酒能激发人说话的兴致,唤起人的自信,点燃想象的火焰。可能正是因为年少时在坎希耶靠着酒桶闲聊的那段经历,才让我对谈话交流有了兴趣。也可以说,是爱上了与人交谈吧?

咕噜咕噜

丹尼尔·布尔尼雄(Daniel Bournichon)在我家边上那个1公顷的葡萄园里种葡萄,他在这里的收成均被送往坎希耶酒窖合作

① 苏美尔为目前发现于美索不达米亚文明中最早的文明体系,同时也是“全世界最早产生的文明”之一。——译注

社——酿造至优佳酿的神奇工厂。这一点从它在每年盲品的大会上包揽的各大奖牌可见一斑。1936 年至今,沙尼一家三代——从约瑟夫到亨利再到现在的让-吕克——一直负责着酒窖合作社的酿酒工艺指导。难道说酿造师的天赋还能遗传吗?

● 博若莱 2,博若莱 3,朱利安·杜拉克,让-夏尔·皮沃

葡萄(Raisin)

亚当和夏娃不可能被葡萄所引诱,因为那时上帝还没有赐予人们葡萄,或是还没有创造葡萄。所以,诱惑亚当夏娃的是苹果。也就是后来的禁果,即禁忌、违规、罪恶和欲望的香脆象征。

一串葡萄,不论是水晶葡萄或是紫葡萄,都比苹果显得更具肉欲。每一粒都是美食的诱惑。那一颗颗晶晶亮的小珍珠,色泽金黄或是金褐,在舌尖爆裂开来后汁肉流溢满嘴,比其他任何水果都更富情欲的欢愉。情色插画和摄影作品中,常常会有男人在他们情人的胸部和小腹上挤葡萄的构图。而我们却从没看到有在上面削苹果的。

如果说苹果的圆润像女人的胸部,那么一串葡萄的倒三角形则喻示生殖器。巴柏(Barbe)画过一对非常惹人爱怜的脲体情侣:金黄色的葡萄取代了女人身上的阴毛;勃起的男人身上,一串紫葡萄倒置,尖头向上。在传统俚语里,葡萄串意指男性的性器官,而苹果充其量就是用来形容头或者脸。采他的"葡萄"比舔他的"苹果"要致命多了……

在今天,苹果已鲜为禁果代表,而是被选为纽约的城市象征和麦金塔(Macintosh)公司的标志。相反,葡萄却越来越多用于比喻青春、肉欲、美和愉悦。室内设计师就常常用到葡萄这一元素,珠宝设计师、丝绸厂商、服装师和陶艺制作者也是一样。

禁果已不复存在,但那些或轻或重、或被造型或原样呈现的葡萄串已经离开了餐桌和静物画家的高脚盘,独自成为诱惑的象征。最近,我们在公交车站广告上会看到一个雅致的女子,仅身着一条白色蕾丝三角裤,嘴里含了一颗紫色葡萄。广告语如下:"向诱惑屈服。"我们这些男男女女愿受惑于内衣,而她则是葡萄。这两种屈服的承诺难道不是一样,像果肉般柔软么?

从一些形容葡萄的词来看，这水果好像是情色用语的从属物：肥美、柔软、多汁、黏稠。让我们等着看那些同时与葡萄酒和身体相关的词，会擦出怎样的火花吧。

最后，我们会发现，葡萄采收季的邀请将不再仅仅是采收葡萄。

可怜的亚当！可怜的夏娃！可怜的苹果！

● 性和葡萄酒，收获葡萄

罗讷河丘(Rhône [Côtes du])

● 教皇新堡，孔得里约，坡与丘，埃米塔日

葡萄产区间的竞争(Rivalité des vignobles)

波尔多-勃艮第。波尔多人皮埃尔·维耶泰说，在吉伦特河、多尔多涅河和加龙河岸边，骂别人"勃艮第货！"可能是最难听的脏话。某期《致敬》节目中，索莱尔斯就曾毫不犹豫地把勃艮第酒归为"调料用酒"。1986 年 12 月的《阅读》杂志上（当时我是杂志总编，你们看下去就知道我有多宽容了）刊载了一篇皮埃尔·彭塞纳和阿兰·若贝尔[①]负责的访谈稿，其中，这位出生在美讯酒庄(La Mission-Haut-Brion)附近的波尔多作家对勃艮第葡萄酒的不屑表现得更明显了："我对这酒深恶痛绝。这是做调料的酒，是鲜血酿的酒。我会在阿马尼亚克派与勃艮第派发生冲突[②]时选择阵营，

---

① 阿兰·若贝尔(Alain Jaubert，1940—)，法国作家、记者、电视制作人。曾获 2005 年龚古尔首部小说奖（即新人奖，Le Goncourt du Premier Roman）。——译注

② 此处指阿马尼亚克-勃艮第内战，这场法国内战发生于 1407—1435 年间。——译注

同样，在勃艮第和波尔多这场真正的内战中我会为谁而战，你们心知肚明。大家一定要清楚地知道、了解：勃艮第酒不是葡萄酒，而是调酱汁用的饮料。此外，且不提这块土地给大家带去的那种可怕的沉重感，就是人们喝勃艮第葡萄酒的时候都会觉得骇人，像是喝了什么血淋淋的东西一样。所以，对我来说，那些喜欢勃艮第葡萄酒的人（喜欢博若莱酒的也一样）都是乡巴佬！顺不顺耳都是乡巴佬，对，没跑！”

地理学者兼历史学家让-罗贝尔·皮特曾细致地分析过波尔多-勃艮第两地之间“对立的激情”，据他说，另一位波尔多作家让·拉古特——他也有些荒唐，但无论如何这事儿没发生在《致敬》上——在品完一瓶精良的勃艮第红酒后说：“这是勃艮第的？真的吗？我不知道。这东西很不错，但我更喜欢葡萄酒。”有人说弗朗索瓦·莫里亚克曾表达出过同样的善意。其他一些比莫里亚克年长的吉伦特人也一样。

波尔多庄园主们对勃艮第酒（以及所有除了香槟产区外的法国红酒）的轻蔑是显而易见的。尽管最近《波尔多酒爱好者》的编辑们使尽浑身解数，试图跨越阿基坦大区的边境，波尔多人还是只喝波尔多酒、只谈论波尔多酒、只热衷于波尔多酒。他们生老病死都离不开对波尔多酒的信仰，一生只认这一种酒，厌恶皮诺葡萄。然而，他们却认为霞多丽的确让勃艮第在白葡萄酒界有了一席之地。不过，真正高贵的对决是在红酒之间产生的，或者说，这场对决在很早以前就发生过了，因为“历史”这位精准廉洁的品酒师早就有了评断，且不会改变。

我基本上没有什么夸大其词的部分。波尔多人对其他葡萄酒的漠不关心一直都让我震惊，他们不光对法国葡萄酒无感，对国外的葡萄酒也一样——除了那些由赤霞珠、品丽珠和梅洛葡萄酿制而成的葡萄酒，这些酒以加州地区为代表，宣称自己能与葡萄酒界的标杆和大师相抗衡；且成果非常喜人，常常在反对声一片的盲品比赛中获胜。法国人惊恐地发现，哪怕自己身为酒神巴克斯的长女，也并没有独占这优秀的风土条件、良好的气候特征及优质的工人。

波尔多大家族中甚至还有自己的基要派①——梅多克人。他们认为自己的表兄弟——波美侯和圣埃米利翁产区的葡萄酒——缺乏辨识度、没有层次感、格调也不高。此外，勃艮第人还令他们加剧了这种印象，因为人大多数勃艮第人偏爱这些产区胜过梅多克，他们错误地认为梅多克酒高深莫测、狭隘又拘谨。据说，专家们有时都会把波玛（勃艮第）和波美侯搞错，一如这款波尔多酒一不小心征服了全部勃艮第人一样。

让-雅克·布罗歇长期担任《文学期刊》(*Magazine littéraire*)的主编，他是我认识的唯一一位全力支持勃艮第红酒同时彻底敌视波尔多红酒的人。和索莱尔斯一样，布罗歇也是两个葡萄产区间内战的参与者，他知道敌方红酒是我的软肋，一度将我视为叛徒，不过他在阅读方面要开放的多。

而勃艮第葡萄酒制造商们倒是对波尔多酒的无视与不了解远远多于敌意。他们也会怀疑波尔多的酒是否称得上世界第一（对波尔多白葡萄酒的质疑是合情合理的），可我鲜少在勃艮第人中感受到蔑视和偏执。也许是集体第二的名次让他们泰然自若，而波尔多人则一直都在培养某种优胜情结？那么是否应该将这种鲜明的对比态度——我承认，我的总结有些粗枝大叶——视作波尔多红酒在口感和心理上自恃高人一筹的产物呢？可能正是如此。

英国人、荷兰人和后加入的美国人给了波尔多酒享誉全世界的荣光，并让其坐上了法国乃至全球葡萄酒界的第一把交椅。每年春天，吉伦特酒堡的主人们都会打开酒窖，迎接来自世界各地的

① 基要派是19世纪末20世纪初在基督教新教内兴起的一个运动，主张圣经绝对无误。——译注

专家品饮期酒(primeur),这已经成为了和时装周一样隆重的盛会。把这两者放在一起并不是没有道理的。时装周上的秀服只有少数女士有能力购买,同样,这些优质佳酿也只有一小部分幸运的人能够得到,并在存放良久之后再将其啜饮品评。而平民百姓与成衣秀服和酒庄高端窖藏之间的距离感,反倒是增加了巴黎时装和波尔多红酒的知名度和流行度。正因为受了这种"选择性"的影响,高定服装产业和整个波尔多产区才得以发展——不过,这种影响现在已经越来越小了吧?

从列级名庄到普通酒堡,整个波尔多产区可谓级别高、质量优、选择性多、产量丰富,是专家挑选窖藏的圣地,也是百姓消费的好去处。只有香槟产区有实力与其一争高下,不过是在另一个范畴。

诚然,勃艮第也可以夸耀自己几世纪以来得天独厚的风土条件和村庄,这在全球范围内都是出了名的。它所提供的是一些比波尔多名庄酒稀罕得多的葡萄酒,引得国内外的红酒狂热者们争相抢购。不过,勃艮第产区占地面积有限,故在产量和多样性上不占优势,质量水准也不够均一,这让它无法像从前那样迎合大众口味,统领葡萄酒市场。

其实,金丘的葡萄酒,尤其是红极一时的"博讷葡萄酒"在14—17世纪期间曾独领风骚。历代勃艮第公爵都是这款酒的优秀宣传者,传播范围远至其领地佛兰德,继法国王室和阿维尼翁教皇后,他们也领略到了黑皮诺葡萄的风味。让-罗贝尔·皮特回忆说:"阿维尼翁的第一位教皇是克雷芒五世,尽管他曾任波尔多大主教,并在1314年离世之时将自己的名字给了一座酒庄(克雷芒教皇堡),可波尔多的葡萄酒一直都没流传到阿维尼翁和罗马。1366年,彼得拉克[①]发现教廷的红衣主教们喜欢住在阿维尼翁竟

① 彼德拉克(Pétrarque,1304—1374),意大利学者、诗人和早期的人文主义者,被视为人文主义之父。——译注

是因为随处可见的勃艮第葡萄酒，对此，他非常愤怒。”

勃艮第-香槟。早在路易十四统治以前，勃艮第北部就出现了一个强大的对手：香槟产区。医学界掀起一场论战：这两种酒哪个更有利于身体健康呢？兰斯和埃佩尔奈两地充满了挑战者的进攻气氛，辩得不可开交。香槟区的迪亚法留斯①们肯定是拿出了狡猾又有力的证据，使得博讷济贫院的负责人不得不发表了一篇名为《保卫勃艮第葡萄酒，抵制香槟酒》的文章。不过，路易十四的御医法贡出面平息了此事，宣称国王痛风，喝不了香槟，但是喝勃艮第葡萄酒就没有任何问题。后来，法贡的继任者们做出了相反的选择。莫里哀曾多次拿医生们开据的矛盾处方打趣。不管怎么说，法贡和勃艮第夜圣乔治那条“法贡街”重名应该是巧合。

后来，勃艮第和香槟两个产区之间还发生了一场传统的竞争：看谁在那些最有影响力的人群中——国王、皇子、爵爷、教会和军队中的显赫人士——最受欢迎。今天，我们会把这种行为称之为“名人媒体战”。

葡萄庄园和葡萄酒之间的相互竞争，可能从高加索和叙利亚地区首次出现两个葡萄庄园和两个酒农的那一刻便开始了。在刚刚完成对意大利主要葡萄酒的清点后，老普林尼写道：“大多数读者责怪我遗漏太多，我也有同感，人人都对自己的葡萄酒珍视有加，无论我走到哪儿都是一样的故事。”

在中世纪乃至波旁王朝绽放出万丈光芒的圣普桑葡萄酒也有同样的故事。博讷葡萄酒复兴并取得质的飞跃以前，这里的葡萄酒长期被视为“无上琼酿”。历史学家罗杰·迪翁认为，这两个产区间的影响力大战打得长久又激烈，最终，教廷和皇家的订单决定了勃艮第人的胜利。

① 迪亚法留斯(diafoirus)，莫里哀戏剧《无病呻吟》(*Le Malade imaginaire*)中的一位医生。——译注

波尔多-勃艮第。长期以来,波尔多红酒在英国与荷兰的知名度、受欢迎程度都远远高于法国,不过,这款享誉国际的葡萄酒最终还是征服了自己的祖国。18 世纪开始,这位内部移民在质量、产量和知名度上的提升就不曾停歇,1855 年梅多克和苏玳优质酒庄分级制度的诞生,谱写了波尔多神话的开篇。波尔多酒是海洋之酒,当它和勃艮第、香槟一起,借着江水河流和条条大路涌入巴黎时,便很快赶上了那两位竞争者。之后,随着岁月流转,它细腻典雅的风格终于在首都有了一席之地。巴黎的品味对法国其他地区乃至各国首都来说,都是某种权威的象征,具有恐怖主义一般的威慑力,这也给波尔多带来了更高的威望。

我们来举个例子说明这种优越性。法兰西第四共和国的官方酒窖中,波尔多与勃艮第的红酒数目在不经意间遵循了某种对等原则,这没什么好说的。在第五共和国时期,波尔多酒在波尔多市长雅克·夏邦-德尔玛的带领下大获全胜,这位市长掌管波旁宫①酒窖长达 11 年,又掌管马提尼翁宫②酒窖 3 年,虽说他对总统和部长们的影响力不大,但对爱丽舍宫③、参议院和奥赛码头④酒窖管理师们的影响力却不容小觑。如此一来的结果便是:勃艮第红酒几乎在大型官方宴会上消失得无影无踪。(最近我受邀参加了一场在英国大使馆举办的晚宴,宴会提供的全部都是勃艮第酒!这是文化革命还是一夜疯狂?)总之,身穿 33 号⑤红衫的波尔多赢得了这场比赛。此外,全球最大的葡萄酒展销会——两年一届的"葡萄酒博览会"也是在波尔多举行的。

---

① 法国国民议会下议院的所在地。——译注
② 法国总理的官邸。——译注
③ 法国总统的官邸。——译注
④ 法国外交部所在地。——译注
⑤ 法国邮编前两位以地区开头,波尔多邮编前两位是 33,巴黎是 75。——译注

然而，气泡在很久之前就把香槟酒隔离在了竞技场之外，而波尔多和勃艮第之间却一直存在着某种竞争，某种断层，不光表现在经济层面，更表现在文化层面。

诚然，这个现象是有地理和历史渊源可寻的。一方有海风拂面，面朝广阔的大洋，说着一口外语，大庄园主居多，在城堡中装瓶，是酒窖的主人，哈佛大学高材生，用优雅的英语交流，承袭了家族财富，听的是古典乐。

另一方受淡水滋养，植根法国深处，践行酒农习俗，小庄园主为主，自家庄园装瓶，家庭手工作业，第戎大学毕业，拿的是葡萄酒工艺学文凭，身着牛仔裤，继承了家中一块田地，唱着祝酒歌。

对两地的刻板印象多得不相上下，既定观点比比皆是。这些成见不能偏听偏信，想必大家心里有数。不过，在两个葡萄产区万花筒般的社会现象里，尚存有不少真实成分。比如剧本主线清晰，在伴奏乐曲方面，波尔多负责小提琴，伏旧园负责手风琴。可是现在，一切都乱了，变得复杂了起来。博讷举办的巴洛克音乐节名气一年比一年大；默尔索的巡回庆典把演出和品酒结合在了一起。波尔多人估计是没有勇气用“从巴赫到巴克斯”这样的题目的！他们更喜欢贴出诸如“梅多克的巴托克[①]”之类的海报……

最后，两种文明在酒杯中再次交锋。一方，黑皮诺散发着天然的香气，花果味四溢，滑入鼻腔；接着，随着时间推移慢慢产生了变化，一系列繁复的细节等待着舌头去探索发现。另一方，冉森教徒般的赤霞珠是酒体调配的主角，其严峻朴素的气质让人印象深刻——这是一种资本，那些最为敏锐的味觉感官，早已在被岁月所软化的单宁背后，辨出了它从明日到未来的圆润、芬芳与细腻。

一方，天赋异禀，脚踏实地，相见即欢，振奋人心，欢愉美好，带

① 巴托克·贝拉·维克托·亚诺什（Bartók Béla Viktor János，1881—1945），匈牙利作曲家，匈牙利现代音乐的领袖人物。——译注

着法兰西的特质。

另一方,调配勾兑,后天学成,缜密耐心,脑力工作者,雅致高贵,四海为家。

是的,这是两种哲学,两种文明。

穿梭于两者之间,其乐无穷。只要换下酒杯即可。

咕噜咕噜

百人俱乐部主张各类葡萄和平共处。在这里,大部分午餐菜单都以香槟作为开胃酒,勃艮第白葡萄酒配头道菜,波尔多红葡萄酒配第二道菜。很少有“队长”(负责酒菜搭配的人)冒险用波尔多白葡萄酒配头道菜,用勃艮第红葡萄酒配第二道菜。

我有幸参与过各式各样值得纪念的酒宴,其中有这样一场最让我难以忘怀:意式茄子煨饭配索洛涅牛肝菌,佐罗曼尼-康帝产区 1990 年份的李奇堡;带壳烤龙虾配科雷兹栗子,佐大瓶装 1976 年份的沙龙 S 香槟;猪脚肉小香肠配佩里格尔德松露,佐 1990 年份柏图斯;各式各样的巧克力,佐泰勒(Taylor's)1963 年的年份波特酒(于乔治五世宾馆的“五世餐厅”,主厨菲利普·勒让德尔以厨艺向 2004 年世界侍酒师大赛冠军恩里柯·贝尔纳尔多[Enrico Bernardo]致敬)。

科莱特是个幸运儿,早在青年时期,父母就带她领略了佳酿的风采,还不仅仅局限在勃艮第酒的范围内。不到 3 岁的时候,父亲就让她喝了第一口喝弗龙蒂尼昂麝香葡萄酒——“那是一道阳光,是感官享受的激流,是稚嫩味蕾的启迪之光”。接下来发生的事依旧让人欣喜(尽管当代的教育家们认为,过早让孩子接受葡萄酒的教育——即便是“断断续续,审慎地呷上几口”——是一种犯罪行为):“回想起儿时往事,我很羡慕当时那个幸运的小女孩儿。放学回家后有备好的饭菜等着我——排骨、冷鸡腿或是那种盖着灰渍,像玻璃一样被人打成碎块的硬奶酪——还有翠陶(Château Larose

Trintaudon)、拉菲特、尚蓓坦和科通这些在1870年逃过了‘普鲁士人’魔掌的葡萄酒。

其中有一些酒变得虚弱苍白，闻起来有如凋谢的玫瑰；酒体与染红酒瓶的单宁沉淀物间澄出了层次，但尚有大部分酒保持着可贵的热情和生机勃勃的功效。多么美好的年代啊！

一杯接一杯，我就这样轻巧地汲干了父母酒窖中最精致的葡萄酒……我的母亲把被我喝过的酒塞好，凝望着洋溢在我脸颊上的，属于法兰西佳酿的荣光”(《麝香葡萄藤》)。

● 波尔多产区，勃艮第，香槟

罗伯斯庇尔(Robespierre)

若要寻一位历史人物来分享一瓶好酒，马克西米连·德·罗伯斯庇尔[①]这个名字应该不会自发地浮现到人们的脑海当中。我们无法想象这样一个严肃寡言、以美德与家国为本的男人，能在一杯斟满酒的杯前舔着嘴唇，盯着杯中之物垂涎欲滴。用开瓶器、酒起子或是香槟刀的时候，他会不会有种明晃晃的似曾相识感呢？毕竟他曾用同样的动作取了太多人命，也因同样的动作命丧黄泉。

然而，这个严厉的男人在阿拉斯时，曾为了赞颂葡萄酒，写过一首亦诗亦歌的作品，看起来很是平庸——这倒也证明了葡萄酒没给他带去多少灵感。以下就是罗伯斯庇尔《空杯》的最后几句：

巴克斯高高在上
目光严峻有话讲

① 马克西米连·德·罗伯斯庇尔(Maximilien de Robespierre, 1758—1794)，法国革命家、法国大革命时期重要的领袖人物、雅各宾派政府的实际首脑之一。——译注

向饮水之人投去严峻的目光
啊，我的朋友，饮水之人，
大家可以相信我，
无论何时你们都只是蠢货，
历史的见证等着我。

无礼的智者！
自吹自擂的犬儒，
在我看来，如此愚笨；
啊，这美妙的欢愉
将蜷缩着身体
走入深深的空酒桶里！

藏在酒桶里的第欧根尼①要躲的，肯定就是像罗伯斯庇尔这样的人……

● 水

罗曼尼-康帝(Romanée-Conti)

在最后一期《文化浓汤》(2001 年 6 月 29 日)里，我自己回答了那份节目开播 10 年来、被无数贵宾回答过的问卷。其中第九个问题是这样的："植物、树木、动物三者中，您希望转世成为哪一个？"

我的回答是："成为罗曼尼-康帝的一株葡萄。"

在我眼里中、我的嘴里、我的舌尖上、我的心里，罗曼尼-康帝

① 第欧根尼(Diogène，前 412—前 323)，古希腊哲学家，犬儒学派的代表人物。——译注

的葡萄酒是全世界最出色的。我承认，这个选择没什么新意。然而，当神话长存于万丈光芒之中，我们又怎能对它说不呢？夜丘的这颗明珠不光是在葡萄酒的天堂里发光——那儿的酒用繁复和精致谱写了一曲田园赞歌，让人们失去了分析能力——每个不同的年份，这款酒都会在它的传奇中更上一层楼。

因为品尝一瓶罗曼尼-康帝，就是在品味历史。一瞬间，我们已身在凡尔赛，和路易十四同桌共饮。我们成了孔蒂亲王路易-弗朗索瓦·德·波旁[①]的朋友，这位亲王之所以为众人所熟知，应该是因为他收购罗曼尼庄园的事迹[②]，而不是他带兵的能力如何或是与蓬巴杜夫人的口水战（这位先生真棒，更乐意把自己的名字跟罗曼尼酒庄放在一起，而不愿与蓬巴杜夫人相提并论）。我们参与了大革命官员们的会谈，这些把酒庄据为己有的人头脑清醒且相当精明，是他们第一次把康帝这个恼人的姓氏加给了罗曼尼，并预测这个创举会取得不俗的商业成绩。我们在沃恩村散步，另一些有远见的勃艮第酒农，在村庄名字后加上了这座老村中最负盛名的葡萄园的名字——“罗曼尼”。我们好奇这 1.8 公顷外加 50 公厘[③]的葡萄园是如何享誉全球的，又因了谁的眷顾、施展了什么魔力，方能够世世代代酿出大师之作。

产地小，产量少使得这里的酒（平均每年生产 6000 瓶）成了稀世珍宝。既是稀世珍宝，必然人人觊觎。而人们的觊觎又抬高了它的价格。价格和稀有性导致鲜少有人能够为它买单，买得到的都被视为奇迹。奇迹加强了它的传奇性，传奇性则为它的荣耀与名誉再添重彩。

罗曼尼-康帝是唯一不能直接在酒庄单支购买的葡萄酒，半打

---

① 路易-弗朗索瓦·德·波旁（Louis-François de Bourbon，1717—1776），路易十四曾外孙，1727 年被封为孔蒂亲王。——译注

② 孔蒂（Conti）与罗曼尼-康帝的康帝在法语中是同一个词。——译注

③ 1 公厘＝0.01 公亩。——译注

或一打的成箱购买也不行。若想有幸买到一瓶罗曼尼-康帝,需要在这个酒庄买上 13—15 支其他的酒:李奇堡、拉塔希(la tâche)、罗曼尼-圣维旺(romanée-saint-vivant)、大依瑟索、依瑟索等等,也就是比女王略逊色一筹或是与其毗邻的特级园葡萄酒,这些酒也都是在特殊场合才会喝的。酒庄按量分配的做法已行之有年,可能会让一些人感到惊讶。不过这是唯一的办法,也比较民主,可以避免个别富豪把一年份的罗曼尼-康帝全数揽入囊中独自享用,或者……投机倒卖,赚更多的钱。

这款传奇佳酿我总共品过 5 次,合每 12 年一次。真是少得可怜,不过对于绝大多数从未喝过的法国人来讲,已算是非常多了。

其中一次品饮的状况是应该受到谴责,那是 1991 年秋天《文化浓汤》的录制现场,聚光灯闪耀在炙热的舞台之上。当时,英国作家[①]理查德·奥尔尼出版了一本关于罗曼尼-康帝的大作,书中囊括当地历史、历届庄园主、土壤成分,葡萄耕种、酿造与陈放技术的发展以及对各年份的点评等内容,精彩绝伦,无人能及。我做了一则关于罗曼尼庄园葡萄收成的简报,准备在特别来宾,即饮食行家让·费尔尼奥[②]来节目中宣传自传[③]时播出。他在节目里对奥尼尔的那本书(《罗曼尼-康帝》)做了有趣又到位的评论。

神话在可见、可触的时候——在我们这个语境中应该是可饮——会变得愈发迷人。试想,做那样一期节目,不可能不在桌上摆一瓶罗曼尼-康帝,而且有多少嘉宾就得有多少个酒杯。不过,理查德·奥尼尔和酒庄都没有送酒过来。我的酒窖里有一瓶,仅此一瓶,所以就把它"牺牲"了(年份是 1982)。强光下,我们满怀敬意,咽着口水喝了这瓶酒,并围绕着它展开了热情的讨论。但那只是几秒

---

① 作者笔误,理查德·奥尔尼是美国人。——译注
② 让·费尔尼奥(Jean Ferniot,1918—2012),法国记者、作家。——译注
③ 指《我会重头再来》(*Je recommencerais bien*)。——译注

钟的事。这瓶酒值得人们花更多的时间，在更亲密的私人聚会里，给出更深刻的诠释。家人和朋友们都觉得我敬业得有些过头了！

一如开篇所讲，它越过了某种乡愁，成为了我心之所向的选择。在我通过驾照考试后，父亲允许我试开他那辆11马前轮驱动的著名黑色雪铁龙。我们从博若莱出发，打算去勃艮第转一转。到沃恩-罗曼尼的时候，我小心翼翼地沿路前行，那一条条狭窄的小路把我们领到了一个葡萄园外的小石墙边。在那个地方，类似的矮墙比比皆是，有的看上去还更美观，不过，唯有在这堵墙上，在那块光滑的石头上，人们才能看到几个刻在上面的大字："罗曼尼-康帝"。一旁，一座高大庄严的十字架打从18世纪起，就在保卫着这片葡萄园了。

所以说，这片葡萄园就是人们眼中的珍宝吗？可惜当时我对葡萄酒的历史和地理知之甚少，又被驾驶雪铁龙的骄傲感冲昏了头脑，所以没能体会到父亲的感情。后来，我曾多次来到同一铭文面前，站在同一个十字架的影子下，终于能够带着领悟到的万千思绪，凝望着罗曼尼-康帝这片葡萄田。

《文化浓汤》停播5个月后，我受邀主持品酒小银杯骑士会的圣于贝尔教士会[①]。会上，我被授予了最高荣誉："大军官"(Grand Officier)的称号，并获得了2001年品酒小银杯大奖，奖品是100瓶葡萄酒。我何德何能，竟被如此慷慨对待？因为我对勃艮第葡萄酒无尽的忠诚？或是为了纪念那位名字一直与《致敬》节目连在一起的本地作家亨利·文森诺？也有可能因为我在那档文学节目的最后一期中，为嘉宾们(埃里克·欧尔森纳[②]、伊莎

---

① 品酒小银杯骑士会每一个季度都会举办各种不同的教士会(chapitre)，此乃其中之一。——译注

② 埃里克·欧尔森纳(Erik Orsenna，1947—)，本名埃里克·阿尔诺(Éric Arnoult)，法国作家、法兰西学术院院士、1988年龚古尔文学奖获得者。——译注

贝尔·于佩尔[①]、美国人詹姆斯·利普敦[②]和魁北克来的丹妮斯·庞巴迪[③]等等)准备了一瓶知名的勃艮第红酒——来自沃尔奈产区,1989年安杰维勒侯爵酒庄(marquis d'Angerville)公爵园(clos du ducs)的佳酿。诺贝尔物理学奖得主乔治·夏帕克(Georges Charpak)也参加了这场庆祝会。我们曾有约在先,只要他受邀出席我的节目,无论主题是什么,我都要准备一瓶勃艮第的葡萄酒陪聊,虽然他只是偶尔喝一喝勃艮第的酒,却已然被彻底征服。周围有些八卦的人说我是为了喝勃艮第的酒才邀请夏帕克来上节目的。其实非也,我是尊敬这位物理学家、教育工作者,喜欢让他参与我的节目。不过我并不生气,因为我确实把轻松与实用结合在了一起。

每一场品酒小银杯骑士会的晚宴都在伏旧园酒庄的地下大厅里举行,当我以晋升者和获奖者的姿态站在领奖台上,看到特等大师(Grand Maître)文森特·巴尔比耶和陆军大元帅路易-马克·舍维纳尔为我准备的那份最出乎意料、古灵精怪、打动人心的礼物时,我觉得自己被无尽的温柔包裹住了:礼物是一株罗曼尼-康帝的葡萄树!它的年龄无人知晓,不过看上去粗壮密实,多枝多节,裂纹随处可见,曾经丰茂的根系都已石化。这株葡萄树和一块木板固定在一起,木板上方有一个小牌子,证明这确实是一株罗曼尼-康帝,且于2001年12月8日赠予鄙人。我就这样毫无心理准备地见到了转世后的我!原来我会长成这样啊!太让人激动了!万一哪天我真的转世成了葡萄树(当然这可能性是极小的),我打

---

① 伊莎贝尔·于佩尔(Isabelle Huppert,1953—),法国知名电影演员。——译注

② 詹姆斯·利普敦(James Lipton,1926—),美国作家、词作家、演员、电视制作人。——译注

③ 丹妮斯·庞巴迪(Denise Bombardier,1941—),魁北克记者、作家、电视制作人。——译注

算先扎根在泥土中，生活在与我的出身和地位相符的地方，年复一年，在那里留下我的果实，最后成为一件原生艺术品，就像从今以后挂在我家墙上的这株葡萄树一样，并以此结束自己的生命。

遗憾的是，罗曼尼-康帝的共有人兼老板奥贝尔·德·维兰未能到场，除了那株珍贵的葡萄树外，他还为我准备了一瓶——对，千真万确，你们这些嫉妒的人赶紧把眼睛闭上吧！酒农和天使们一定是破了戒律！——一瓶罗曼尼康帝！年份是1961年。关于这瓶年份酒，理查德·奥尔尼的书中是这样评价的："罗曼尼产区耀眼的代言人。酒体呈桃木棕红色。辛香料及麝香味馥郁扑鼻，入口极为厚实丰满，亦不乏柔和莹润，偏好浓郁口感的勃艮第酒爱好者们，一定会对其魂牵梦萦。"（葡萄酒专家米歇尔·贝塔纳在1991年3月的一场集体品酒会上的笔记。）

正好，我就喜欢丰满莹润的勃艮第红酒。身体的丰满需要人们提高警惕，而葡萄酒的丰满口感则正是人们所追求的。一瓶葡萄酒——尤其是勃艮第红葡萄酒——不应该在贫瘠、吝啬和苍白中诞生、成长。它衬得上一切美好，压得过所有张扬和野心。让我们寻一瓶丰厚的葡萄酒作伴吧，赏其色泽之莹美，香气之芬芳。

因此，我的酒窖里就有了一瓶1961年的罗曼尼-康帝，这瓶酒除了在其酒庄和一些收藏家手中能找到外，已无他处可寻。不过，它不是我的收藏品。我是会把它喝掉的。可在什么时候？同谁共饮呢？我已有了一些打算。千万不要试图跟这瓶酒比耐心，我自己都可能会输……

日本作家开高健曾写过一部名为《罗曼尼-康帝1935》（*Romanée-Conti* 1935）的长篇小说。那是1972年冬的一个周日，东京，一位小说家和一位企业董事长开了一瓶1966年的拉塔希和一瓶1935年的罗曼尼-康帝，边喝边聊。董事长对法国和法国红酒，尤其是勃艮第红酒颇有研究。他曾走过"特级名庄之路"（原文中引用了法语"la route des grands crus"），参观过罗曼尼的酒庄。

在维埃纳的“观点”餐厅吃午饭时，他看到了两瓶传说中1945年份的罗曼尼-康帝，便买了下来打算与小说家共饮。

1966年的拉塔西正散发着青春的光彩。“性感的丰盈”，开高健借小说家和董事长之口如是写道。反倒是那瓶1935年的罗曼尼-康帝让人大失所望：稀淡如水，干瘪枯燥，“像是个红酒木乃伊”。然而，奥尔尼在1991年——我们的日本朋友是在18年前开瓶试饮的——品饮了一瓶1935年份罗曼尼-康帝后评价道：“富有黏土和湿桔梗的气息。混杂了烟草和俄罗斯皮革的味道。提神醒脑，入口扎实。真是美妙至极！”

两瓶同样的酒之间所产生的差异当如何解释呢？奥尔尼喝的那瓶没有离开过酒庄，而日本企业家喝的罗曼尼-康帝则是过境美国后，方才抵达东京的。这对它来说不是致命的冲击么？“经历了颠簸与混乱，被夏日的炎热焖蒸，遭人堆放在强光下，弃置于大风中。酒的品质之所以会下降，难道不是提前衰老所造成的么？”企业家思量着。有这种可能。

我这瓶61年的罗曼尼-康帝不会被不舒服的长途旅行所折磨，也不会被人暴力对待。所以，她一定会非常出色。更何况，开高健还借这位东京企业家之口说过：“罗曼尼-康帝的人跟我说，69年的酒方才成熟；65年的酒尚在陈藏的过程中；61年的酒堪称完美，唯一需要做的，就是欣赏。”这就是他保证的！

咕噜咕噜

关于我的化身，请允许我引用一首龙沙[①]的四行诗：

当死亡欲取我性命，

---

① 皮埃尔·德·龙沙(Pierre de Ronsard，1524—1585)，法国著名抒情诗人，七星诗社组织者，著有《颂歌集》《致埃莱娜十四行诗》。——译注

众神啊，若您对我尚有怜悯，
请至少许我变换身形，
我愿化作葡萄藤上的一片花影。

● 欧颂酒庄，勃艮第，年份，柏图斯，品酒小银杯骑士会

菲利普·德·罗斯柴尔德[①](Rothschild [Philippe de])

我会不会再次掀起战火，挑起已被人遗忘的争端呢？菲利普·德·罗斯柴尔德男爵对梅多克产区的发展贡献良多，所以他在波亚克 D2 和 D205 公路的交界处有一尊雕像应该并不为过。

1924 年，他提出在自己城堡中进行葡萄酒的熟成和装瓶程序的想法，在当时颇具革新性。我们可以想象经销商们的表情！一个 20 多岁的小伙子，敢向整个夏特龙地区发出挑战！并且真的把自己的想法付诸了实践：两年后，他建成了一座无与伦比的酒窖，酒窖的设计颠覆传统，长 100 米，成排堆放的酒桶在灯光的映衬下登台亮相，像是一众让人震撼的舞群……律动感十足。以后，还会有人打造出更大、更具特色的酒窖——比如里卡多·波菲[②](Ricardo Bofill)为拉菲-罗斯柴尔德酒庄设计的环形酒窖。不过，菲利普男爵所开创的，是一种新的行业惯例，或者说是新的习俗。其他的一级酒庄不甘落后，纷纷效仿，接着，各大列级酒庄的庄园主也如法炮制。随着时间的推移，大多数酒庄都加入了这个行列，就连最普通的酒庄也没落在后面。自此，酒庄和葡萄酒成为了一个独立的整

---

① 菲利普·德·罗斯柴尔德(Philippe de Rothschild，1902—1988)，罗斯柴尔德家族在法国一支的成员。诗人、剧作家、戏剧及电影制作人，同时是世界上最著名的葡萄酒农之一。——译注

② 里卡多·波菲(Ricardo Bofill，1939—)，西班牙建筑师，有“建筑鬼才”之美誉。——译注

体，酒标上“于酒庄灌装”这句提示语，则成了其身份的佐证。

纵观波尔多葡萄酒的历史，杰出人士数不胜数。不过，要说是谁把葡萄酒引入艺术领域，享有艺术品之名，并不断将艺术与葡萄酒相提并论，使得今天的人们有了“梅多克佳酿等同于艺术品”这一共识，那么这个人一定就是菲利普·德·罗斯柴尔德。

因为在经营木桐酒庄66年的时间里，他一直专注于为自己的葡萄酒添加一种文化附加价值，并把从修剪葡萄树到葡萄酒装瓶的整个流程都交由万无一失的专业人士打理，自己则负责监督检查。当然，木桐-罗斯柴尔德酒庄的商业规划、形象推广及艺术价值打造，也都是他的工作。

从1945年起，酒庄每一年的酒标都由一位大艺术家来绘制，这个点子实在是太妙了。玛丽·罗兰珊①、布拉克②、达利③、马蒂厄④、马塔⑤、阿列钦斯基⑥、米罗⑦、夏加尔⑧、康定斯基⑨、波利亚

---

① 玛丽·罗兰珊(Marie Laurencin，1883—1956)，法国画家、版画家。酒庄1948年酒标设计者。——译注

② 乔治·布拉克(Georges Braque，1882—1963)，法国立体主义画家与雕塑家。他与毕加索在20世纪初创立了立体主义运动，“立体主义”一名也由其作品而来。酒庄1955年酒标设计者。——译注

③ 萨尔瓦多·达利(Salvador Dalí，1904—1989)，西班牙画家，以超现实主义作品闻名。酒庄1958年酒标设计者。——译注

④ 乔治·马蒂厄(Georges Mathieu，1921—2012)，法国画家、雕塑家。酒庄1961年酒标设计者。——译注

⑤ 罗贝托·马塔(Roberto Matta，1911—2002)，智利超现实主义画家。酒庄1962年酒标设计者。——译注

⑥ 皮埃尔·阿列钦斯基(Pierre Alechinsky，1927—)，比利时表现主义、超现实主义画家、雕塑家。酒庄1966年酒标设计者。——译注

⑦ 胡安·米罗(Joan Miró，1893—1983)，西班牙画家、雕塑家、陶艺家、版画家，超现实主义的代表人物。酒庄1969年酒标设计者。——译注

⑧ 马克·夏加尔(Marc Chagall，1887—1985)，法籍白俄罗斯裔画家，酒庄1970年酒标设计者。——译注

⑨ 瓦西里·康定斯基(Vassily Kandinsky，1866—1944)，俄罗斯画家、艺术理论家。酒庄1971年酒标设计者。——译注

科夫[1]、毕加索、沃霍尔[2]、苏拉热[3]、德尔沃[4]、培根[5]、巴尔蒂斯[6]……木桐酒庄的酒窖成了画廊，酒标成了藏品，其中最受追捧的还是1924年男爵定制的第一款酒标：立体主义风格，配以公羊头和罗斯柴尔德家族的五支箭作为点缀，是出自插画师让·卡吕之手的作品。

还有更厉害也更让人叹为观止的：1962年，部长下令——毫无疑问，这个部长是文化部的，且无巧不成书，他的名字就是安德烈·马尔罗——在木桐酒庄建立一座"葡萄酒艺术博物馆"。这是一座独一无二的博物馆。菲利普·德·罗斯柴尔德和第二任夫人（第一任夫人死于集中营）宝琳娜女爵——天赋异禀的美国服装设计师，就是她提议修建这个博物馆的——把他们从世界各地收获的精美战利品集中在了这里。从远古时期到20世纪30年代、从中国古代艺术到前哥伦布时期艺术、从威尼斯陶艺到日耳曼的金银珠宝，各路展品应有尽有，只要符合以下3个条件便可成为馆藏：有美感；独一无二或稀世珍贵；功能性或装饰风格要与葡萄、葡萄酒、酒精饮料、饮酒习俗、酒神狄奥尼索斯的传说等等有关。早30年前，我就想把那尊乔凡尼·德拉·罗比亚[7]的酒神巴克斯陶

---

① 塞尔日·波利亚科夫（Serge Poliakoff，1906—1969），俄裔法国籍画家。酒庄1972年酒标设计者。——译注

② 毕加索负责1973年酒标设计，沃霍尔负责1975年酒标设计。——译注

③ 皮埃尔·苏拉热（Pierre Soulages，1919—　），法国抽象派画家、雕塑家。酒庄1976年酒标设计者。——译注

④ 保罗·德尔沃（Paul Delvaux，1897—1994），比利时超现实主义画家。酒庄1985年酒标设计者。——译注

⑤ 弗朗西斯·培根（Francis Bacon，1909—1992），出生于爱尔兰的英国画家，画风以表现主义、超现实主义和立体主义为主。酒庄1990年酒标设计者。——译注

⑥ 巴尔蒂斯（Balthus，1908—2001），波兰裔法国具象派画家。酒庄1993年酒标设计者。——译注

⑦ 乔瓦尼·德拉·罗比亚（Giovanni della Robbia，1469—1529），意大利文艺复兴时期陶艺家。——译注

瓦带釉半身雕像偷走了。这尊巴克斯头上缠有葡萄藤蔓和一串串沉甸甸的葡萄，身上的军用护胸甲以狮子假面为装饰，与这位俊美青年的游离目光形成对了比……

菲利皮娜·德·罗斯柴尔德(Philippine de Rothschild)是家族的唯一继承人，她活波干练，行事缜密周到，从 1988 年起开始为博物馆添砖加瓦，维系着艺术与葡萄酒之间的联系。她在法兰西喜剧院和雷诺-巴豪尔特剧团的演出经历更是为木桐-罗斯柴尔德酒庄的文艺形象增添了一抹亮色。木桐-罗斯柴尔德酒庄就是在她从艺期间跻身梅多克一级酒庄之列，与拉菲-罗斯柴尔德、拉图、玛歌和侯伯王齐名的！

在 1855 年分级名单中，木桐-罗斯柴尔德酒庄尚未更名，还在使用“布拉纳-木桐”，或是“木桐”这个名字，它在名单上仅位于二级酒庄之首。菲利普男爵并不是唯一一个认为名单有误、为木桐叫屈的人。他那句傲气的名言：“未能第一，不屑第二，唯我木桐”就是这么来的。然而，神圣不可侵犯的 1855 年分级竟给了酒庄一次破例重审的机会，这是常人所不敢想象的。分级“神殿”的守卫、酒庄的对头(其中包括他梅多克的家族成员)和公众力量更是组成了一支大军，他既无法左右大军的想法，也无法削弱他们的力量。

不过，经历了 20 年的陈情与论战——值得一提的是，他的这些所作所为刚好为 1855 年分级制度作了可观的宣传——，菲利普·德·罗斯柴尔德把“游说”变成了一门艺术，得到了他梦寐以求的改变：那是一份追加遗嘱，一个例外，一次对制度的僭越。1973 年，经相关法律决定，木桐-罗斯柴尔德酒庄被列入一级酒庄。是蓬皮杜总统和农业部长希拉克扫清了最后的障碍！男爵则马上把他的名言做了更正：“位居第一，曾屈第二，木桐依旧。”

男爵曾有过入选法兰西学术院学士的念头。他所翻译的克里斯托弗·马洛[1]和其他伊丽莎白时代诗人的作品都非常优秀，我还为此对他进行过采访。在出任皮加勒剧院的负责人期间，他接了不少儒勒·罗曼和让·季洛杜[2]的剧本，还是马克·阿勒格莱的电影《女人湖》(*Lac aux Dames*)的制作人，甚至曾与科莱特一起讨论对白。他改编过克里斯托弗·弗莱[3]的剧作，用达律斯·米约[4]的曲子写过一出名为《葡萄采收季》(*Vendanges*)的芭蕾剧，还出过几册诗集。

> 普里阿普斯[5]，窥探着繁茂的潘神[6]
> 赤裸的仙女踌躇
> 所有醉心的召唤萦绕着你
> 倾心于那支闪烁的芦笛
>
> 噢，多汁的浆液，噢，节日庆宴，噢，自寻烦扰
> 那被惜爱着的皮肤，属于被另一副皮囊钟情的躯壳。
>
> 《迷失的压榨机》

有神话，也有情色，诗意盎然。外加他的译作、他丰厚的文化背景，还有梅多克那座令美国人神往的奢华博物馆，以及他贵族式的优雅气度、问鼎榜首的木桐酒庄，年尾岁末还不忘为院士们奉上

---

① 克里斯托弗·马洛(Christopher Marlowe，1564—1593)，英国诗人、剧作家。——译注

② 让·季洛杜(Jean Giraudoux，1882—1944)，法国作家、外交官。——译注

③ 克里斯托弗·弗莱(Christopher Fry，1907—2005)，英国诗人、剧作家。——译注

④ 达律斯·米约(Darius Milhaud，1892—1974)，犹太裔法国作曲家。——译注

⑤ 前文出现过的希腊神话中的生殖器之神。——译注

⑥ 希腊神话中的牧神，掌管树林、田地和羊群，照顾牧人、猎人和农人。——译注

几瓶一级酒庄的佳酿。然而这一切还不足以为他赢得大多数法兰西学术院院士们的肯定。1978 年 4 月，他试图替补让·罗斯丹①的席位，却只获 6 票赞成。这是他职业生涯唯一一次失利。当时一些院士没有投票给他，可能是怕他当选后就不再送酒了。不过他们失算了，因为后来继续收到木桐葡萄酒的，都是他那些真正的院士朋友们。

这则故事告诉我们：与表象相反，夏特龙堤岸的宝座比孔蒂堤岸的一把座椅更容易攻克……

咕噜咕噜

绝望布满木桐人的心中
自亚伯拉罕和摩洛时期起，欺辱流血未曾止停。
唯有一位，受到万千庇护，再无他者
永垂不朽于梅多克的罗斯柴尔德。

● 波尔多产区，1855 年分级，酒标，梅多克

① 让·罗斯丹(Jean Rostand，1894—1977)，法国生物学家、道德学者、法兰西学术院 8 号座椅主人。——译注

圣文森特(Saint-Vincent)

守护神。教堂的确不是同音异义词的敌人("你是彼得,我要把我的教会建造在这磐石上……"[1])。有人因为"文森特"的第一个音节而将其奉为酒农的守护神[2]……如此说来,为什么圣阿尔蒂尔不是艺术家们的守护神,圣波丹不是陶器商、玻璃商和酒吧服务生的守护神呢[3]? 所以说,就算把文森特读成"酒(*vin*)-血(*sang*)"或者"酒(*vin*)-感觉(*sent*)"[4]也不能说明什么问题。

圣文森特来自西班牙,其家族与葡萄没有任何关系,一生身为萨拉戈萨副祭司的他与葡萄也无甚关联。有人说他之所以有如此醉人的荣耀,是因为曾身受酷刑。达西昂总督是罗马帝国皇帝戴克里先[5]的宠臣,他让文森特吃尽苦头后,对其处以碎身碾骨之刑:文森特的鲜血像在粗暴的压榨机中流淌着的葡萄汁一般,喷涌而出。这个隐喻是暴烈的,尤其对那些如葡萄酒农般乐观的人来讲更是如此。人们把文森特的尸骨缝在了一张牛皮里,丢到了巴伦西亚的外海。不过,据某不知出处的神迹记载,这位圣人的遗体后来又出现在了岸边,等着那些水手回来。这场海上的胜利不是应该让文森特成为水手和海难者的守护神么?

不过,人们没有让他与水为伴,而是给了他葡萄酒。这对他来说是件好事。宗教中从不乏神秘传说。应该说他死后的运气比生

---

① 马太福音 16:18,法语中彼得(Pierre)与石头(pierre)拼写相同。——译注

② 法语中文森特(Vincent)的首音节与葡萄酒(vin)同音。——译注

③ 法语中阿尔蒂尔(Arthur)与艺术家(artiste)首音节相同,波丹(Pothin)与陶器商(potiers)首音节相同。——译注

④ 法语文森特有两个音节,两个音节分开解释便有了作者笔下的意思。——译注

⑤ 戴克里先(Dioclétien,244—312),罗马帝国皇帝,建立了四帝共治制,这成为罗马帝国后期的主要政体。——译注

前要好得多。人们对他甚至称得上是慷慨:文森特不单是葡萄酒农的守护神,还是批发商、葡萄酒工艺学家、葡萄酒检验员和小酒馆老板的守护神。酿醋者也同样由他保护,这一年是好是坏,全要仰仗他的怜悯。在雪莉产区,人人都是他的信众。

最后,他转入葡萄酒业的原因可能是在巴黎被人们发掘出来的。这位伊比利亚半岛殉难者的遗体化为了圣骨,他的祭服和一只手臂被请入了一座由希尔德贝尔特一世[①]在首都兴建的修道院中。这座修道院也因此得名:"圣十字-圣文森特"(*Sainte-Croix-Saint-Vincent*)。鉴于这座修道院在法兰西岛上拥有众多葡萄园,葡萄修士们就把圣文森特当成了抵御霜寒和雹灾的堡垒。后来,其他地区的葡萄农也加入了崇拜他的行列。3个世纪过后,另外一位圣人——圣日耳曼的圣骨取代了文森特,修道院的名字也随之改变,成了"圣日耳曼勒朵蕾"(*Saint-Germain-le-Doré*),也就是日后的圣日耳曼德佩(*Saint-Germain-des-Prés*)。

酒农们对圣文森特的崇拜诞生于巴黎最具知识分子气息的街区,在让-保罗·萨特的窗前,在双偶、花神和荔浦餐厅的对面,让人浮想联翩。是不是美好到不太真实?不过这已算是最可信的解释了。

在基督教意识日趋淡薄的法国,圣文森特依旧是个赢家。应该说,他的地位岿然未动。他是最后几位能激发人们宗教热忱的圣人之一,1月22日是他的节日,在这一天或是接下来的周末里,人们会组织祷告和游行仪式以示庆祝。在勃艮第,圣文森特的节日一直都是最受瞩目的。当地人会先用基督教之礼表示敬意:游行仪式、隆重的弥撒、布道讲经、赐福祈祷;紧接着是世俗化的庆典:大摆筵席、酒窖参观、展览、民歌表演等等。可以说早晨是献给

---

① 希尔德贝尔特一世(Childebert Ier,496—558),法兰克人之王(巴黎国王)。——译注

圣文森特的，余下的时间都属于酒神巴克斯。这种基督教与异教相结合的形式是中世纪的产物。品酒小银杯骑士会的特等大师在发表就职演说的时候，不就把诺亚称为“葡萄之父”，把巴克斯称为“葡萄酒神”，把圣文森特称为“葡萄酒农的守护神”吗？这种众教合一式的大融合比起19世纪末期勃艮第一些村庄中挑起的战争要讨喜得多：彼时游行的教士们都举着教旗唱着圣歌，反对者们也举着自己的旗帜，高歌《马赛曲》作为回击。接着双方还会拿赴宴人数作对比。想来这场面也应该相当逗趣。

勃艮第“圣文森特节”的名字中之所以有“巡回”二字①，是因为这个节日每年都在不同的村庄举行。届时，各地的葡萄行会、职业协会和文化社团都会派出代表团，跟在被刻在老式压榨机木雕上的守护神像后面。守护神的排场很大，身旁有品酒小银杯骑士会成员组成的铜管乐队为伴。接着，就是这个又冷又热的日子里最温情的时刻——说它冷，是因为时值1月末；说它热，是因为人们需要喝酒来暖身子——为村内最年长的葡萄酒农颁发证书。

守护神的对手们。并不是每一个人都对圣文森特深信不疑。那些选择了其他圣人，认为他们比圣文森特更认真、更细心也更灵验的葡萄酒农们并不会被开除教籍，所以圣文森特有很多竞争者，其中被祭拜最多的当属圣维尔尼耶(*saint Vernier*)。这位先生手执一柄采收葡萄用的截枝刀，是个酒农的儿子，同时自己也是酒农！他原籍德国，真正的名字叫维尔内(*Werner*)，与文森特一样都在刽子手的屠刀下流干了血！在莱茵河与摩泽尔河流域、瑞士、弗朗什-孔泰、勃艮第和奥弗涅，人们是以维尔尼(*Verny*)之名祭拜他的。

此外，还有人祭拜圣马丁(*saint Martin*)，因为修剪葡萄这件

---

① 勃艮第圣文森特节，法语全称为 Saint-Vincent Tournante，直译作圣文森特巡回节。——译注

事是他的驴子在吃葡萄的时候发明的。圣于尔班(*saint Urbain*)、圣马尔瑟林(*saint Marcellin*)、圣雷米(*saint Remi*)、圣布莱兹(*saint Blaise*)、圣安托南(*saint Antonin*)、圣女日南斐法……还有阿尔萨斯的圣女瑜纳(*sainte Hune*)、马孔地区的圣乔治。让人们伤脑筋的是,这么多圣人都在守护着葡萄,可为什么他们圣口呼出的热气却无法化解霜冻与冰雹呢?信众的虔诚在灾后转为愤怒的事也曾经发生过。阿尔萨斯鲁法克地区的酒农们在圣于尔班节当天(1682 年 5 月 25 日)发现这位圣人并没有保护他们的葡萄免受可恶的霜害,便把他的雕像扔到了喷泉里,大喊:"你不给我们葡萄酒,那你自己也喝水去吧!"

说到底,圣母一直都是人们最常祭拜的。画家和雕塑家的作品中也常常出现她的身影:坐在抱着膝上小耶稣,两人手上还有一串葡萄。圣母玛利亚节是每年的 8 月 15 日,正是葡萄日渐成熟的日子,人们会通过仪式和虔诚的祷告祈求她保佑葡萄的收成。雨果在 1846 年 8 月 4 日写到,今夏如此炎热,葡萄在 8 月 15 日那天定会成熟,而以往人们在这天献给圣母的第一串葡萄都是尚未被高温催熟的。

咕噜咕噜

若圣文森特节当日(1 月 22 日)天朗气清,那就正好应了那些俗语:当年会是个丰收年。

圣文森特,日丽风和
葡萄酒要比水多

圣文森特,日丽风和
葡萄酒用桶装不为多

圣文森特，阳光灿烂
葡萄酒溢满枝蔓
（注意，还有另一种情况）
若有霜冻来袭
产量定会走低

● 众神与酒，弥撒葡萄酒，品酒小银杯骑士会

性与酒(Le Sexe et le vin)

微醺的诺亚把生殖器暴露在了儿子们面前[①]，这以后没多久，性与酒之间的联系就变成了伤风败俗的丑闻。二者都会让人产生快感，直到失去理智。为了获得这种断断续续的快感，人们需要一杯接一杯地豪饮，或是不停摇晃颤动。葡萄酒与性这两个善于激起人们内心躁动的家伙，长久以来都是违法乱纪的同谋。它们惹恼了那些精致讲究的人，也激怒了虔诚的信徒、伪君子和装腔作势的女人。葡萄酒与性的联手出击，让这些人倍感恐惧。

一切葡萄酒文化都会在艺术领域颂扬与酒相关的情色主义。从巴比伦时期起，纵酒作乐和鸡奸的场景就不时出现在一些瓶瓶罐罐上。不论是来自雅典、伊特鲁里亚还是罗马，雕刻师们都竞相创作出一幕幕欢爱、放浪、情色的场景，并把它们刻在各式葡萄酒器皿上：双耳杯、双耳尖底瓮、酒杯、圣餐杯等等。画家们也会激发酒鬼们的灵感（庞贝古城的壁画是为一例），特别是在有妓女同席共饮的时候。在一部关于切萨雷·波吉亚[②]的电影中，影人们借

① 出自《圣经·创世记》9:21。——译注

② 切萨雷·波吉亚(César Borgia，1475—1507)，瓦伦提诺公爵，意大利文艺复兴时期的军事长官、贵族、政治人物和枢机主教，教皇亚历山大六世之子。——译注

用了这样一个古老又情色的画面：在享用一位女子之前，他把红酒洒在了她白皙裸露的酥胸上。在蛮族和僧侣的欢宴上，第一件事就是开桶倒酒。葡萄酒需要在欢爱的高潮来临以前，流淌在席间。

这种情形下，与会宾客们不会花时间去谈论葡萄酒的“裙子”“肌肤”“大腿”①。不过不难猜想，在情色化的葡萄酒用语中，形容一瓶酒有女人的上身，那就表明这瓶酒是柔和圆润的。“女人香”则被用来形容敦伦前的春梦或是熟酒②那如海水般的律动。

18 世纪昂热地区的酒农们更是夸张，他们把 310—350 毫升的酒叫做“小女孩”。“吻一个小女孩”的字面意义就是嘴对嘴地喝一小瓶葡萄酒，随着时间的推移，这种表达方式失去了当年的魅力，变得愈发暧昧不清。还有更可怕的说法：爱抚、破（处）、推倒、做一个小女孩。这些属于另个时代的粗言秽语——当时恋童癖还逍遥法外——已融入到了卢瓦尔河畔居民们的日常闲聊之中。科莱特也曾用过“被拔了瓶塞的昂热小女孩”（《麝香葡萄藤》）这一微妙的表达方法。

虽说葡萄酒能让男男女女欲火焚身，把他们变得一身是胆，头脑发热，屁股发烧，但若喝得过量，也会让人迅速入睡，无爱可做。我们都听过一些婚礼上的趣事，新郎喝到连脱衣服的力气都没有，躺下就为婚床献上了震天响的呼噜！除了一些例外状况，酒醉或只是有些微醺的男人都不是好情人。两杯酒还好；三杯酒下肚，所有烦恼就都不见了！跟所有活动一样，酒精与性——二者不管是同时进行还是一前一后——给不同男人带去的享受有着天壤之别，也有极大的不公之处。随着年龄的增长，这两个魔头变得愈发难以和平相处。要么喝酒，要么做爱。不过，二者还是有共存的时

---

① 裙子（robe）指酒裙；肌肤（chair）指酒的肉质感，类似酒体；大腿（cuisse）指挂杯液柱。——译注

② 熟酒（vin cuit）是普罗旺斯地区出产的一种手工甜酒。——译注

候。葡萄酒保持着可口美味的状态；性则让人饥渴难耐。

没有人比莎士比亚更善于描写酒精和情欲在人身体中的斗争。这一幕出现在《麦克白》里（第二幕，第三场）。昨晚花天酒地的守门人还未睡醒。与国王有约，且马上就会发现国王已被人杀死在睡梦之中的麦克德夫，此时还有闲情逸致跟人打趣。他向守门人提问，“喝酒最容易引起的三件事”都是些什么。

“先生”，守门人回答道，“那当然就是酒糟鼻、睡觉和撒尿了。至于淫欲，先生，它被激起来，又被压下去；它挑逗着你的欲望，却又阻止你实行。这就是为什么人们觉得喝醉对于淫欲来说是个两面派：成全它，又破坏它；让它动起来，捧它的场，又拖它的后腿；鼓励它，又打击它；替它撑腰，又让它站不住脚；结果呢，两面派把它哄睡了，叫它做了一场荒唐的春梦，就溜之大吉了。”①

亲爱的莎士比亚大人，我们看出来了，这是您的亲身经历啊！

关于这个问题，从物理化学的层面上讲，莫里哀比莎士比亚要乐观得多。至少，他的克瑞翁是这么说的（《安菲特律翁》第二幕，第三场）：

要履行爱侣之间的义务，
最重要的，既不是酒，也不是时间。

《圣经》中所描绘的性与酒的结合，是实用又惬意的。鳏夫罗得喝多了酒，昏昏沉沉，在睡着时被两个女儿强奸，射精两次。9个月后，他成了祖父。真是了不起啊，女孩们！罗得是亚伯拉罕的侄子，这位身体健硕的《圣经》人物可能让普鲁塔克②和一众生理

① 编译自朱生豪译本《麦克白》。——译注

② 普鲁塔克（Plutarque，45—120），罗马时代的希腊作家，著有《希腊罗马名人传》。——译注

学家们受到了打击,因为这些人都认为酒醉的男性射精量少,精液稀淡,不利生殖。

尽管如此,还是有不少 40 多岁的成年男性为了证明自己的男子雄风而过量饮酒,反倒栽了跟头。因为过去禁止女性饮酒,如今她们可以随性畅饮,但大都酌情定量。男人遇到这样的女人时,往往会迸发出十足精力,想用自己丰富的葡萄酒知识和千杯不醉的酒力吸引对方。男人认为名庄佳酿能为自己增添单宁般涩口的回味、馥郁的香气、与众不同的性格,让自己的形象变得丰满充实。他选的不会是一瓶随意的酒——这酒要出自列级名庄或是一级酒庄,价值不菲品质非凡。芳心待送的女人也不会让人失望:她会选一瓶知名法定产区命名的特优晚收葡萄酒,摆在他的床上。

同样想要无意间借葡萄酒显示自己的气概,有些男人就会反其道而行之:挑一个普通的产区,从中发掘出一款只有少数行家才懂得欣赏的稀有佳酿。那会是一瓶年轻的酒:自然清新,未经过滤,有果肉沉底又不乏细微的层次感。风流小生已经用酒画好了自画像,女宾若是无心上眼观看或张口品尝,肯定是个不解风情的榆木脑袋。

像罗讷丘和朗格多克产区这种光照充足、酒劲强烈的葡萄酒并不适合初见的场合。大厨阿兰·桑德伦斯把这种酒叫做“壮胆酒”。选这种酒共饮,意图就有些太过明确了。

爱喝酒的女人与日俱增,其中了解葡萄酒的行家也越来越多。从庄园主到侍酒师,女性凭借着自己的能力与才干在葡萄酒界的各个领域崭露头角。想用葡萄酒相关话题去吸引陌生的女性的男人要提高警惕了,当心对方知道得比自己还多,让自己的自尊心受到打击。

面对女性在酒神巴克斯脚下的崛起,一些嗜酒的男性还是颇有微词。不过,他们也不再是里昂格言所形容的那种男士形象:“为了让女人受益于葡萄酒,必须由男人把酒喝掉”(《里昂趣味箴言》[*La Plaisante Sagesse lyonnaise*])。不过从古代起,葡萄酒就是男人之间的事,他们通过葡萄酒展现自己的能力、地位、权力和性别优势。醉酒是属于男人的雄性殊荣,女人喝醉,则是耻辱又不体面的丑闻。直到今天,醉酒的女人们还是会引来人们的愤怒和蔑视。(女性酒精成瘾多由啤酒导致,而非红酒。因白葡萄酒成瘾的更是少之又少。)总之,女人们已经推开了庄园、酒库、酒窖、经销商、餐馆和酒吧的大门,开始接触专业的红酒网站和杂志。女人的味觉常常比男性同行们敏锐,她们学会了品酒、吐酒、喝酒、比酒,更重要的是,她们学会了如何聊酒。女人们尚不能与男性势均力敌,却也已经悄无声息地走入了葡萄酒界的版图中;而一向掌控着酒杯和软木塞的男人,也不再享有独自使用开瓶器的特权。

咕噜咕噜

只有两种场合可能会用到那些男子性器形状的情色开瓶器:要么是放荡主义者们在自己的思潮里颂扬肉体与葡萄酒所带来的快感的时候;要么,就是老先生们闭门设宴的时候。

一些底部绘刻有情色场景的银制试酒碟非常抢手。倒上酒后,这些画面要么被淹没,要么若隐若现。若想让它们重见天日,就得喝酒。当然,要一饮而尽才行。

● 爱情与酒,醉,试酒碟,开瓶器

侍酒师(Sommeliers)

在词条“香气”中,我曾稍微调侃了一下侍酒师们喋喋不休的花言巧语。但若就此打住,未免有些不太公正,因为很多侍酒师都能力出众,才华过人。他们当中有的成为了法国最佳侍酒师——非常好,有些成为了欧洲最佳侍酒师——非常出色,还有一些获得了世界最佳侍酒师的殊荣——叹为观止,这些人都值得我们脱下帽子举杯致敬。敢于参赛的女性不多,不过,安娜-玛丽·卡兰达(Anne-Marie Quaranta)在1980年荣获了法国最佳青年侍酒师的称号,此后在1993年和2001年,玛尔莱娜·冯德拉玛丽(Marlène Vendramelli)和乔瓦娜·拉帕里(Giovanna Rapali)也分别获此殊荣。

有6位法国人被评为世界最佳侍酒师:让-吕克·布多(Jean-Luc Pouteau,1983)、让-克洛德·让邦(Jean-Claude Jambon,1986)、塞尔日·杜博思(1989)、菲利普·富尔-布拉克(Philippe Faure-Brac,1992)和奥利维耶·普歇(Olivier Poussier,2000)。其中算上生活在巴黎的意大利人里柯·贝尔纳尔多也不为过。侍酒师的学识需要通过说与写来展示,除了熟知全球各地的葡萄产区和葡萄酒外,他们还要对与葡萄种植学、地理、化学、酿酒学、餐饮及与相关法律条款有关的上千种主题有所了解,而这些知识是需要多年孤独作业才能积累而成的。此外,每天的试饮练习也必不可少,侍酒师们通过对葡萄酒的分析、鉴赏与比对,熟记每一款酒,以便顺利通过盲品的考验,盲品过后,还要用猜品出的葡萄酒对菜肴、酱汁、香辛料,还有主厨及评审准备的"突袭"进行配搭……盲品结果最精准的侍酒师会面露喜色地接受一切公允的评论……

这一切需要什么工具帮衬么?噢,什么都不用,只需要画家的眼睛、植物学家的鼻子、斋戒期的味觉和史学家的记忆力。冠军侍酒师的记忆就具备这种特性,他可以一次、三次、十次、无数次地记起被他品过的上千种葡萄酒的味道。与练习音阶的钢琴家一样,每一天,侍酒师都用葡萄酒做着同样的练习:重复、试喝、吐酒、记录、闻嗅、品鉴、再吐酒……把鼻与口的感受传入脑海中,通过开发和练习保持这种才能,这种天赋——与葡萄酒有关的天赋。

还要加上恰到好处的表达天赋,业界人士的专业用语自然必不可少,不过也要足够清晰明了,让普通的酒客都能听得明白。我曾有幸几次在公共场合领略过欧利维耶·普歇、菲利普·富尔-布拉克和里柯·贝尔纳尔多的专业风采，还有埃瑞克·波马尔(Éric Beaumard)，他因偶然事件未能在餐饮环节发挥出水平，不过还是在酒窖扳回一城，夺下了侍酒师欧洲锦标赛的冠军(1994)。

一些侍酒师曾有机会在别的舞台上做出为人瞩目的成绩，可他们却选择了这条通往酒窖的楼梯：乔治·乐普雷(Georges Lepré)曾是图卢兹艺术学院和图卢兹歌剧院的男中音；塞尔日·杜博思则差点成为斯特拉斯堡竞赛会的职业足球运动员。

还有一些葡萄酒的专栏记者与侍酒师一样，感观敏锐，获取和分析信息能力强，善于推断与阐述——这其中就有前文学教授米歇尔·贝塔纳和著有多部葡萄酒相关作品的米歇尔·多瓦(Michel Dovaz)——是他们让普通的酒客们觉得自己像被侍酒师的双手点化了一般，茅塞顿开。

咕噜咕噜

大言不惭地自诩为懂酒之人，可能会招来杀身之祸。这是发生在福尔图纳托(Fortunato)身上的故事。故事的讲述者不堪这位卑鄙小人凌辱，伺机报复。他对福尔图纳托说自己得了一瓶阿蒙提亚多(amontillado)酒，苦于对葡萄酒知之甚少，无从辨别真伪。不巧福尔图纳托没时间帮他评鉴，于是叙述者打算去找同为葡萄酒专家的路崔西(Luchesi)。福尔图纳托说路崔西分辨不出一般雪莉酒和阿蒙提亚多酒的区别，他自己才是真正的专家。为了证明这一点，福尔图纳托马上和讲述着一起去了酒窖——他不会让其他人有这样美好的机会向全城人展示自己品酒技艺……

这是爱伦·坡的短篇小说《一桶阿蒙提亚多酒》(《奇异故事新编》[*Nouvelles Histoires extraordinaires*]①)。

● 香气，葡萄酒品鉴，盲品

① 该书由波德莱尔编译成册，于1857年出版。——译注

试酒碟(Tastevin)

试酒碟的消失是一出象征着进步的小闹剧。不可否认,使用专为试酒而制的酒杯,可以让品酒变得更容易,也更加严谨。在一个 2、3 厘米深的小碟中,葡萄酒很容易洒出来,眼睛只能从上方辨别酒的颜色,酒香也四散无踪。反之若是在酒杯里,酒香就会直通鼻孔。时至今日,试酒碟已经跟烛台和背携式喷雾器一样,成了一种老旧过时的工具,一种收藏品。

唯一一位研究试酒碟的历史学家雷内·马泽诺告诉我们,试酒碟的形式千变万化,其历史可追溯到苏美尔文明、安纳托利亚文明、埃及文明、克里特文明等等,有葡萄的地方就有试酒碟。它们有的带柄,有的不带柄;材质有陶瓷、大理石、铜、锡、彩陶、木头和玻璃,其中最精美的当属被精雕细琢、刻着格状纹饰、经压印而成的银制试酒碟。18 世纪的法国出产了不少这样的试酒碟,人们还特别为其设计了一种中空的碟柄:品酒师的食指可穿过碟柄,拇指压在环状柄上的花瓣形银片上。一些银制试酒碟是由一流银匠打制而成的,上饰葡萄藤蔓、庆酒场景或是圣人像,配以拉丁语铭文或是情话、谚语,还要加上酒碟主人的名字——这类试酒碟的价值完全可与一件独一无二的艺术品相媲美。

就在不久前,我们还能看到一些葡萄酒农、经销商和资深葡萄酒迷一到品酒的地方,就从上衣或坎肩的口袋中掏出白布包裹着的试酒碟。这就是他们作业用的工具。人们看到带尺子的木工,或是带榛木棒的寻水人①会觉得奇怪么?有艺术家在庞贝酒商维提兄弟(Vettii)之家的壁画上画了这样一个场景:一位爱神把双耳

① 寻水术是一种占卜法,用以寻找地下水、金属及各种其他物品或物质,并非科学的方法。——译注

尖底瓮中的酒倒入另一位爱神手中的试酒碟中。这个画面在我眼前上演过无数次，只不过盛酒的容器不是尖底瓮，而是酒瓶或是以前的试酒管；品酒者也不是天使，而是凡人。我特别喜欢那些留着八字胡的葡萄酒农们，品酒时，他们的胡子会凑在又圆又亮的试酒碟上，喝完酒就用手背或是方形大手帕在被酒浸湿的胡子抹上一抹。试酒碟的使用，让品酒看起来像是某种专业人士才会懂的仪式。

如果说除了香槟产区外，法国所有葡萄产区的试酒碟都有保有自己的特色，便于人们区分，那么毫无疑问，勃艮第地区的特色就是大量出产极尽奢华的试酒碟。当地知名的葡萄酒行会之所以取名为“品酒小银杯骑士会”①也并非偶然。

在人们的印象中，试酒碟底部那一半条纹状凸起、一半橡子状凹陷的压印版型似乎是巴黎和勃艮第地区手工艺者们的创举——虽说在桑塞尔或罗讷河丘产区也能找到类似的试酒碟。如此设计是为了美观么？非也。这是出于实用性的考虑，为了更好“读懂”葡萄酒。内陷的橡子形凹槽可以反射出一簇簇细微的光束，从各个角度清透地照亮酒体，没有隐瞒，也无任何弄虚作假的可能——这种设计早在罗马时期的茶杯中就出现过了。相反，拱起的条纹形凸面则直接将光反射回去，形成一抹耀眼迷人的光晕，却也在酒面上蒙了一片阴影。无情的橡子形凹面是为买家准备的，精明的条形凸面是为卖家准备的。手腕轻轻晃动，把试酒碟倾于光下，一面看完换另一面，每个人都可以随心所欲地观察各种状态下的葡萄酒，至少可以有个全面的了解。

确切地说，“试酒碟”一词还有另外一层含义。在很长一段时间里，它除了指品酒用的小酒碟以外，还可以指试酒管、汲酒器：人

---

①　品酒小银杯骑士会中的“品酒小银杯”即试酒碟。——译注

们用它从大酒桶中吸出一部分珍贵的酒液，以便品鉴。同时，“试酒”也取代了以前的旧称“摸酒”①。

相较于官方的拼写方式（taste-vin）来说，简洁质朴的勃艮第式拼法显然更合我们的心意（tastevin）。葡萄酒本身是那样自然、有张力、随和、同时散发着耀眼的光芒，为什么还要加上这条没意义的小连字符呢？

● 品酒小银杯骑士会

品酒小银杯骑士会(Tastevin [Confrérie des Chevaliers du])

为赞颂某种产品、某道菜、某个圣人或是某种传统而成立的行会，在我们国家真是数不胜数！人们欢聚一堂、互相遴选、乔装打扮、授勋加冕；还会请媒体到场，举办就职仪式、宣誓效忠；品佳肴，喝美酒，并相互约定，在洋葱、苹果酒、布雷斯鸡、盖梅内手工猪肉肠或圣克洛德烟斗大师的行会活动中再聚首。

葡萄酒类行会的数目最多，无非是因为酒农们生性乐观，行事风格严谨，且有着社交的传统，他们热爱这种节日般的聚会，因为人们会在这种场合喝他们产的酒。品酒时的庄严气氛，再加上几句掷地有声的发言，瞧吧，借着酒神巴克斯、圣文森特或其他与葡萄酒相关的真福者之名，“新教徒”们就这样诞生了，他们信奉的可能是某个法定产区的葡萄酒、某种地区餐酒、某种葡萄、酒桶、蒸馏器，或者干脆连街区里的醉鬼酒徒们也被他们拿来顶礼膜拜。

一些大型行会的成立，就是为了宣传某种葡萄酒。其经营策略与艺术，在于让那些为了在行会中步步晋升而齐聚一堂的会员们，忘记行会背后的商业目的。会员们一到场就被视为贵客，满足感甚至自豪感油然而生，加上齐聚一堂的愉快气氛和晚宴时美味

---

① “摸酒”（tâte-vin）是为直译，法语词 tâte 有触摸的意思。——译注

轻松的欢乐时光，这一切都值得众人为了一款酒付出心力，若这酒又恰好深得人心，就更是一举两得了。总而言之，人们聚在一起不就是为了相互感谢吗？一个聪明的葡萄酒行会只会给那些想入会的会员们提供非来不可的理由。这点真的非常厉害。

在经历了勃艮第葡萄酒业几年的萧条后，品酒小银杯骑士会于1934年成立，如今，它的成功已然不可逾越。因为行会所举办的每一场教士会，都是既考究又亲民的庆典——每年20余场，场场爆满，届时会有550名与会者相聚在伏旧园酒庄的地下大厅共进晚餐——这些庆典如陈年波玛般庄严，如阿里高特(aligoté)般逗趣动人，如气泡酒般伶俐轻盈，都是勃艮第地区其人其酒气质的体现。尽管有号角声相伴，有勋位会员们的金色缎条红袍在台上飘扬，整个场面却毫无浮夸荒唐之感。这些勋位会员的头衔听起来很是高贵：大师、皇家内侍总务、陆军统帅、摄政枢机主教、宫廷总管大臣等等，每个人脸上的神情时而刻意庄严，时而自然喜悦。他们的功绩如下：通过展现严肃认真的神情，让王公贵族、阁员部长、诺贝尔奖获得者、法兰西院士和各路老板们愿意被他们授勋，并保持单纯质朴的态度，用勃艮第人的真性情让晚宴充满欢声笑语，让自己——骑士会总议会的成员们——也能乐享其中。

这里的厨房可以按规定做出1100份勃艮第红酒炖蛋，全部趁热上桌，一旁的“勃艮第小子”在台上无休止地唱着祝酒歌，歌声中穿插着侍酒师和服务生们的芭蕾舞表演——全都是专业的！或者说看起来非常专业。集体性的快乐需经过悉心的准备，哪怕是一场晚宴的时光也是一样。品酒小银杯骑士会将于2007年6月举办第一千场教士会——这可真是一部长篇小说啊！

咕噜咕噜

5次参与伏旧园酒庄的晚宴后，我获得了骑士会最高勋位：大军官。相比荣誉军团勋章和国家功勋奖章而言，我更喜欢这个头衔。因为在另外两个勋章的颁奖仪式上,是听不到勃艮第风格的庆祝欢呼声的……

● 法国农业勋章,默尔索柏雷盛宴,罗曼尼-康帝

地区餐酒的时节(Le Temps des vins de pays)

葡萄酒,就是轮转的时光。

阴雨或晴日,看时光流逝。

天有不测风云,人有离合悲欢。

有时,上天与人皆愤怒;有时,酒杯在手,晒着太阳,分秒皆惬意。

有酒窖的时光,也有酒壶的时光。

还有一些时候,那些运气好、有路子的人,能尝到出自名庄名堡的陈年稀有佳酿;其他时候则要喝些平凡的酒,尤其是那些不会让人抱有期待的地区餐酒,或者优良地区餐酒(VDQS)①。这是"限时赏味的葡萄酒",科莱特如此写道(《麝香葡萄藤》),她还说:"这种酒轻轻松松地从喉流到肾,几乎没有停留。"其实是件好事,因为我们不是边喝边聊,而是毫不犹豫地一口气喝下好几杯;也因为我们口渴难耐,想在与家人和朋友度假的时候,享受简单的幸福。

曾几何时,人们会把一瓶瓶的葡萄酒放入桶中,浸到井下冰镇:那可能是阿热奈的布鲁瓦坡葡萄酒、萨瓦的红葡萄酒或是瓦尔的粉红葡萄酒。桶被拎上来之后,人们会把酒捞出来,这时的酒就像香槟一样淌着水滴,不过在端上餐桌前,人们会记得把水擦

① VDQS 即 Vin délimité de Qualité supérieure,优良地区餐酒,是普通地区餐酒向 AOC 级别过渡所必须经历的级别。如果在 VDQS 时期酒质表现良好,则会升级为 AOC。——译注

干的。

若是正午十分在外野餐，没有什么比一瓶冰爽透心的奥弗涅丘佳美葡萄酒、科比埃地区餐酒、波尔多淡红葡萄酒或热尔白玉霓葡萄酒更加合适了。有人弹着小曲，有人低声附和，还有人操着乡音聊着天；唇舌碰撞，再来一杯，上帝啊，生活还可以如此美好！

那些为了应景、会面而点的葡萄酒，或是在省道边上买得到的，往往都是当年的新酒。如果决定选择当年的新酒，最好还是找个光照热量充足的年份。还有……有时生活上的愉悦也会增加饮酒的乐趣，为酒增添几分它原本欠缺的醇厚与柔滑。这是消费者的乐观心态为葡萄酒加了糖！是高昂的兴致带来的酿酒工艺上的额外收获！

除了地区餐酒外，我们在一些地方驻留时也会遇到当地的葡萄酒。这些酒往往更具吸引力，至少要去当地酒农酒窖、葡萄酒合作社的酒窖或者品酒小窖屋中试上一试。这些酒都是可靠的向导，散发着周边的乡野风情。无论是法定产区命名葡萄酒、优良地区餐酒或是地区餐酒，说得都是当地的方言土语。当我们把这种语言置于舌尖：就会得到酒神巴克斯版的“法式热吻”。

中午或晚上的时候，找一家小餐厅，或是那种桌上铺着纸质桌布或方形台布的小酒馆，点一份野兔肉酱、煎蛋卷炸鱼，开几只生蚝，再来一例肠包肚、焖肉冻、鸡翅、蒜香焗土豆，配上母山羊奶酪或多姆奶酪——只有在这种地方，人们才能喝到当地最好的葡萄酒。不要喝酒壶里冻僵的葡萄酒，味觉需要和思想一样开放。有时候，我们也会遇到合胃口的美酒。谁不曾临时受邀，前往一座已经入睡的小村庄赴宴，席间碰巧遇到一瓶吕贝隆丘、旺图丘的葡萄酒，或是一瓶马孔村庄葡萄酒、大普隆葡萄酒、弗雷丘葡萄酒、米内瓦葡萄酒，又或是汝拉丘普萨葡萄酿造的葡萄酒、伊卢雷基葡萄酒、圣希尼昂葡萄酒、图尔桑葡萄酒……

到国外游玩——尤其是去意大利、西班牙、瑞士和德国——只要有同样尝鲜的渴望，就一定会有所收获。

花时间去了解那些不知名的小产区，绝对不是在浪费时间。这跟花时间看二三线作者的书是一个道理。因为借此机会，人们可以从自己的角度看到酒与酒之间的对照、联系和层级差异。

法国的葡萄酒是个整体，其中有亲民的平价酒也有优选佳酿，有小产区也有大酒庄。人们可以有所偏爱，但无权对谁嗤之以鼻；人们有权批评，但无权斥责。真正爱酒的人都懂得，大酒庄需要小产区的帮衬，反之亦然。各个酒区间的团结不应该仅仅是个乌托邦式幻想。雷蒙·杜梅在30年前写过一段精彩的话，值得一读："葡萄酒首先是一支大军，也就是说，是一个整体。它们拥有同一种精神，同一种素养。大自然所赋予的天资和命运的眷顾或许有所不同，但无论将军还是二等兵，他们的信念和激情是没有差别的。一个只出产罗曼尼-康帝的法国和一所只培养诺贝尔奖得主的学校看上去同样引人发笑。将军需要士兵，士兵也需要将领，这是毋庸置疑的吧？他们的终极命运是一样的，这一点似乎也没人表示反对。无论如何，一切都是紧密相连的，若没有这些小产区作为顾客的入门之选，大产区也不会吸引到新的客人；若是扛着军旗的葡萄酒'士兵'被击垮，我们日常购买的葡萄酒也不会保持合理的价位。葡萄酒首先是一款社会性的产品，团结是其赖以生存的因素(《葡萄酒之死》[*La Mort du vin*])。"

咕噜咕噜

一些身处法定产区和优良地区餐酒产区的庄园主们不愿服从法定产区名称管理局对葡萄品种的管控，这种情况在朗格多克产区尤为常见。由于擅自在酒中添加被禁用的葡萄，他们的葡萄酒被降级为"地区餐酒"。不过，或许是因为他们发明了某种出色的新式调配法，又或许是因为这种反抗赢得了媒体和侍酒师同情与赞扬，这些庄园主的酒常常会变得比邻近守法产区的酒贵得多。

● 坡与丘，朗格多克，普罗旺斯

风土条件(Terroir)

乍一看，“地方”①这个词没什么稀奇的，甚至可谓是十分常见：比如地方诗人、地方习俗、地方口音等等。在这个交通便利的年代，穿行于各大洲之间可谓易如反掌。那些谈论着迁移、侨居、变动和全球化的人们，还会想再聊一聊地方乡土和祖源么？

不过，话虽如此，跨国公司的大老板、网络专家或是各国精英们在布里夫拉盖亚尔德(Brive-la-Gaillarde)或屈屈龙(Cucuron)度假的时候，还是会记得购买当地特产。就好像人们越是把精力挥洒在五湖四海，越需要在某个时刻全神贯注，花心思在那些历史悠久、有独到价值的事物身上。在这来势汹汹的全球化大潮中，昔日美好的“地方特色”——涉及有机概念则更佳——反倒成了一种异域风情。

在葡萄种植业，人们把与种葡萄的土壤、底土状况和环境有关的一切称为“风土条件”。因此，风土条件的组成要素包括了地理学、土壤学、气候学的方方面面，最近还加上了葡萄品种研究和植物学。换言之，就是包含了先天条件和后天因素两方面，后天因素需适应先天条件。今天的“风土条件”已不再仅仅局限于“土壤”本身，在包含天与地的同时，还包括了人们在不同土地上所种植的葡萄及酒农本人。罗杰・迪翁和后来的让-弗朗索瓦・何维勒、让-罗贝尔・皮特在此基础上还引入了“经销商”和“顾客”。组成要素真是不少。“风土条件”和“地方形象”不就是这样被混淆的吗？

诚然，在过去的世世代代里，远离海洋或水路的葡萄酒是无法远行的，这些地区的酒农们酿酒多是为了自己或邻居，而不是为了

① 法语中 terroir 一词有地区、地方、风土条件、乡土等多个意思。——译注

取悦远方那些更为挑剔的客人。因此，一旦做成一笔生意，人们的热忱与天赋就会被激发。然而，在交通如此便利快捷的今天，还有哪个酒农会因商品通路受限，而要求自己每年都要做到最好呢？同样，美国人和罗贝尔·帕克的品味——他们白纸黑字的评价——也实实在在地影响了葡萄酒的酿造，对波尔多葡萄酒的影响尤为明显。从这个角度来讲，酒评人、经销商和顾客应该被认定为风土条件的一部分。不过，我个人还是倾向于把从“土壤”到“酒农”这些受制于自然条件、与葡萄田生态息息相关的因素称为风土条件；把其余那些为葡萄酒的个性化、商业化、促销和知名度做出贡献的因素，统称为升值手段。

“风土条件”和“升值手段”是紧密相连的，如同葡萄酒和酒标一样不可分而论之。

即便不否认升值手段的作用，在拿某个地区的葡萄酒和某种葡萄酿的酒做对比时还是会发现，土壤、气候和酒农依旧是最关键的三大参照数据。法国的葡萄酒一直都在酒的地理和历史上着以重墨，而新世界的葡萄酒——美国、澳大利亚、智力和南非等等——则常常喜欢标明该款酒所采用的葡萄品种。这是传统意识与现代性的抗衡，也是复杂性与独特性的较量。新晋的葡萄酒消费者显然更喜欢那些不费功夫的葡萄酒。这也是为什么我们会在越来越多的法国葡萄酒身上发现，用来标注梅洛、西拉、赤霞珠、霞多丽、维奥涅尔的字要比标示产地的字母粗得多。

不得不说，“风土条件”这个词已经被贬义化了。几乎所有产区都在用这个词做文章，那些出产口味平淡、不尽人意的葡萄的酒区也不例外。公众的纵容使得这些酒得以继续生产，让那些仰仗风土条件的产区变得平庸，失信于民。很多国外的消费者们已经注意到了这种偏差，不再一如既往地信任酒标，因此酒标上的传统称谓也不再是质量保证了。

风土条件，是一场相遇：是先天条件优越、特色分明的土壤，与天资聪颖、个性不一的葡萄酒农之间的相遇。

仔细想来，与其说《美酒家族》这部电影是对国际化升值手段的控诉，倒不如说它是对风土条件的辩护。有趣的是，导演乔纳森·诺西特丝毫没有掩饰自己美式极左的政治倾向，而是依靠强大的信念捍卫了传统、特色和差异性。他认为，对风土条件的尊重比整个葡萄酒工艺学更有价值。一瓶酒的质量首先取决于葡萄，风土条件应该在酒杯中展现特质。人们就是在“滔滔不绝”又有着“细微偏差”的表达中辨认出那些知名风土区块的。亨利·雅耶和这位美国导演的观点大致相同。

● 亨利·雅耶

开瓶器(Tire-bouchon)

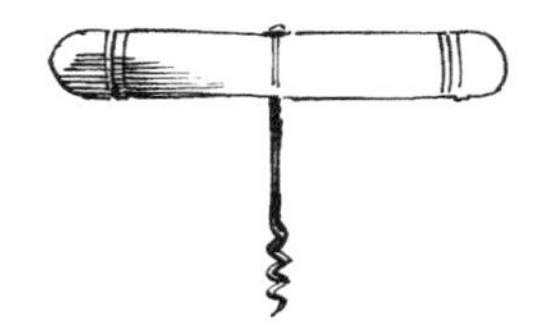

没人知道具体是谁发明了开瓶器，有可能是个英国人发明的吧。这位发明者的灵感来源应该不是葡萄酒，而是苹果气泡酒。他的故乡是不是某个盛产家猪的乡郡呢？因为这个人把开瓶器的螺旋钻心设计成了猪尾巴的形状。今天人们常说猪的尾巴像开瓶器一样，其实恰恰颠倒了顺序。

不过无论如何，伦敦的牧师塞缪尔·亨谢尔(Samuel Henshall)于1795年首次获得了开瓶器的专利证书，这一点是毋庸置疑的。他所设计的开瓶器上有一个可反旋的盖帽，看上去已经很像样了。而英国人还在不停发明各种新式开瓶器，不断变化、改进，让开瓶器的功能得以完善。到了19世纪，他们在这个领域获得了数百种专利，每一个开瓶器之间都有细微的差别。人们理解为什么英国人不断把自己的天赋用在改良草坪、风衣、橄榄球和民主制度上。可是开瓶器呢？是因为英国人在精神上觉得自己必须肩负起葡萄酒业的责任，所以通过发展开瓶技术，来弥补装瓶艺术上的不足吗？还是因为消费者们——其中也包括牧师——想要快速喝到葡萄酒，又不失优雅与精准的意愿所致？贝尔纳德·瓦特内(Bernard Watney)和侯墨·巴比奇(Homer Babbige)并没有对这份跨越了英吉利海峡的修修补补的热情做出解释。不过我发现，这两个人一个来自英国，一个来自美国，二人合著的一本书(《600开瓶器鉴赏》[*600 tire-bouchons de collection*])成了该领域的参考范本，而这个主题本该是资深的希腊人、意大利人和法国人更有发挥空间。在开瓶器领域，我们法国人也许是主动向英国人妥协的，就像在丰特努瓦战役上安特罗什公爵回复指挥官查尔斯·海伊的那句名言："英国先生们，我们是绝不会先开火的，不如您自己开吧。"

向"英国佬"们在开瓶器历史中所扮演的角色致敬过后，我们会发现，欧洲其他地区的人们也没有袖手旁观。专家们在德国、荷兰、意大利和法国出产的开瓶器中(美国人后来也加入了这个行列)感受了实用性，更看到了艺术价值。虽说法国18世纪的开瓶器还在沿用英国人的技术，但看着那些真金白银、或镀金镶银的手把、柄杆、螺旋钻心固定罩，法国开瓶器想要跻身艺术品的行列也并非无稽之谈。

不过，法国人的创造性与天赋还是更多展现在那些奢侈华丽、精工细作的便携式开瓶器上。但这也不会阻止英国皇室或贵族的

管家以及牛津、艾普顿和格林德伯恩的野餐人士们，把波尔多红酒和“英国制造”的开瓶器一起放到野餐篮中。

我认为开瓶器除了实用以外，还是日常用品中最不平凡的物件。自被发明至今已有3个世纪之久，它一直在刺激着工厂主和手工业者们的想象力。让人叹为观止的“兔形开瓶器”(*screw-pull*)就是一个例子，虽说体积是大了点，但是非常方便(不过不建议用来开那些太过陈朽的瓶塞)。这款开瓶器是由美国国家航空航天局(NASA)的工程师赫伯特·艾伦发明的。上帝啊，这些人在航天局操控着飞向火星的太空舱、送往冥王星的飞行器，竟还能找出时间泡在纳帕谷的酒窖里研究出这么个东西!

单是列举塞缪尔·亨谢尔的接班人们为开瓶器带来的各种变化、各式新配件、各类新奇的想法和点子——包括对钻心形状的创新——就能写满好几页。来做个选择吧:要齿条式、螺旋式、钟罩式、反旋盖帽式、套筒式还是双钻芯式，有的开瓶器会在把手末端系上羽毛，方便扫去瓶颈封蜡的碎屑，还有杠杆式(有单臂和双臂可选)、绞盘式(是的，真的有)，还有能像手风琴一样伸缩的“之字开瓶器”，这种开瓶器的支杆被圆形螺丝铰接在一起，可折叠可拆卸，用起来颇具音乐感。光是把手一项——无论为了美观还是实用——就有着无穷的变化。一直以来，作为居家必备小工具的开瓶器都是个奇妙的存在，这个富有哲学性的小物件不断激发人们的创造性，引人赞赏，就连不喝酒的人也有同样的感受。

开瓶器当然应该有一座自己专属的博物馆。这座博物馆位于吕贝隆山区的梅内尔伯(Ménerbes)，馆内收藏了上千种开瓶器，它们来自世界各地各个不同的时期，上文提到的所有开瓶器都能在这里找到。让人惊讶的是，开瓶器竟能和如此多的器具产生联系:雪茄切头器、烟斗清洁条、烟丝压实棒、打火机、鼻烟盒、开瓶起子、刀、汤勺——这些还只是与口舌之愉悦有关的部分。更出乎意料的是穿针器、领带夹、手杖、攀岩岩钉、螺丝刀、剃刀(是因为梳妆时要配一杯白酒的缘故?)、匕首、手枪,等等。我甚至相信人们敢把开瓶器和灌肠器联系在一起:有一个巨型英国开瓶器,看上去和灌肠器非常相似。

正大光明也好,秘密潜行也罢,开瓶器这个旅者提醒着我们,没有它,酒杯就到不了嘴边,它是家庭经济中的必需品。

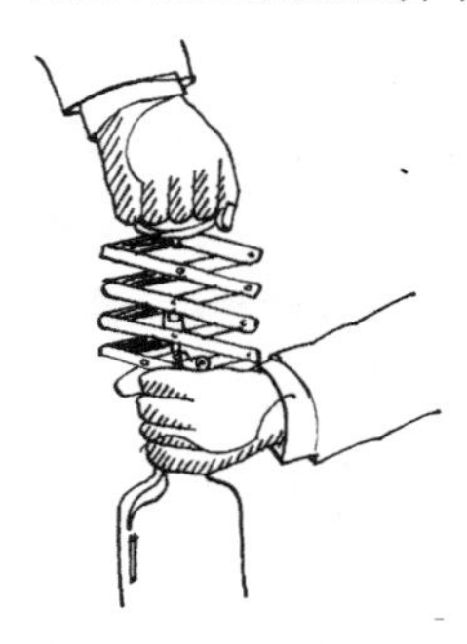

咕噜咕噜

我喜欢那种最简单的开瓶器:圆柄木质把手加一个长长的螺旋形钻芯。使用这种开瓶器需要用大腿夹住酒瓶,再用力向外拉。想听到软木塞磨蹭出瓶颈时那充满希望的咯咯声,需要花上好大的力气。不过随着年龄的增长,我开始觉得那种安静无声的懒人开瓶器也颇具魅力。

酒桶(Tonneau)

曾为箍桶匠的诗人皮埃尔·布居(Pierre Boujut,《酒桶赞歌》[*Célébration de la barrique*])有理有据地指出,酒桶是"一种怪诞、滑稽、反潮流、反理性、反实用性的发明。人们是如何想到用这种难以拼接的硬质木板来装液体的呢?"而且,重点在于这些木板(木桶板)还是拱形的!

是谁想到这么个古怪又天才的点子的?

我们的高卢祖先们。

布居认为,希腊人和罗马人太过严肃,不会做出如此异想天开的创造。双耳尖底瓮、羊皮袋,这些都是实用合理且说得通的设计!只有以梦为马,随性而为的民族才可能发明酒桶。凯尔特人就是一群这样的诗人。

从凯撒大帝时期起,在塑像和浅浮雕作品上就能看到用木头箍制的酒桶一排排地摆在船上。这些酒桶可能不是橡木制的,但体积似乎与我们215—230升的酒桶相近。它们不仅看起来像是一家人,它们根本就是同一只桶①。

达那伊得斯②手中那只著名的无底桶③,可能只是个大型双耳尖底瓮。第欧根尼比凯撒大帝早3个世纪出生,因故乡雅典气候炎热,长久以来他对不变形的陶瓷制双耳尖底瓮的喜爱,都要胜过任性的木桶,而这位哲学家似乎还真在木桶中生活过。罗伯特·萨巴为第欧根尼写了一本厚达500页的传记(《第欧根尼》),他倾向于相信这个传说,也有权利借助第欧根尼的木桶——“这所滚动的房子”和它所散发出的葡萄酒的酸味——来讲述这个传说。

在法国,酒桶一直都是穷人和流浪汉们的栖息之所。高高的酒桶大敞四开地立在巴黎及其他城市的大街小巷,成了小商贩、小裁缝、占卜师和赌牌人的露天小铺。职业代笔人也拿它当桌子。我很喜欢这个点子:一个圆鼓鼓的酒桶——无论这酒桶是来自勃

① 法语词组“来自同一只桶”,在通俗语言中有“同源、相同、相似”的意思。一语双关。——译注

② 达那伊得(Danaïdes)是希腊神话中埃及王达那俄斯(Danaus)与多数的情人或妻子所生的50个女儿的总称。“达那伊得斯”的意思即“达那俄斯的女儿们”。——译注

③ 天神处罚弑夫的49位达那伊得斯灌满一个无底桶。——译注

艮第、鲁西永或朗格多克（500—650 升），还是安茹和于邑（410 升）；来自波尔多（228 升）还是巴黎（412—894 升）——都能够在完成装酒的使命后，成为作家[1]的书桌，为最谦卑的书写提供服务。

在荷兰和其他一些北部国家，酒桶有一种不那么轻松的用法，叫做“屈辱桶”。犯有通奸罪的女人会被关在这种桶中，长达两个小时，只有头部能从上面伸出来。被处罚的人在桶中坐不下也站不直接，只能蹲着，如果腿软还有可能被勒死。

与这种刑罚的工具相比，我们还是更喜欢那个“便于交谈的陈设”，那个颇具法兰西精神的历史性位置——德芳夫人[2]的“酒桶”。在她的沙龙里，人们就是这样称呼她那把摇椅的，这位家喻户晓的盲眼侯爵夫人曾坐在上面与她同时代最伟大的智者们酣畅交谈。

我常常被酒农在院子里的地漏上冲洗、搬动酒桶的声音吵醒。滚空桶是个不费力气的游戏。而抓住桶的两端，依次抬高，然后再将其同时转动，利用置于桶内的粗链条将内壁刮干净，再对桶进行冲洗——这一系列的举动就需要一个成年男人来完成了。那时的我还只是个放假中的小孩，胳膊也不够长。每年我失败的尝试，都会成为酒农朱利安·杜拉克的消遣。他笃定地对我说，那是因为我喝的汤还不够多。这种由卷心菜、西葫芦、土豆和其他蔬菜搅在一起的汤就像是孩子成长的兴奋剂一样，被大人们强烈推荐，甚至可以说非喝不可（对我而言没什么困扰，我很喜欢这种汤），所以我盼着它能让我快快成长，不过不是长个子，而是长臂长。我知道，当我手臂足够长，力气足够大，能够随意搬动一个 216 升的博若莱酒桶时，我就会成为一个真正的男子汉。

---

① 法语“作家”（écrivain）一词中有与“葡萄酒”（vin）相同的音节。——译注

② 德芳夫人（Madame du Deffand，1697—1780），又称德芳侯爵夫人，法国书简作家、沙龙主持者。——译注

后来，我终于知道酒桶有多重了。

咕噜咕噜

再提几个与葡萄酒相关、意思却不太积极的词。比如“酒桶”有“特技飞行”的意思，不过同时也指汽车在发生故障时，车轮失灵导致的回旋侧滑。人们还把“滗清”这个动词作为“勒索”“诈骗”“行窃”的暗喻。太让我生气了！

美国消费者对橡木桶味有种近乎痴狂的情结。他们热爱那些浓郁、带有香草味、在橡木桶中陈放过的葡萄酒。把橡木块扔到水泥、钢铁或不锈钢材质的酿酒桶中浸泡也可以（这一做法目前法国依旧不被认可①，不过在新世界国家是合法的）。如此无区别地使用橡木桶（昂贵至极）和橡木块，真的会得到同样的结果么？对此我是怀疑的。今天，这种暴烈粗粝的橡木味是一种潮流，而潮流早晚都会过时。有朝一日，人们会重新追捧起那些纯朴、清新，以水果的自然香气为主的葡萄酒。在等候这一天来临的同时，让我们牢记雅克·普赛这句致命的话：“这款葡萄酒离森林的距离比葡萄园还要近。”

● 朱利安·杜拉克

干杯(Trinquer)

“干杯”是个奇怪的词。首先，它让人联想到酒席间觥筹交错、

---

① 自2006年起，在葡萄酒内加橡木块的做法已经合法化。——译注

友爱的祝酒词和健康幸福的愿景。人们干杯是为了享受共饮的愉悦。拉伯雷在描写圣瓶的章节里提到了“trinc”①一词,见多识广的巴克大祭司是这样解释的:“Trinc 这个字在各种语言中都传达着神谕,各国人民都赞颂它,亦明其意,即:喝”(《巨人传》)。

因此,“干”与“喝”是一样的。干杯,我的朋友们！干杯,同事们！干杯,我的爱人！以路西法之名,干杯吧！……还有什么词比“干杯”更亲切、更有代入感呢?

不过与此同时,这个词也可以用来表达某种让人痛苦的遭遇:“他这是喝了什么酒(倒了什么霉啊)!”换言之,它挨的骂、受的打、所复出的代价,要远远多于它的收获。真是不幸,这个词承受了一切。它为所有人举杯,却成了一个受害者。

“干杯”之所以有如此令人不悦的意思,或许是因为它的第一层含义:酗酒。过度饮酒会造成伤害,人们必然会为此付出代价。烦扰因无节制饮酒而起,那些不够谨慎、运气不佳的人更会因此遭遇各种困扰。

我的建议是:读者们,干杯吧,祝我们永不会倒大霉……

● 祝福你,葡萄酒品鉴,醉,采收葡萄,小酒馆

① 文中 trinc 与 trinquer(干杯)的第三人称变位发音相同。——译注

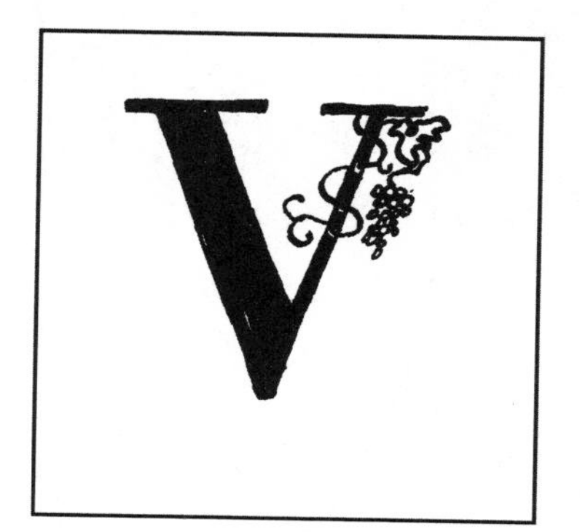

采收葡萄(Vendanger)

我们常听到体育专栏记者、足球评论员和参与评论的前冠军们用到“采收葡萄”这个词。当球员在大好时机之下射门未中,或是错过了一个不可能错过的机会,他们就会说这个球员在“采收葡萄”。

这隐喻实在是荒谬!

因为“采收葡萄”指的是摘下葡萄放入篮子或是背篓里,这跟“错过”和“失败”的意思完全相反。此外,俚语“采收葡萄”还有偷窃到的赃物的意思。在所有语境下,“收获葡萄”指的都是收获劳动果实的意思(不管合法与否),人们因为耐心、热情和勇敢而得到回报,而在足球赛场上,同一个动词表达的却是笨拙、混乱的意思。

这可笑的误解到底从何而来呢?为什么足球记者们一直都在在使用这个与丰收喜悦之秋意思相反的词语呢?

咕噜咕噜

在让人肃然起敬的德语中,动词“lesen”既有“读”的意思(搜集、整理、解读、阐释一些符号),也有“采收葡萄”的意思(拾取、收割、选择最好的)。“Die Zeit der Weinlese”:收获葡萄的时光。故此,当我阅读的时候,我在采收字词;当我采撷葡萄的时候,我又在继续我的阅读……

- 葡萄酒品鉴,干杯

葡萄采收季(Vendanges)

天堂。每一个葡萄采收季对我来说,都像是坠入爱河一般。12 岁、15 岁、18 岁、20 岁,每当我抱着破坏掠夺的念想走进葡萄园，内心终都会被一股甜美的暖流所占据。这股暖流是那样的强烈。直至今日，当我倚靠在一个因怀旧情结而被留在发酵间的手工压榨机旁，或是站在杜诺耶·德·瑟贡扎克[①]所呈现的一个剪枝工或两个搬运工作业场景的水彩画前，我都会感受到同样的热情与欢愉。其实，我可能更该记得从采收季第一天就开始的腰酸背痛。但是，就算那些曾在9月寒涩的清晨和多雨的夜晚工作过的老伙计们会让我想起冻僵划破的手指，想起沉重的葡萄背篓，想起重复同一个动作的乏累，想起面对无穷无尽、果实累累的葡萄园时那股想放弃的冲动，也都无所谓，因为跟我说采收这份工作有多辛苦，是没有意义的。对于我来说，那时的天气永远晴朗，我被爱意包围，而葡萄，则在我的双唇上抹了蜜糖。

我们的青年时代有太多的限制。葡萄采收季的突然到来，就像是一场随性惬意的中场休息。就是在那个时候，我赚到了自己的第一桶金，大家也终于把我们当成了大人。在回归初高中校园生活、重温严格家规之前，我们是一群在葡萄园中畅游的小家伙，开心自在，无拘无束！对于身强体壮、有欲有求的人来说，葡萄收获季可谓一所绝佳的感观学校。

在这里，人们的双手侵入葡萄藤蔓，伸进叶丛中，滑动、拨弄、抓住直到摘下那些盈满了雨露阳光和汁液的沉甸甸的葡萄。

在这里，能体会到丰收带来的充实感。

在这里，人们的双颊被葡萄汁染了色——那一抹红晕即是葡萄汁的色彩；手指黏在围裙上、裤子上；脏兮兮的皮肤变得粗糙，散发着一种迷人的异味。

在这里，胡蜂被来来往往的桶子和背篓搞得晕头转向，迷醉在了美味之中，想提前分上一杯羹。炎热的下午，它们会为我们与葡

---

① 杜诺耶·德·瑟贡扎克(Dunoyer de Segonzac，1884—1974)，法国画家、雕塑家。——译注

萄之间的互动平添一丝风险。

在这里，会看到年轻的女孩们。虽然动作慢了许多，不过她们同样有所收获，一点一点收集着采收季的甜蜜。

在这里，也会看到成熟的女人们。她们弯着腰侧向葡萄藤，丰满的胸部一览无余。有一些穿着短裤，像极了《粒粒皆辛苦》(*Riso amaro*)中的西尔瓦娜·曼加诺。是和她一样玲珑有致吗？不，当然。是和她一样迷人、性感、让人无法抵抗？啊，那可就远远不止于此了！

受制于基督教文化教育的懵懂的性意识，就这样突然间被采摘葡萄的举动唤醒，给我带来了无限活力。我总是想要摘得快一点，再快一点，成为第一个到达葡萄园最高处的人，然后再向我那位天之骄女伸出援助之手，而她在确定有人帮助的情况下，摘得就更慢了。女孩心满意足，露出了一丝嘲讽的表情——我献殷勤的理由没能逃过她的双眼——她注视着这个在葡萄藤中穿梭的年轻人：精疲力尽却依然无比神勇。从那一刻起，她弯腰就只是为了用两根手指取一颗红到发紫、多汁多肉的葡萄，放到舌尖咬爆。当时我心想，即便是速度慢，她多少还是可以为此出一份力吧——上帝啊！肩并肩采摘葡萄该是多么愉快，多么享受啊！两人一起蹲在地上，藏在葡萄藤中，像是被这丛绿色吞没了一般；我的手轻轻擦过她的手，再一起伸向葡萄树，不经意间，摘到同一串葡萄……

有时会遇到两个男孩想去帮同一个女孩的情况。这很让人郁闷。然而真正倒霉的，是那个不得不给其他人腾地方的男孩。相反，留在女孩身边的那位要心平气和地展现出加倍的热情。不过也不能太快，因为我们希望在她身边待得越久越好。

还有一种最糟糕的情况：女孩留下两个迷恋她的奴隶帮她装满采摘桶，自己跑去找另外一位年纪长、进度慢、翘着两撇小胡子吹口哨的葡萄采收工闲聊，这个人永远不会为她做那么多的事，而她却愿意追随着他的脚步，消失在葡萄丛中。

我们总是期待着能得到些奖赏。在晚饭后跳舞的时候；在有干草充当掩护物和床垫的谷仓里；在发酵室把手放在心上，喝着初榨葡萄酒许愿的时候（大家应该知道许的什么愿望），那从压榨机中流出来的酒，温热柔和，十分甜美。在博若莱，我们把这种酒称为“天堂”。它不能代替七重天①，却能引领我们朝着那里前行。

所以说，这里的丰收季和左拉在《大地》中描绘的粗俗的丰收季是没有可比性的：“连续 8 天，罗涅（Rognes，博赛[Beauce]地区的村庄）的空气中都弥漫着一股葡萄的气味；人们吃了很多葡萄，多到每一道篱笆墙下都有掀起自己衣服的女人和脱掉内裤的男人；恋人们带着满身泥土在葡萄园中欢爱。最后，男人们都醉了，女人们的肚子都大了。”

幸好我很晚才拜读了这本《大地》。左拉没有毁掉我的葡萄采收季。

节日。我从未参与过苹果、橄榄或橘子的采收，这些作物收获的季节是否充满欢声笑语，我也无从知晓。倒是在采收葡萄和酿制葡萄酒的过程中，时时刻刻都能听到欢声笑语和喜悦的歌声。葡萄采收节有着悠久的历史。不过，在机械化和劳动力国际化当道的今天，老板和采摘工之间程式化、监管化的雇佣关系，已经取代了当年由父母、朋友、邻居、学生和那些因常来采收季而成为朋友的人们所组成的“无政府主义采摘大军”，也让采收季少了些民间风情、节日气氛。如今，酒神巴克斯也要缴纳社会保险，开始追求赢利了。

不过，人们依旧觉得，即便现在采收季少了很多女孩们的欢

---

① 西方传说中的至善之地。——译注

笑和舞者的舞蹈,它在大多数人重复又乏味的生活中,依旧是个特别的时刻,在失业者和异乡人眼中更是如此。一般来讲,采收季的伙食都非常精美丰盛。到了晚上,大家还会喝上几杯小酒。虽然身体乏累,腰酸背痛,采收大队中还是弥漫着一股欢乐的气息。在剪摘葡萄的动作里,在运输葡萄、分拣葡萄、堆放葡萄过程中以及葡萄的允诺里,存在着一种乐观、一种自信、一种幸福,能够征服最为严肃的灵魂。采收季给人们带来的是集体性的快乐。

哪怕是在战争时期,葡萄采收季依旧没有伤感。当然,与德国人撤离、战俘还乡后的采收季相比还是少了些欢快和放纵,不过,人们也不是在悲恸的爱国情绪中采收葡萄的。清清爽爽的葡萄汁正好是提高士气的灵药。

科莱特的一位女友人曾对 1917 年的葡萄采收季表示震惊——那是在科雷兹省一片属于罗贝尔·德·儒瓦内①的葡萄园里(《风光与肖像》[*Paysages et Portraits*])。对于这位女士来说,采摘葡萄就是收割欢愉,就是投入到“歌舞升平,充满了调弄风月的言语和万千美食的放浪自由之中”。这种欢愉和自由与战争是格格不入的。“您希望如何呢?”科莱特反问道,“人们毕竟还没有找到不用采摘就能收获葡萄的方式。”

中世纪的战争年代应该更令科莱特怀念。那时,人们会暂时休战,好让酒农们能够平和地收割葡萄,庄园主们还会监督采收的过程。在巴黎沦陷期间②,亨利四世就曾同意休战,并派遣军队前去保护叙雷讷和阿让特伊地区那些担心葡萄收成受损的庄园主们。毋庸置疑,亨利四世是位明君。

---

① 罗贝尔·德·儒瓦内(Robert de Jouvenel, 1882—1924),法国记者。——译注

② 此处应指查理九世去世后的“三亨利之战”期间之事(1585—1593)。——译注

死亡。 让·季奥诺[①]在《村庄中的浮士德》(*Faust au village*)一书中所描写的葡萄采收季很不寻常。故事发生在上普罗旺斯山区,那片土地总是会过早的迎接寒冷。按理说,这种气候并不适合种植葡萄,可这里偏偏就是有人种葡萄。那是6000平方英尺的葡萄田,由好几个酒农共同打理。

没有人觉得普雷布瓦(Prébois,当地最大的村子)的葡萄酒是好酒。要喝这种酒,都得先用"双手支住桌子"才行。外乡人没有一个想要尝试的。可是山民们却对它十分迷恋。"如果不喝普雷布瓦葡萄酒(说什么呢我!应该说如果不爱这种酒的话!),我们就不会是今天的样子。这葡萄酒是我们性格的标记。"

深秋最后几抹阳光是决定葡萄成熟的终极因素。糖分永远不会过多,不会的!但倘若突然遭遇降雨和严寒,那么人们就会在未来几个月的时间里抱怨自己等得时间太久。可若是采收葡萄后接连几天都是艳阳高照,那些更果敢、更有远见或是更幸运的人就有福了,他们的葡萄酒一定会更加优秀。这种时候,对于提前行动的人来说,就既苦闷又丢人了。

在这群山的背阴处,葡萄采收季也如同他们所酿的劣质酒一样,尖刻又酸涩。没有笑语,也没有欢歌,只有凄凉。人们一边采摘葡萄,一边谈论死亡,谈论那些近期作古的和即将离世的。讲述者没有解释个中缘由,季奥诺也没有。这是一种传统。那些生活在山脊中的酒农们十分怪异:"我们能够记得一件阴郁的事——比

---

① 让·季奥诺(Jean Giono,1895—1970),法国小说家。著有《屋顶上的轻骑兵》。——译注

如伤口的创面、痛苦的呐喊，或是与某个抱着求死之心的人尽力搏斗的场景——是值得赞赏的。我们夫妻二人并排采摘圆润成熟的葡萄果实时，就是在平静地谈论着这些事。”

重返天堂。酿酒室也好，酿酒窖也罢。总之，葡萄汁就是在这里被人从酿酒槽倒入压榨机，再由压榨机倒入酿酒槽，然后转变成葡萄酒的。几十年以来，这里的变化最为彻底：木头变成了不锈钢；手工通风管变为自动温控系统；机械压榨机变为电子压榨机；粗略估量变成了葡萄酒工艺学。尽管有时科学技术有太多的约束，或是显得过于狡猾（比如说添加酵母这个举动，居伊·朗瓦塞曾戏谑地将其称之为“医疗行为”），但它对酿酒工艺的改良依旧十分可观，葡萄酒的质量也得以大大提高。各个葡萄园区的进步都显而易见，令人赞叹，尤其是那些在社会城市规划语境中被称为“不利发展地区”的葡萄园。

不过，这样的革新却牺牲了节庆。化学家们往往都不是开心果。酿酒室也不再是那些肌肉健硕、油嘴滑舌的男人用来撩拨女人的舞台，从前的他们都是打着赤膊，穿上短裤、衬裤，或是把长裤卷过膝盖，一边踩压着摘下来的葡萄，一边和某位面露仰慕之情的“女观众”交换些放浪的小段子，说些情言欲语。我们要不要相信罗马尼亚小说家尼古拉·科夏（N. D. Cocea）笔下所描绘的场景（《长寿之酒》[*Le vin de longue vie*]）呢？他说曾几何时：“一些如上帝造人时一般赤裸的女人们（……）曾站在鱼塘一样大的酿酒槽中踩压葡萄。”不过无论如何，人们都不会相信那个老贵族的诳语（他是位庄园主，同时还是书中的主人公）：被机器压过的葡萄只能产出平淡无味的葡萄汁。“同样的葡萄若是被男人用脚踩压，虽然会混有杂质和汗水，可你将会喝到这辈子都没尝过的最美佳酿。”罗马尼亚人应该庆幸那个年代还没有欧盟委员会的存在……

话虽如此，在浸泡、发酵、分解及产生酒精的过程中所散发出的种种甜蜜味道里，人与葡萄之间肌肤相亲、温热黏稠的亲密感，依旧会让一个个压榨葡萄的夜晚变得情欲满满,激昂放荡,或者至少散发着性感的魅力。葡萄酒从压榨机的出酒口滚滚涌向周围的酒渠,像是瀑布般泄入碱液槽中,动时如流淌的红宝石,静时如近乎黑色的石榴石。它是甜酒,也是糖浆。那些壮硕的压榨工们说,这种女性化的葡萄酒就像是天堂。我第一次听人说"壮阳春药"这个词,就是在酿酒室里。

特派记者。我当时还是《费加罗文学报》的新手记者,正在博若来度假,葡萄采收季开始的前夜,我收到了主编莫里斯·诺埃尔的电话。

——听说 59 年是个世纪性的年份……

——每年酒农们都拍胸脯保证当年是世纪性的年份!不过,今年可能确实比往年要特别一些。

——您觉得报社的特派特派记者能拿采收季这个题材作一篇大文章吗?

——可以啊,肯定没问题。哪位特派记者?

——您啊!

——我?

——您觉得有困难?

没有,当然没有。乐意之极,荣幸万分,同时也有些不安。这篇报道要在《费加罗文学报》上占满一整页,可以说是当时最大的版面了。这会是我在做过简讯、新闻专栏和短评之后的第一个长篇报道。上帝啊,我可必须得精思细琢,厘清思路,为文章做好"预热"再循序渐进,这一纸报道仿佛承载了我整个未来。到时候就能看到来自"特派记者"的头版头条,我的名字也会被印成大大的粗体……这个主题我如指诸掌,但收获葡萄终究是老生常谈的东西。所以,有风险。若是不尽人意,诺埃尔一定会毫不犹豫地把我的文章扔到垃圾桶里的。

《费加罗文学报》发行的那一天,我在黎明之前驾车从坎希耶出发回巴黎。在位于阿尔奈勒迪克的6号国道上,我看到一家已经开始营业的咖啡馆有报纸卖,便迫不及待地问了一句:“有《费加罗文学报》么?”“当然,先生,我们今天早晨刚刚拿到的。”揣着一颗怦怦跳的心,我打开了这份报纸,只见整个版面的《博若莱见闻》(作者:贝尔纳·比沃)映入眼帘。后来只有第一期的《阅读》杂志和电视节目给我带来过同样强烈的职业使命感。不过,这篇文章才是最让我欣喜若狂的。

第二天,我在办公桌上看到一张报社同事留下的字条,叫我给葡萄酒学院(Académie du vin)回个电话。欲知后事如何……请看词条《滴金葡萄酒》!

● 滴金葡萄酒

凯歌香槟(Veuve Clicquot)

凯歌夫人总是能引起我的无限遐想。丈夫弗朗索瓦·凯歌过世的时候,她只有29岁。如此年轻的时候恢复一人自由身,酒窖里还有上千瓶香槟,好家伙!真是得了一个好夫君啊!不过,她的位置没有被任何一个男人取代。与再婚相比,凯歌夫人更愿意成为一个独立的事业女性。19世纪初期,她的成就已经杰出到可以在亡夫的家族中树立自己的权威,让酒窖师和经销商们心服口服了。深谋远虑的行事风格更是为她赢得了“香槟贵妇”的美誉。

人们知道弗朗索瓦·凯歌的死因吗?知道。一次普普通通的发烧要了他的命。那次发烧太平常了,医生们丝毫没有担心。金光闪耀的凯歌夫人急于治理这个气泡王国,她会不会给丈夫奉上了一杯砒霜香槟以佐甜点呢?当然这只是我的猜想、假设、猜测而已……不过对于凯歌香槟来说,这一切都值得啊!菲利普·索莱尔斯也为之着迷,将其评为最喜爱的香槟。大家已经知道这位作家对女人的溺爱。他没有选择佩里耶的约瑟芬香槟(cuvée

Joséphine)，没有选择伯瑞的路易斯香槟(cuvée Louise)，没有选择弗兰肯的小姐香槟(Demoiselle)，也没有选择夏努安 的女沙皇香槟(Tsarine)而是选了凯歌的贵妇香槟(La Grande Dame)。这款香槟同时也是阿梅丽·诺冬[①]的首选。

在电影《卡萨布兰卡》的美式咖啡馆"瑞克家"里，亨弗莱·鲍嘉[②]提议点一瓶1926年的凯歌香槟，"这是瓶上好的酒"(不过，他第一次吻英格丽·褒曼的时候，桌上摆的是一瓶玛姆红带香槟)。

在很长一段时间内，我都以为凯歌和彭萨丹(Ponsardin)是两个互相对立的孀妇。我还按当年"玫瑰战争"[③]的形式，构想了一出"气泡大战"。以葡萄田面积为代价的战争、被募为酒窖师的情夫、调配的神秘技术、被勒令选择阵营的经销商……我自己也同样选了阵营。

> 当我解释了全部的误会，对她宣布，
> 吾爱实为凯歌孀妇……
> 彭萨丹，怒发冲冠，大声叫喊：
> "苹果酒！气泡酒！粗鲁至极！卑鄙野蛮！"

后来有一天，我才猛的意识到，凯歌和彭萨丹是同一个人。凯歌夫人的本名是妮可-芭比·彭萨丹(Nicole-Barbe Ponsardin)，她把这两个名字都印在了酒标上，而她本人也同时具备两种不同的气质。

---

① 阿梅丽·诺冬(Amélie Nothomb，1966—)，比利时法语女作家。1992年，时任伽里玛出版社丛书主编的索莱尔斯曾拒绝出版其小说处女作《杀手洁癖》(*Hygiène de l'assassin*)。——译注

② 亨弗莱·鲍嘉(Humphrey Bogart，1899—1957)，美国知名电影演员，主演《卡萨布兰卡》、《非洲女王号》等多部电影。——译注

③ 又称蔷薇战争(1455—1485)，是英王爱德华三世的西支后裔兰开斯特家族和约克家族为争夺英格兰王位而发生的内战。——译注

晚年的她颇有维多利亚女王的风范。年轻的她呢?是个为香槟酒而陶醉的快乐未亡人吗?周围是否有无数的爱慕者呢?还是说她偏爱香槟事业多过消遣,变成了严肃的唐培里侬修士的女性版呢?与她生活在同一时代的人说,虽说凯歌夫人对自己那位杰出有为,同时挥金如土的女婿路易·德·谢弗涅(Louis de Chevigné)很是包容,但她本人却坚定、果敢,非常节约。诚然,她身上有一种冒险精神,且胆识过人,不过这只适用于驰骋在市场上的商务女性。

凯歌夫人从未出现在杰出女性的光荣榜上——这很不公平——可她的名字却(几乎)众人皆知。每年,凯歌夫人奖都会颁发给一位商务女性。只不过领奖人不一定也同样丧偶就是了。

咕噜咕噜

波特酒和香槟一样,身后也曾有过一位不同寻常的女性,那就是来自著名的费雷拉家族的安东尼娅·阿德莱伊德·费雷拉(Antonia Adelaïde Ferreira)。在19世纪,她培育了新型葡萄品种,并酿出了不同以往的葡萄酒。这个不畏失败的女人有着令男人都羡慕的商业头脑,波特酒就是在她的打理下被载入史册的。

● 香槟,唐培里侬,库克香槟

伏尔泰(Voltaire)

若是从他拟写订单的细致程度来看,伏尔泰应该是非常爱酒的人。他无法忍受酒窖里没有存酒,因为在他看来,每天喝些酒是健康的保证。

我曾购入过一封伏尔泰于1769年10月6日在费尔内写的亲笔信,这封信已经被我装裱起来了。信是写给第戎勒·博乐特议员先生的:"先生,您是乐善好施之人,正在喝醋的我请求您大发慈悲,与我寄上100瓶您最好的红葡萄酒和100瓶尊夫人买的小巧醇美的白葡萄酒吧。请怜悯这个可怜的病人,他对您的喜爱是如此真诚。尊敬的戎勒·博乐特先生、勒·博乐特夫人,能够成为您最谦卑顺从的仆人,是我的荣幸。伏尔泰。"

这个订单并没有得到勒·博乐特先生的特殊关照。他在伏尔泰来信的左上角写了几个数字,表示这位作家欠了他275法郎(或者是里弗尔[1]?),还留话交代管家,让他留好这封信"直到交款"。在这个勃艮第人眼中,伏尔泰与其他客户没什么两样。

然而,我们的大作家却是这位第戎议员兼酒庄主人的忠实顾客。从1755年起(距离这封信的落款时间已有14年之久),伏尔泰每一年都会从这里买酒,有时买几瓶,更多的时候是买两大桶(在1785年买了4桶!),一桶普通的勃艮第葡萄酒,一桶他最爱的科通葡萄酒。而且每次都是用乞讨者哀求的语气:"请让我们再聊一聊科通葡萄酒吧,我不求新酿的科通酒,也不在乎桶装还是瓶装,只求您用您所希望的方式把它寄给我;只要是好酒,一切都不是问题;就按您的意思办,您是主人"(落款日期是1763年月14日)。若是致谢适逢新年,伏尔泰还不忘祝愿勒·博乐特夫妇"新年酒气冲天"。

如果我说伏尔泰也会喝博若莱葡萄酒,可能没人相信。难道要我像吸血鬼一样,从那些名人的尸体中"吸"出几句抹在嘴边无从考证的证言么?当然不可能!下面这封信依旧是伏尔泰写给勒·博乐特议员的,日期是1757年10月12日:"先生,我年龄越来越大了,也越来越能感受到您善行的珍贵。您的好酒是我的必需品。我给我日内瓦的朋友们带了很多上好的博若莱酒,自己却悄悄喝着勃艮第(《伏尔泰书信集》,卷四,1116页,"七星文丛")。"

我们发现,伏尔泰对葡萄酒的评价跟两个半世纪后的我们是

---

① 法国旧时货币单位。——译注

一样的：平常的日子就喝博若莱（他收到了很多博若莱葡萄酒）；而勃艮第，尤其是科通葡萄酒，则留给特别的场合（自己偷偷享受也算是某种特殊情况，不过在瑞士这不还不能算得上是喝酒，即便是对于一个住在日内瓦边上的法国人来说也一样）。

伏尔泰在写信订购弗龙蒂尼昂葡萄酒时，也是一样的造作有趣："我想请求您再次降恩，这对我来说很重要：请您寄给我一小桶上好的弗龙蒂尼昂葡萄酒，以保住我的性命。不要把这件事告诉那些付我年金的人。您就大发慈悲，为我举行一个小小的'临终涂油礼'吧。我可以从里昂或日内瓦汇钱给您，看您怎么方便。如果您拒绝我，我就自己去马赛找这种麝香葡萄酒。因为我已无法再忍受汝拉峰的风雪了。"（写给马赛学院院士多米尼克·奥迪博尔[Dominique Audibert]的信，1774 年 12 月 19 日）

然而还有更让人瞠目结舌的：伏尔泰住在日内瓦附近的得利斯的时候，曾在 1757 年 6 月写信给勒·博乐特先生，想要订购 200 株葡萄树！这个请求中满是谦卑："我只是想做一个小小的尝试。我知道我这块贫劣的土地是多么不适合种葡萄，但我想请求您允许我自娱自乐一下。"

勒·博乐特先生回信表示同意，甚至还问他要不要再多一些。伏尔泰马上回信说他那"加尔文派的土地"、他的酒农和他自己都"配不上这番美意"，倒是有朝一日能酿出些"阿洛布罗基人的勃艮第葡萄酒"的想法一直萦绕在他心中。

同年 10 月，勒·博乐特先生送来了葡萄苗，至于是皮诺还是霞多丽就没细说了，伏尔泰拔掉了"我之前种的'异端'葡萄树，来迎接您这些天主教正统葡萄苗"。他已经开始想象和这位第戎议员共品自己酿的葡萄酒了。

后来我们得知，这些葡萄苗完美适应了新土地、新气候。伏尔泰对成为了"小诺亚"的自己很是自豪。他甚至还野心勃勃地计划着在日内瓦北部普雷尼镇的图尔奈（Tournay）庄园种上 5000 株葡萄，成为一个“大诺亚”。他从另一个勃艮第人夏尔·德·布罗斯(Charles de Brosses)手中买下了城堡和庄园——这位庄园主著有《意大利家书》(*Lettres familières sur l'Italie*)，时至今日，这本书依旧堪称有益有趣的佳作。不过，伏尔泰那建造者、开拓者的个性和他成为城堡主人后精明狡诈的行为，触犯了这位精打细算又好诉讼的第戎议会主席在现实生活中的利益。

后来，他写信给勒·博乐特先生，说图尔奈庄园的葡萄酒不错，不过还是他自己的酒略胜一筹。

咕噜咕噜

香槟是最能代表伏尔泰的酒，他的精神、幽默感、热情、无畏和他在整个欧洲的名誉都能够通过香槟表现出来。凑巧的是，伏尔泰也很喜爱香槟。不知是出于宽容还是善意，他甚至觉得……

……鲜爽的美酒中，泡沫闪耀着光芒
这是属于我们法兰西人民的辉煌形象。

通缉令！(Wanted!)

“杂交葡萄”是法国葡萄和美国葡萄相结合的产物。它们生命力顽强，能够英勇地抵御霜冻、虫灾、蛾害、霉菌腐蚀，产量也相当可观。若是能酿出好酒，那将非常完美。然而事实上，大部分的杂交葡萄都被列为禁用品种，或是逐步被放弃。在今天的法国，杂交葡萄的占地面积仅有不足 20000 公顷。

自 1935 年开始，就有 6 种葡萄被视为非法品种。不过由于战争的原因，这些葡萄反而大行其道，50 年代更有 30%的葡萄酒是由这些葡萄酿造的。连续几任政府都不满此状，便效仿美国郡长们为缉捕强盗和悍匪而贴出的通悬赏通缉令(*Wanted*!)，通过农业部发出了这样一份通告：

> 诺亚(noah)、奥赛罗(othello)、伊莎贝拉(isabella)、雅克(jacquez)、克林顿(clinton)和荷贝芒特(herbemont)是禁止栽种的葡萄品种。上述葡萄需于 1956 年 12 月 1 日前全数销毁。
>
> 请拔除这些违禁品种！
>
> 您会因为违禁葡萄受到制裁。
>
> 违禁葡萄酿劣酒。
>
> 违禁葡萄不是潮流，而是上个时代的圣物圣骨。
>
> 1956 年 12 月 1 日前拔除违禁品种者，可享受每公顷十三万五千法郎的补贴。

即便有国家的补助，清除违禁葡萄一事依旧让部分人苦恼，也引发了抗议。以卢瓦尔-大西洋省和旺代省为首的西部地区杂交葡萄占地面积很广，当地人民组织游行，制造冲突，以暴力手段对抗来自巴黎的条令。如同在大革命时期一样，主教和神甫们惊怒于“上个时代的圣物圣骨”一说，认为这是对宗教的诋毁，遂加入了抗争的行列。不过，万幸的是这场由酒农们发起的“保皇派叛乱”比1796年的那次结束得要快得多。

塞文山脉(les Cévennes)是另一个被宗教战争的鲜血染红的地方。该地区的居民们同样为了禁止栽种克林顿葡萄的法令而愤怒，作家让-皮埃尔·夏布罗的《反抗者》(*Les Rebelles*)一书所讲述的就是这里的故事。赶快让这些酒农们认清现实吧，那些多产健壮的葡萄酿出来的酒简直糟糕透了，迟早有一天他们会成为唯一赏识这些葡萄酒味道和优点的人！

来自美洲的白葡萄诺亚酒精含量很高，它的罪名是让法国西部的人们为之疯狂，让人更快进入酒精中毒的状态。诺亚于1934年被禁止栽种。这是浅薄的反美主义在作祟么？似乎还是因为其甲醇含量明显高于平均值才被封禁的吧。

咕噜咕噜

世界上一共有多少种葡萄？目前被人们发现、记录在案、分门别类编排过的葡萄品种就有5000种之多。那么在法国有多少呢？大约200种。其中有一些多种栽培和高山种植的葡萄品种正在慢慢消亡，或已经消失。不过这些葡萄的名字倒是很讨喜：巴尔扎克(夏朗德省)、猫头鹰(萨瓦省)、歌诺列特(genouillet，贝里省)、西少(chichaud，阿尔代什省)、金丝雀(教授吉尔贝尔·加利尔解释说，这种葡萄十分利尿，因而在阿里埃日地区还被称作“挤裤裆”)。

随着地区餐酒突飞猛进的发展，人们想要打破常规的愿望愈发强烈，有些葡萄品种得以复兴，有些则扩大了占地面积。比如普罗旺斯圣·特罗佩一带的堤布宏(tibouren)葡萄，还有瓦尔地区的维蒙蒂诺(vermentino)葡萄。再比如原产于夏朗德的鸽笼白(colombard)，这个葡萄品种后流散到热尔和旺代，一些胆大的酒农们更是像挑衅一样，面朝梅多克产区，把这种葡萄种在了吉伦特河的对岸："塔尔蒙浅滩"上。鸽笼白葡萄的颜色很浅，闻起来有葡萄柚味为主的柑橘类香调，这种"芬芳怡人，令人垂涎"的葡萄（巴尔扎克，《皮驴记》）印证了在葡萄种植业中——如果有必要的话——传统与创新是可以有机结合在一起的。

雪莉酒(Xérès)

在众多开胃酒里,只有一瓶上好的香槟能与雪莉酒相匹敌。干型雪莉酒指的自然就是那些去了甜味的雪莉(比如麝香[moscatel]和佩德罗-希梅内斯[pedro ximenez]就属于自然甜酒)。菲诺(fino)和阿蒙提亚多这类干型雪莉,酒体本身呈黄色,泛有明显的绿光,入口有杏仁、榛果或咖啡的微苦味道,从而激发人的食欲。切记不要同时食用果干,不然葡萄酒的微妙口感就会被冗余的回味彻底破坏。桑卢卡尔(Sanlucar de Barrameda)的曼萨尼亚(mazanilla)也值得一试,偏咸的后味会让人想到大海和欧洛罗索雪莉酒(oloroso)。

"雪莉"来自英文音译。如同迷恋波尔多葡萄酒酒和波特酒一样,英国人对雪莉也极度疯狂。弗朗西斯·德雷克[①]在加的斯湾放火烧了西班牙的船舰后,带了什么战利品回伦敦呢?3000桶雪莉酒!都是为了庆功而准备的,实在是深谋远虑。

我从未去过安达卢西亚的首府赫雷斯[②](Jerez de la Frontera),这让我有些遗憾。不过这遗憾不是因为喝不到陈年菲诺雪莉酒——在巴黎,只要舍得花钱就能买得到——而是因为不曾看过那有着异样美感的葡萄园:一排排绿油油的帕洛米诺(palomino)葡萄整齐地长在一片白色的土壤上。是的,全白。人们将这种地称为"白土地"(albariza),构成它的不是白垩土,而是泥灰石,而且远远望去,即便是在最炎热的夏季也会让人觉得地上像是盖了一片皑皑白雪。

---

① 弗朗西斯·德雷克(Fancis Drake,1540—1596),英国著名私掠船船长、航海家,伊丽莎白时代的政治家。——译注

② Jerez即雪莉酒的西班牙语拼写。——译注

每次轻抿雪莉酒的时候——这种机会非常的少——我都会想到那片孕育了雪莉酒的充满超现实色彩的神奇土地。真想在我的朋友乔治·桑普澜[①]的陪同下前去一游。

---

① 乔治·桑普澜(Jorge Semprun,1923—2011),西班牙籍法语小说家、剧作家。——译注

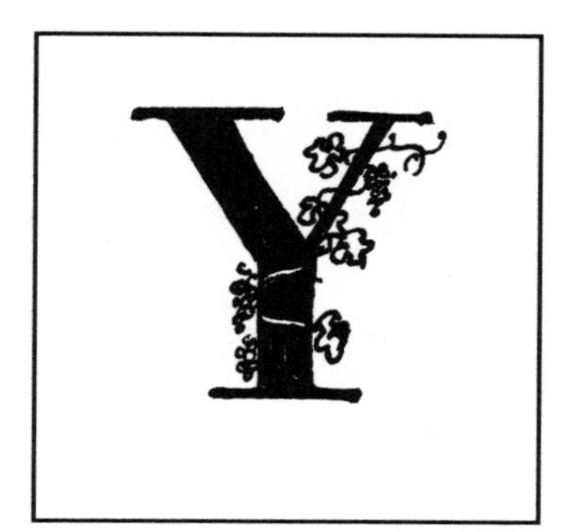

滴金葡萄酒(Yquem)

有人打电话给我,说葡萄酒学院的院士们看了我在《费加罗文学报》上发表的那篇关于博若莱地区葡萄酒采收季的报道,评价颇高,还说他们的主席吕·萨吕斯侯爵想邀请我出席下一场学院晚宴。

那场晚宴在巴黎东站宾馆的“驿站沙龙”(Les Salons du Relais)举行,那是家很出名的米其林二星餐厅。葡萄酒学院是个活跃的机构,影响力很大,每次组织聚会大家都如期赴约。这次,学院邀请了一众来自法定产区的庄园主和各产区中的重要人士(现在还要加上主厨和专业记者们)。学院的某届主席是安杰维勒侯爵酒庄的主人,其庄园出产的沃尔奈葡萄酒延续了他本人性格上的优雅与精致。在1959年,我第一次听人谈起吕·萨吕斯家族。这个家族的历史可以追溯到16世纪,他们的滴金堡生产出了一种独特的葡萄酒,非常罕见且价格高昂。我和我周围的朋友们都没有喝过,甚至连见都没见过。可现在,我成了贝特朗·吕·萨吕斯侯爵亲自邀约的客人,要知道,他是这个酒堡的主人,他拥有这款名酒和一整个传奇,而这一切都与我用记者的词汇所刻画的平民葡萄酒产区相距甚远。

当时的我只有24岁,葡萄酒学院的院士们对我来说都是些上了年纪的长辈。与这些人同聚一堂,我自觉有些不适应,不过他们待我很是友善亲切,尤其是侯爵本人。博学多才的院士们惬意地谈论着美酒佳肴,然后话锋一转评论起戴高乐将军的政策来,时而给出些带讽刺意味的评价,时而忧国忧民,时而信心满满。而我唯一的印象,就是喝到了滴金堡的葡萄酒。那是一种奇妙、甘美、浸入了每个毛孔的近乎疯狂的味道。我整个人都惊呆了,傻傻地愣在了一边。这还是喝酒的感觉么?我暗自琢磨着。它和我父母的蒙巴兹雅克葡萄酒完全不是一回事——虽然我还是很喜欢那款贵腐葡萄酒的。又或许是因为吕·萨吕斯侯爵亲临现场做介绍，加上葡萄酒学院的威望、与会宾客的学识才干和餐后的欣快感，放大了我的这份狂热与激动？在当时的情境下，我又是否能够静下心来品鉴一瓶滴金，而不会像个初尝禁果的少年一样，迷醉到神魂颠倒呢？

在我的记忆中，那是我喝过的最优质的滴金堡——就因为那是第一次（当时我真是个随意又没记性的愣头小子，唉！只怪自己没记下年份啊！）。在后来几十年时间里，我又品过几支滴金堡，可能每支都要优于当年的那一瓶（尤其是 59 年、70 年和 71 年的），不过，这些滴金堡都没有散发出那么多令人感动的香气。甚至还有专家们认为，后来上任的亚历山大·吕·萨吕斯伯爵比之前的侯爵更加严苛挑剔，在他的管理之下，滴金堡的质量和名声又更上了一层楼。不过，说这些也没有用：无论是出自哪个年份，都不会再有任何一瓶滴金堡能和我那瓶没年份的相提并论了。

看了看前面写的这些话，突然觉得的自己是不是对滴金堡有些用情过深了……

可这酒所需要的，不正是人们最夸张的文法、最狂热的赞扬和最激昂的诗情吗？夏特堤岸的商人们说，这酒是“完美的癫狂”。在《美味的理性》（*La Raison gourmande*）一书中，米歇尔·翁福雷讲到了他的第一瓶滴金堡（1979）。他是在波尔多书商兼出版人丹尼斯·摩拉的带领下，开始对滴金堡“顶礼膜拜”的。当时，这位哲学家进入了恍惚状态：“那闪烁耀眼的缤纷色彩，一直都舞动在我的灵魂中。”后来，他在摩拉出版社发行了一本献给亚历山大·吕·萨吕斯伯爵的散文，题为《时间的形状》（*Les Formes du temps*），副标题是“苏玳学说”（*Théorie du sauternes*）。

这琼酿让小说家弗雷德里克·达尔（理查德·奥尔尼《滴金堡》一书的作序者）失去了笔下人物圣安东尼奥的幽默感：“滴金，

把我们的味觉感观置于无法描述状。那是一种至纯的甘美，是无尽的享受。(……)因为滴金亦是一道光。让人一饮而下的光。”绝了！

让-克劳德·卡瑞尔的描述更是玄妙：“滴金是个明星，就和葛丽泰·嘉宝①一样。滴金也是个典范，是某种极致的状态、理想化的境域。它开辟了一条道路，并将其照得明亮，如此，至少人们知道，对于这款大师之作来说，一切皆有可能(《写给滴金》[*Pour Yquem*])。”叹为观止啊！

在同一部作品中，贝尔纳·克拉维尔讲述了一段足以出现在法国历史教科书和葡萄酒历史教科书中的往事：

> 有一天，亚历山大·吕·萨吕斯邀请我们共进晚餐，同时受邀的还有加拿大前总理皮埃尔·特鲁多②和他的几位朋友。席间，他给我们开了一瓶1945年的滴金堡。这是我毕生喝过最好的酒。东道主解释说，他选择这瓶酒是为了纪念那些为解放法国而牺牲在法兰西海岸上的加拿大战士们。
>
> 晚餐结束后，我把亚历山大拉到一边悄悄说：
>
> ——不管怎么说，您还是有些夸张了吧，诺曼底登陆不是45年的事，是44年啊！
>
> 他耸了耸肩，说道：
>
> ——这我知道。可惜44年不是个优质年份。

对话看似简单，实际上这句反驳说明了一切。

在这里，酒甚至能够成为历史的主导。

---

① 葛丽泰·嘉宝(Greta Garbo, 1905—1990)，瑞典国宝级电影女演员，奥斯卡终身成就奖得主，好莱坞星光大道入选者。——译注

② 皮埃尔·特鲁多(Pierre Eliott Trudeau, 1919—2000)，两度出任加拿大总理，执政近16年，是加拿大历史上在位最久的总理之一。——译注

咕噜咕噜

波尔多除了有梅多克1855年红葡萄酒分级外，还有一个吉伦特白葡萄酒分级(评选范围在苏岱和巴萨克[barsac]产区)。滴金堡是分级中唯一一个"特等一级酒庄"。这一点是毫无争议的。它是欧洲统治者们餐桌上的大明星，在美国也同样声名显赫——这都是托了杰斐逊的福。当时这位未来的美国总统来法国旅行，一共订购了250瓶1784年的"Diquem"①(这是在他笔记中看到英语拼法。)

滴金葡萄酒的光辉不应该遮掩苏岱和巴萨克产区其他贵腐葡萄酒的魅力(那些被贵腐霉菌附着的赛美蓉、长相思和密斯卡岱葡萄所酿的葡萄酒)。它们的价格虽不像滴金一样贵得离谱，但酒瓶上的金字依旧价值不菲：比如一级酒庄芝路酒庄(châteaux guiraud)、克里蒙酒庄(climens)和莱斯堡酒庄(rieussec)；二级酒庄多西戴恩酒庄(doisy-daëne)和拉莫特齐格诺酒庄(lamothe-guignard)等等，都能激起人们的诗情画意。

● 1855年分级，琼浆

---

① 滴金堡(Château d'Yquem)的法语读音与其笔记中的"Diquem"相似。——译注

小酒馆(Zinc)

在我的记忆中，哥们儿、酒皿、小酒馆、小咖啡馆这四个词是不可分割的。不过“酒皿”(gorgeon)这个词在《小拉鲁斯词典》和《小罗贝尔词典》中已被删除——总不至于从未被收录过吧？险些消失在人们视线中的“小咖啡馆”(troquet)则重新成了时髦的新词。至于“哥们儿”，无论是巴桑的哥们儿①还是我们的，只要他们没喝尽兴，都会来到吧台边上再喝上一番：早晨点一小杯白葡萄酒，下班后则点一大杯红葡萄酒。最后，“小酒馆” 这个词很厉害：它是“酒吧”最常见的同义词，同时也指小餐馆、街角朴素的小咖啡店、小酒屋和小咖啡馆。

哥们儿们说话不会装腔作势，除非用挖苦的口吻来这么一句：“优雅地把我这杯酒斟满吧！”②

杯子空的时候，他们大多会对酒保说：“见底了哦！”或者说：“小不点儿们该穿衣服了……”(有时也会说“孩子们”。)

在小酒馆喝酒的人，不会只喝一杯就走，因为：“走路不能只用一条腿吧？”

“舞酒馆”指的是被绿色植物环绕着的小酒馆，这种酒馆往往都傍水而建。雷诺阿画中的人在船上喝着红酒，吃着午餐(《船上的午宴》[*Le Déjeuner des canotiers*])。有人用完了餐，站在一旁，青春的脸庞上洋溢着爱慕的神情。桌上酒杯已空，女人们带着优雅的夏凉帽，其中有一位拿着酒杯，把最后一口酒送向唇边。高脚盘上盛满了葡萄。当真是一个晴美的 9 月。

---

① 乔治·巴桑曾有一首知名歌曲《哥们儿优先》(Les copains d'abord)，故有此说。——译注

② 出自拉伯雷的《巨人传》。——译注

我也很喜欢罗伯特·杜瓦诺[①]镜头下的雅克·普雷维尔[②]：那是在巴黎济贫院大道上的一间咖啡馆，他只身一人坐在露天座位上，面前是一张独脚圆桌，桌上摆了一杯红酒。这位诗人怡然自得地享受着属于他的时光，嘴上叼着从不离口的香烟，脚下趴着他的鬈毛狗。他正在思考。巴黎圣叙尔比斯教堂边有一家名为"圣普桑"的小酒馆——客人一入席，一杯圣普桑的白葡萄酒就会摆到面前！——这里的老板说，普雷维尔的那杯红酒，来自罗讷丘。

祝大家身体健康，干杯！

① 罗伯特·杜瓦诺(Robert Doisneau，1912—1994)，法国平民摄影家，与亨利·卡蒂尔-布雷松(Henri Cartier-Bresson)并称为一代摄影大师。——译注

② 雅克·普雷维尔(Jacques Prévert，1900—1977)，法国诗人、剧作家。——译注

图书在版编目(CIP)数据

葡萄酒私人词典/(法)贝尔纳·皮沃著;李竞言译.
--上海:华东师范大学出版社,2018.6
ISBN 978-7-5675-7517-2

Ⅰ.①葡… Ⅱ.①贝… ②李… Ⅲ.①葡萄酒—
基本知识 Ⅳ.①TS262.6

中国版本图书馆CIP数据核字(2018)第041618号

华东师范大学出版社六点分社
企划人 倪为国

六点私人词典

葡萄酒私人词典

著　　者　(法)贝尔纳·皮沃
译　　者　李竞言
责任编辑　王莹兮
封面设计　达　醴

出版发行　华东师范大学出版社
社　　址　上海市中山北路3663号　邮编　200062
网　　址　www.ecnupress.com.cn
电　　话　021-60821666　行政传真　021-62572105
客服电话　021-62865537　门市(邮购)电话　021-62869887
地　　址　上海市中山北路3663号华东师范大学校内先锋路口
网　　店　http://hdsdcbs.tmall.com

印 刷 者　上海盛隆印务有限公司
开　　本　890×1240　1/32
印　　张　12.5
字　　数　217千字
版　　次　2018年6月第1版
印　　次　2018年6月第1次
书　　号　ISBN 978-7-5675-7517-2/I·1862
定　　价　75.00元

出 版 人　王　焰

DICTIONNAIRE AMOUREUX DU VIN
by Bernard Pivot

上海市版权局著作权合同登记　图字：09－2016－325号